有机旱作农业的生物治理

李丰伯　李晓毓　张　杰　著

吉林大学 出版社

图书在版编目（CIP）数据

有机旱作农业的生物治理 / 李丰伯，李晓毓，张杰
著 . —长春 ：吉林大学出版社，2019.6
ISBN 978-7-5692-5035-0

Ⅰ . ①有… Ⅱ . ①李… ②李… ③张… Ⅲ . ①有机农
业—旱作农业—病虫害防治—生物防治 Ⅳ . ① S343.1

中国版本图书馆 CIP 数据核字 (2019) 第 129605 号

书　　名：有机旱作农业的生物治理
YOUJI HANZUO NONGYE DE SHENGWU ZHILI

作　　者：李丰伯　李晓毓　张杰　著
策划编辑：邵宇彤
责任编辑：卢　婵
责任校对：刘守秀
装帧设计：优盛文化
出版发行：吉林大学出版社
社　　址：长春市人民大街 4059 号
邮政编码：130021
发行电话：0431-89580028/29/21
网　　址：http://www.jlup.com.cn
电子邮箱：jdcbs@jlu.edu.cn
印　　刷：定州启航印刷有限公司
成品尺寸：185mm×260mm　　16 开
印　　张：15.5
字　　数：348 千字
版　　次：2019 年 6 月第 1 版
印　　次：2019 年 6 月第 1 次
书　　号：ISBN 978-7-5692-5035-0
定　　价：69.00 元

安徽省教育厅优秀青年人才支持计划重点项目《生物源可降解缓释杀虫剂在黄山风景区生物防治中的应用》（gxyqZD2016305）

黄山学院校级人才启动项目《微生物防治黄山贡菊蚜虫关键技术研究》（2018xkjq019）

安徽省教育厅高校优秀青年骨干人才国内外访学研修项目国外研修（gxgwfx2019055）

安徽省教育厅教学研究项目一般项目《以创新创业能力培养为导向的应用型食品专业人才培养探索与实践》（2018jyxm1242）

黄山学院校级教研项目《以创新创业能力培养为导向的应用型食品专业人才培养探索与实践》（2017JXYJ27）

国家科技部行业专项项目《微生物防治黄山松红蜘蛛关键技术研究》（201304407）

星火计划项目《全自动可编程杀虫器的推广和应用》（2015GA710008）

前　言

有机旱作治理，是在发展旱作农业的同时，重视有机农业的发展，是目前我国农业发展的重要方向。我国是一个农业大国，同时也是受干旱影响极为严重的国家，全国有接近 40% 的耕地处于常年缺水的状态。随着农业灌溉面积扩大接近极限，我国农业增产的研究重点也逐渐从水资源开发和利用技术向旱作农业方向转变。生物治理主要包括两个方面：一是通过生物方法对旱作农区的土壤进行改良；二是通过生物作用对农业病虫害进行治理。本书正是从这两个方面对我国旱作农业的发展进行分析。

本书分为七章。第一章有机旱作农业发展概述，从我国有机旱作的发展现状、面临问题、未来趋势三个方面进行详细介绍；第二章有机旱作农业生物治理的调查与预测，则从土壤肥力和农作物病虫害两个方面对田间调查与环境评价方法进行介绍；第三章有机旱作农业的生物治理资源，对有机旱作农业生产过程中可利用的生物资源——列举；第四章有机旱作农业生物肥料对土壤的改良作用，对有机旱作的土壤改良进行具体阐述，并对微生物菌肥、生物肥料等相关概念进行介绍；第五章有机旱作农业病虫害的生物防治，则从有机旱作农业主要病虫害的防治角度对生物治理进行分析；第六章有机旱作农业病虫害防治的案例分析，列举了粮食作物、蔬菜、果树、茶树四种常见农作物的病虫害的治理方法；第七章有机旱作农业生物治理的技术发展，对目前正在研究或取得一定成果的新型农业技术进行介绍，主要包括新品种推广、新型农业技术研发、网络技术与农业发展的结合、新型农业发展模式四个方面。

本书由李丰伯、李晓毓、张杰三人共同撰写而成，李丰伯负责第三章和第五章的撰写，共计 15.3 万字；李晓毓负责第一二章、第六至第七章的撰写，共计 15 万字；张杰负责第四章的撰写，共计 4.5 万字。在撰写过程中结合了三人多年的实践经验和许多相关学者的深度研究，在本书中既包括有机旱作与生物治理的相关理论，也包括近年来有机旱作农业生物治理的相关实践，可供从事农业生物防治技术研究、应用推广及技术开发的技术人员参考。黄山学院教师崔谱参加了专著出版的相关工作，黄山学院生命与环境科学学院学生杨涵、刘醒醒参加了校对工作，项目组对各位的辛勤工作表示感谢！

李丰伯

2019 年 5 月

作者简介

李丰伯，男，河北唐山人，理学博士，副教授，文化和旅游部中国诗酒协会常务理事、黄山市科技计划项目评审专家、黄山市食品安全应急管理专家。主要从事微生物学、食品生物学教学与科研。主持国家星火计划2项、安徽省高校省级优秀青年人才基金项目1项、安徽省教育厅优秀青年人才支持计划重点项目1项、黄山市科技计划项目1项，参加国家林业公益性行业科研项目及安徽省教育厅科研、教研项目10余项，发表论文10余篇（其中SCI收录7篇），参编"十二五"规划教材1部，获安徽省技术成果奖2项，黄山市科学技术奖1项，授权发明专利2项，指导大学生创新项目国家级2项、省级3项，指导大学生"挑战杯"竞赛获安徽省银奖1项、铜奖2项，指导"互联网+"大学生创新创业大赛获安徽省银奖1项，指导食品创新大赛安徽省赛三等奖1项。

李晓毓，女，山西大同人，黄山学院生命与环境科学学院副教授。主讲分子生物学、林业生物技术、食品生物技术等课程。主要从事植物分子生物学、茶树种质资源创新等研究。近年来，先后主持安徽省教育厅自然科学研究项目2项、中国林科院中央级公益性科研院所基本科研业务费专项资金子项目1项，参与国家自然科学基金项目2项、科技部星火计划3项、安徽省教育厅自然科学研究项目2项，指导安徽省大学生创新创业训练项目3项，发表学术论文10余篇（其中SCI收录4篇）。

张杰，男，1978年生于山西省翼城县。山西师范大学生命科学学院微生物课程组青年教师，副教授，硕士生导师，2001年毕业于山西师范大学生物系，同年留校任教；2003—2006年就读于贵州大学生命科学学院微生物专业，获理学硕士学位；2006年考入四川大学生命科学学院，后在中科院成都生物研究所应用与环境微生物研究室的联合培养下攻读微生物遗传学博士学位，2011年获博士学位并返校任教。攻读博士学位期间曾先后参加完成2项国家"十一五"863项目：氢能与燃料电池技术专题课题"纳米菌共生固氮偶联高效产氢体系"（项目编号：2006AA05Z103）、资源环境技术专题课题"垃圾渗滤液硝化－原位反硝化－氮资源利用与减排技术研究"项目（项目编号：2007AA06Z324）；参加完成1项中国科学院知识创新重要方向项目（KSCX2-YW-G-055-02）：PTA废水污泥膨胀控制技术研究项目。博士毕业返校工作后主持完成1项山西省教育厅高校高新技术产业化项目（20120017）"高效农用复合微生物菌剂的研制"。目前，已在国内外刊物上发表论文20余篇；成功申请实用新型专利7项。2011—2015年在山西省境内的多家微生物肥料生产企业兼任技术顾问。2016年兼任国家微生物肥料技术研究推广中心副主任（河北保定），中心下设的第24号技术推广站站长，主要负责山西省境内微生物肥料的生产、研发、技术转让、质检化验和田间肥效试验等方面的工作。目前在忻州市神池县挂职科技副县长，主要负责电子商务进农村综合示范县项目（国家商务部项目，2000万）、山西省有机旱作农业示范县项目（山西省农业厅项目，500万/年）、传统农业种植施肥习惯改变的示范性试验项目（2018年示范7种作物，示范面积154亩，神池县科技服务中心项目，12万）、神池县胡麻新品种引进示范性种植项目（神池县科技服务中心项目，10万）、神池县义井镇后窑子村坡改梯项目耕地有机质、土壤肥力提升和示范性种植试验项目（3000亩，神池县科技服务中心项目，40万）。

目 录

第一章 有机旱作农业发展概述

第一节 有机旱作农业的内涵及发展概况

一、旱作农业与有机农业的结合

（一）旱作农业

1. 干旱及其危害

（1）干旱与旱灾

干旱和旱灾从古至今都是人类面临的主要自然灾害，即使在科学技术发达的今天，所造成的灾害性后果仍然比比皆是（见图1-1）。

图1-1 因发生干旱灾难大面积绝产的土地

干旱通常指淡水总量少，不足以满足人类生存和经济发展的气候现象。干旱的主要表现是降水量异常偏少，造成空气过分干燥，土壤水分严重亏缺，地表径流和地下水量大幅度减少。干旱问题十分复杂，涉及面也很广，可分为气象干旱、农业干旱、水文干旱以及经济社会干旱等。降水不足是干旱问题的症结所在，但一个地方是否干旱还取决于降水量、蒸发量以及水资源使用量的关系。所以干旱地区通常指那些极端干旱、干旱和半干旱地区，以及半湿润地区由于蒸发量大于降水量或用水不足的地区。

旱灾是由于天然降水和人工灌溉补水不足，致使土壤水分匮缺，不能满足农作物、林果和牧草生长的需要，造成减产或绝产的灾害。旱灾是对人类社会影响最严重的气候灾害之一，它具有出现频率高、持续时间长、波及范围广的特点。干旱的频繁发生和长期持续，不但会给社会经济特别是对农业生产带来巨大损失，还会产生水资源短缺、荒漠化加剧、沙尘暴频发等诸多生态和环境方面的不利影响。

我国是一个旱灾频发的国家，同时也是一个农业大国，干旱灾害较其他自然灾害影响范围广、历时长，对农业生产的影响也最大。严重的旱灾还会影响工业生产、城乡供水、人民生活和生态环境，给国民经济造成重大损失。尤其是经常受旱的北方地区，水资源紧缺形势日益严峻，已经成为制约农牧业生产的重要因素之一。

干旱和旱灾是两个不同的科学概念，干旱一般是长期的气候现象，而旱灾主要是可利用水资源总量较少，属于偶发性自然灾害，甚至在通常水量丰富的半湿润地区或者湿润地区也会因一时的气候异常而导致旱灾。

（2）干旱的危害

干旱自古以来就是困扰着人类的重大自然灾害，无论是过去还是现在，全球发生的特大干旱对人类社会所酿成的灾害是触目惊心的，干旱是导致自然生态和环境恶化的重要原因，也是社会经济特别是农业可持续发展的主要障碍。

干旱是世界上广为分布的自然灾害，全世界有 120 多个国家受到不同程度的干旱威胁。据资料显示，世界 100 灾难排行榜中 1873 年中国大饥荒、1898 年印度大饥荒都是由于干旱缺水造成的。20 世纪 60 年代以来干旱问题持续不断，频繁发生在世界各地，到 80 年代特大干旱更是时有发生。1984—1985 年一年间旱灾直接造成 120 万人死亡，由此导致的环境问题、经济问题等持续不断。另外，干旱也引发了航运、城市供水、发电、森林火灾等问题。

中华人民共和国成立以来，我国也遭受过数次严重旱灾。1950 年到 1986 年全国平均每年受旱面积 2000 万 hm²，成灾面积 733 万 hm²；此后的 1959、1960、1961、1972、1978、1986 等年份，全国受旱面积都超过 3000 万 hm²，成灾面积超过 133 万 hm²；2004 年中国发生特大干旱灾害，全国降水量明显偏少，其中浙江、湖南、江西、福建等地区的降水量达到 50 年来最低，受旱耕田面积达 173 万 hm²，368 万人饮水困难，经济损失高达 40 亿元人民币；2010 年年初，云南、贵州等地干旱问题突出，据当年统计数据显示，全国耕地受旱面积 760 万 hm²，全国饮水困难人口达到 2372 万。

2. 旱作农业的概念

旱作农业是指在无灌溉条件下的半干旱和半湿润偏旱地区主要依靠和充分利用自然降水进行的农业生产，是雨养农业和补充灌溉两种基本生产类型的总称，包括了种植业、畜牧业、林果业以及其他农业生产经营行业。通俗来讲，旱作农业就是在降水量不足、没有灌溉的条件下，依靠自然降水进行的农业生产。旱作农业的本质是提高降水利用率和水分利用效率，其技术核心是综合运用农艺、生物工程及信息管理等技术措施，充分积累自然降水，合理调配区域、行业以及农田内部水资源和水分的时空分布，合理安排农、林、牧、渔等产业的区域产业布局和种植业结构，最大限度地提高降水利用率和水分利用效率，实现农业生产高产、高效、可持续发展，以及区域农村经济和生态环境建设同步协调发展的目标。

旱作农业包括高效利用自然降水、促进土壤保墒增墒等旱作栽培耕作技术，农作物抗旱耐旱优良新品种以及农业抗旱新机具、新材料等。从理念上讲，旱作农业顺应天时和作物生长规律，不是一味增加灌溉量，而是力求降水和作物需水期同步，用好雨水、注重节水，实现从对抗性农业向适应性农业转变，从被动抗旱向主动避灾转变。

干旱是中国最主要的自然灾害之一，干旱灾害严重威胁中国的农业生产。研究发现，中国自1981—2010年的30年里，由旱灾导致的中国大陆地区粮食年均减产率为7%，年均减产量为3393万t。过去普遍认为，干旱主要发生在中国北方地区，且危害严重。近年来全球气候变化复杂，极端气候频发，旱灾发生的频率和强度也有所增强，特别是近几年中国南方地区频繁出现重大旱灾，如2006年四川、重庆大旱和2009年以来的云南连续干旱，给中国南方农业生产造成了严重的损失，为南方逐渐突显的干旱问题敲响了警钟。中国南方地区多为热带和亚热带季风湿润气候，虽然水、热资源丰富，但降水季节分布不均，大部分地区存在明显的干、湿季，且南方丘陵山地多，土壤蓄水保水能力弱，西南地区特殊的岩溶地质，降水易形成径流流失，这些都已逐渐成为南方旱作农业面临的主要问题。

（二）有机旱作农业的发展模式

对于年日照时长在1800～2000 h的温带气候区，气候温暖，土地类型多样，农作物品种丰富，经过大面积推广，以"麦/玉/薯"为代表的一年多熟间套作农作模式，形成了以一年两熟、两年三熟、一年三熟为主的农作制度。

近年来，随着农业产业发展与市场经济的逐步推进，旱地农作制度也发生了一些变化，如随着农机化的发展，油菜-玉米、小麦-玉米等一年两熟的农作物模式面积逐渐增大，而随着农民增收压力的增大，粮经复合模式也有较多应用。

1. 旱粮三熟模式

目前，一年三熟模式依然是有机旱作的主要农作制度，但在多熟制模式中粮粮型组合模式所占比重较大，粮经、粮菜、粮饲型模式所占比重较小。较为常见的三熟模式主要有"麦/玉/薯""麦/玉/豆""菜/玉/薯""薯/玉/薯"等。20世纪70年代，养殖业逐渐兴起，牲畜、家禽的养殖量大幅度增加，带动了饲料需求的增长。再加上伏旱对玉米、甘薯影响的加剧，提早播栽期避旱增产成为主推技术得以大面积推广应用。"麦/玉/薯"模式逐渐成为有机旱作最主要的农作模式，成为旱地农作模式的典型代表。

"麦/玉/薯"农作模式的具体做法是第一年秋季小麦带状播种，第二年春季在空白带上播玉米，玉米长到 50 cm 左右的时候，收割小麦，给玉米留出空间，6 月中旬，在原小麦带上栽植甘薯，玉米 8 月收获，留出甘薯生长空间。10 月底至 11 月初，甘薯收获，在原玉米带上继续种小麦，就这样周而复始。

"麦/玉/薯"旱三熟带状种植的定型模式经过了三个阶段的发展。第一阶段是"麦行穿林播种"模式，其特点是小厢窄带种植模式。以 120 cm 开厢，60 cm 种小麦，60 cm 留空行，大春播一行玉米，栽单厢甘薯，其优点是播玉米时对小麦损失少，玉米受荫蔽少，缺点是早播不能早管，开厢太小，不利于玉、薯高产。第二阶段，进入 20 世纪 80 年代，根据生产实际情况，摸索出了一套适合丘陵旱地的改制模式——中厢中带种植模式即"双三零"模式。"双三零"模式采用 200 cm 开厢，小麦种植带宽为 100 cm，预留行宽为 100 cm，预留空行栽两行玉米，小麦收后栽两行甘薯。这种模式的优点是发挥了玉米的增产潜力，增大了小麦的边行优势，减少了甘薯的荫蔽，因而有利于全年总产的提高。

中厢中带定型模式的普及推广，推动了旱粮产量的稳步提高，成为旱粮周年增产的主要栽培措施，在生产中发挥了极大的增产作用。第三阶段在中厢中带种植基础上，形成了"大厢宽带"种植模式，以 334 cm 开厢，167 cm 种小麦，167 cm 作预留行，大春种 4 行玉米，横厢栽薯，这种形式小春留空多，可充分利用空间，发展粮经复合模式。

经过多年生产实践研究证明，"麦/玉/薯"旱三熟模式的特点是科学性强、技术性强、季节性强，只有优化各作物的配套技术与茬口衔接，才能实现周年高产高效的目标。总结多年经验，"麦/玉/薯"旱三熟各作物主要配套技术如下：小麦，带状间作，由于存在成熟期、高矮、株型的差异，种植密度可适当高于净作，基本苗应在 15 万～18 万株/亩，行距 20 cm，窝距 10 cm；玉米，密度 4000 株/亩左右，可根据品种耐密性适当调整；甘薯，单窝或双窝起垄，密度 3000 株/亩左右。

2. 旱粮两熟模式

随着社会发展，多熟间套作农作模式逐渐出现了一些弊端，最主要是以下三个方面：首先，多熟间套作农作模式种植、管理等程序非常复杂，需要大量人力劳动且机械很难替代。但是随着农村劳动力输出转移，农业从业人员逐渐减少，而即使是家里有劳动力，农户们也不愿意花太多时间在农作劳动上，他们更希望能简单快捷地种好地，然后抽时间打零工挣钱，这样一来，劳动密集型的多熟间套作模式用工问题变得非常突出。其次，生猪养殖逐渐走上专业化，农户家庭很少养猪，饲料型甘薯的需求变小，种植效益因为需求的变化而逐渐降低，这对以"麦/玉/薯"为代表的多熟间套模式也是一个冲击。最后，农户家庭养殖业较为普遍的时候耕地基本上每年都有有机肥施入，地力基本可以保持，但如今农户家庭很少养猪，耕地有机肥施用很少，而秸秆也由于机械作业难的问题而难以还田，导致旱作农业地力水平持续下降，土壤环境逐渐恶化，严重影响耕地可持续发展。同时，由于耕地长期得不到有机质物料补充，土壤结构性下降，抗冲蚀能力减弱，农田水土流失加剧（见图1-2），天然降水利用效率降低，耕地生产率低下，甚至由于化肥、农药大量使用而加剧了面源污染风险。

图1-2　农田水土流失

针对上述问题，农业科学院联合相关科研院校、农技推广部门和企业，在国家现代农业产业技术体系、公益性行业科技、科技支撑计划和科技成果中试等项目资助下，进行了多年的研究工作。项目科技人员从适配品种、播种技术、栽培技术等关键技术及周年配置模式等方面进行了深入研究，提出了改中偏晚熟品种为耐密中偏早熟品种、改人工育苗移栽为机械高密度直播、改小群体栽培为大群体栽培、改人工旱收为机械晚收的"四改"技术路线，在西南地区首次建立了旱地"油菜-夏播玉米""小麦-夏播玉米"新型两熟净作农作模式。这两套农作模式较传统"麦/玉/薯"有五大优势。

（1）全程机械化作业，解放劳动力

由于新模式均为单种作物净作，为机械作业提供了条件。播种、管理、收获全程机械化，作业效率大幅提高，种地变得简单快捷，农业劳动力得到全面解放，促进了农业从业人员向效益更高的工业、服务业转移，对"农村人口城镇化、农业生产工业化"有巨大的促进作用。

（2）提高种植效益

新模式下净作作物密度大幅提高，而且全生育期不受其他作物竞争，产量得到大幅提高。据试验，新模式下旱地油菜单产增长6.7%，每亩平均节本增效200元，攻关田产量达242 kg/亩；玉米平均增产10%～25%，平均增收215～226元，攻关田产量达754 kg/亩；

油菜－玉米周年纯收益达到 785.4 元，较"麦/玉/薯"间套作模式增加近一倍。可见，虽然三熟改为了两熟，但是产量不减、效益增加，实现了"三三得九，不如二五一十"。

（3）秸秆还田培肥地力

由于新模式采用单种作物净作，机械化作业非常方便，秸秆粉碎还田变得非常容易，这对长期得不到有机物料补充的农田来讲是非常有好处的。秸秆还田增加了土壤肥力，提高了土壤有机质含量，促进了土壤团聚结构形成，对土壤保水、保肥具有非常突出的效果，农田可持续发展能力得到有效提高。

（4）提高天然降水利用率与利用效率

新模式下，秸秆粉碎还田，特别是秋季玉米秸秆粉碎覆盖还田对农田土壤水分保蓄有非常突出的效果。秸秆覆盖还田后有效降低土表蒸发，土壤水库有效库容增大，有效库容时效性增强，天然降水利用率与利用效率大幅提高，这对基本依靠天然降水的丘陵旱地是非常重要的节水措施。

（5）利于规模化经营

由于人工费用居高不下，适度规模经营的种粮大户、合作社发展受到严重影响。新模式下田间作业基本实现全程机械化，效率大幅提高，人工费用大幅减少，这对适度规模经营的种粮大户、合作社无疑是一个巨大的优势。即新模式有利于种粮大户、合作社等适度规模经营。

综上，以机械化为核心的新型两熟模式的提出，解决了丘陵旱地农业发展面临的劳动力短缺、农业增产增效、农田环境可持续发展及农田降水高效利用等诸多问题，对农业发展具有变革性的重要意义。

3. 旱地粮经（饲）复合模式

粮经（饲）复合模式对当地的气候、土壤、交通、市场消费等各种因素均有不同的要求，选择种植模式时应综合各方面的因素，需特别注意以下两个方面的问题。一是市场需求。在选择高效作物种植时必须考虑市场对该作物产品的需求量以及品质要求，宜种植一些市场需求量大、容易销售、品质优良的新作物及新品种。二是利用地理优势，错开上市季节。各地的气候条件差异很大，所以应充分利用这种差异来满足市场需求。从生产实际看，较多采用的模式有如下几种。

（1）麦＋蔬菜/春玉米＋大豆/蔬菜一年五熟高产高效模式

小麦于 10 月下旬至 11 月上旬播种，翌年 5 月收获；小麦播种后在预留行间种 2 行或 4 行短季蔬菜，翌年 2 月底收获；春玉米于翌年 3 月上、中旬在预留行移栽 4 行玉米，7 月底至 8 月上旬收获；大豆于 5 月中、下旬至 6 月上旬在小麦收获后的空行播种 3～4 行，10 月下旬收获；玉米收获后连作一季秋菜。该模式每亩周年生产小麦 300 kg、春玉米 600 kg、大豆 130 kg，合计产粮 1030 kg，收获蔬菜 2000 kg，产值 5000 元以上。

（2）小麦＋蔬菜/玉米/豆＋豆一年五熟种植模式

小麦于 10 月下旬至 1 月上、中旬播种，翌年 5 月收获；蔬菜于小麦播后在预留行间种

2行或4行短季蔬菜，翌年2月底3月上旬收获；玉米于翌年蔬菜收获后移栽2行或4行，7月下旬至8月上旬收获；夏大豆于5月下旬至6月上旬直播于小麦收获后的带幅，10月底至11月上旬收获；秋大豆于8月中旬直播于玉米收获后的带幅，11月上旬收获。该模式每亩周年生产小麦300 kg、玉米600 kg、大豆200 kg，合计产粮1100 kg，收获蔬菜1000 kg，产值5000元以上。

（3）用蚕豆（豌豆）–鲜食玉米–大豆城郊粮经复合生产模式

11月播种菜用鲜食蚕豆（豌豆），到2月中、下旬采摘结束，随即播种鲜食玉米，玉米6月收获结束，随即播大豆，大豆10月收获，如此往复。该模式的效益主要表现在种植作物的经济价值上。菜用蚕豆（豌豆）用作鲜食上市早，经济价值高，每亩产值可达1500～2000元，鲜食玉米产值可达3000～5000元，大豆产值可达600元，即每亩经济效益合计可达5000～8000元，经济效益非常显著。同时还能解决蔬菜基地茄类、辣椒类土地重茬易患疫病的问题。

二、有机旱作与传统农业、生态农业间的关系

1. 有机旱作农业与常规农业

所谓常规农业，是以集约化、机械化、化学化和商品化为特点的农业生产体系。第一，农用化学物质在水体和土壤中残留，造成农畜产品的污染，影响了食品的安全性，最终损害人体健康。第二，农业生产中过量依赖化肥增产，忽视或减少了有机肥的应用，使耕地土壤理化性质恶化，致使农产品产量和质量下降。第三，由于人口不断增长、粮食短缺引发滥垦滥伐和生态环境恶化。第四，随着工业的迅速发展，工业"三废"的大量排放，致使农业环境污染加重，生物和人类食品的安全性进一步受到污染威胁。为了解决这些问题，人们不断地探索选择人与自然、经济与环境协调发展的农业生产新方式。因此，有机旱作农业是为了解决或避免常规农业的问题而发展的一种替代农业方式。

2. 有机旱作农业与传统农业

中国作为世界农业发源地之一，有着数千年悠久的农业发展基础（见图1-3），中国经过时间考验的耕作制度包含着深刻的生态学原理。我们的祖先从事农业生产都不依靠农用化学品，而且积累了丰富的农业生产经验，其中就包括当今人们还在大量采用的病虫草害的物理与生物防治措施，把有机废弃物大量地再循环使之变为肥料并通过种植豆科作物和豆谷轮作保持地力的方式。国外的有机旱作农业就是受我国传统农业的启发并吸取经验的基础上发展起来的。中国农业的这些优良传统沿袭了数千年，除不断充实完善外，到20世纪50年代基本没有改变。但中国的传统农业并不等于有机旱作农业，其主要区别有以下三点：

图 1-3　我国古代农作工具复原品

第一，它们所处的发展阶段不同。传统农业是在常规农业之前，科技不发达、生产力水平低下的条件下进行的农业生产模式。而有机旱作农业是在常规农业或集约化农业发展之后发展起来的，常规农业在提高劳动生产率，增加农畜产品产量的同时，带来自然资源衰竭、环境污染、生态系统破坏等严重问题，导致农业生态系统自我维持能力降低，有机旱作农业是人们在追寻保持和持续利用农业生产资源的情况下诞生和发展的，是在科学技术进步和工业水平提高的发展阶段进行的农业生产模式。

第二，它们的科学基础有所不同。有机旱作农业是在吸收传统农业经验的基础上，以现代科学技术理论，不断总结发展的一种农业生产模式。

第三，它们所处的生产条件不同。有机旱作农业有先进的劳动生产工具和科学技术，特别是现代管理技术的参与，劳动生产率比传统农业高得多。

所以传统农业是有机旱作农业发展的基础，而有机旱作农业是现代生产技术和管理技术以及新理论支持下的传统农业的升级。

3. 有机旱作农业与生态农业

为了克服常规农业（石油农业）带来的一系列弊端，20 世纪世界各地的生态学家、农学家先后提出了有机农业、生态农业、生物农业、生物动力农业、持久农业、综合农业和自然农业等农业生产体系的理论，并积极开展试验、示范和推广，以求替代常规农业，达到保护生态环境、保障食品质量安全，保护人类身体健康，促进农业可持续发展的目的。后来人们把这些农业生产体系统称为替代农业。这些替代农业模式都与有机旱作农业有很多相似的内涵，美国土壤学家 William Albreche 于 1971 年提出"生态农业"（Ecological Agriculture）以区别于石油农业，主张在尽量减少人工管理的条件下进行农业生产，保护土壤肥力和生物种群的多样化，控制土壤侵蚀，完全不用或基本不用化学肥料、化学农药，减轻环境压力，实现持久发展。这种生态农业的理论与模式很接近于有机旱作农业，早期的生态农业主要在美国、英国等西方国家中进行试验、示范和推广应用。它们的生态农业几乎可以说与有机旱作农业只是名称的不同，而无实质的差异。

20世纪80年代，中国等一些发展中国家开始进行生态农业的试点、示范和推广工作，但与国外的生态农业从内涵和外延上有很大的差异，其理论与实践也有很大的不同。中国生态农业的定义是："所谓生态农业是运用生态学、生态经济学原理和系统工程的方法，采用现代科学技术和传统农业的有效经验，进行经营和管理的良性循环，可持续发展的现代农业发展模式。"国外生态农业的定义是："建立和管理一个生态上自我维持的、低输入的、经济上可行的小型农业系统，使其在长时期不能对其环境造成明显改变的情况下具有最大的生产力……"

从以上定义中可以看出国外生态农业和我国的生态农业有相同之处，但也有很大的区别。相同之处是保护生态环境，争取最大的生产力，保障农产品质量安全。不同之处一是在控制方法上不同，国外强调低投入，例如尽量控制不用或少用化学肥料、化学农药，而中国强调在保护环境的前提下，进行适量的无公害的农药和化肥的投入；二是在规模上国外强调小型化，而中国的生态农业强调以县为单位或更大规模的生态农业，以便对生态农业建设实施整体调控，提高综合效益；三是国外强调生态环境的稳定不变，中国则重视推行更高层次的新的生态平衡，通过保护和改善生态环境，促进生态系统的良性循环。

由此可见，我国的生态农业不等于有机旱作农业，更不等于传统农业；既不是对"石油农业"的全盘否定，也不是传统农业的完全复归，而是传统农业精华与现代农业科学技术的有机结合。

4. 有机旱作农业与其他替代农业

其他替代农业模式都不同程度地补充了早期有机旱作农业的理论和技术体系。如再生农业（Eegenerative Agriculture）认为自然界的再生能力来自某种"自我治疗恢复力"，只要找到这种恢复力并将其"释放"出来，就能够使农业得到再生。可持续农业（Sustainable Agriculture）则是通过利用可更新资源来获得农业生产的动态持久性，强调通过技术达到理想的生产，同时通过限制人口等措施，对输出要求进行控制，保护可更新资源的持久性。而综合农业（Integrated agriculture）在强调尽可能通过生物方法（如有机质的再循环）来维持土壤肥力、控制病虫草害的同时，为了获得更高产量，允许适量施用化肥，必要时也可使用杀虫剂和除草剂。

M.C.Merrill 认为，替代农业中各派的分歧不是在于赞成使用哪个名字，而是在于"纯粹派"和"现实派"之间的差异。纯粹派要求禁止使用化肥和杀虫剂，而现实派尽管认同纯粹派的原则，却认为出于经济利益考虑，适当地使用化肥和杀虫剂是可以的。他们认为这一点对正在从常规系统转向生态适应系统的农民来说尤为重要。纯粹派似乎更喜欢"有机"这个名字，而现实派似乎更喜欢"生态"或"生物"这两个名字。

有机旱作农业、生态农业、生物农业、生物动力农业、再生农业、持久农业、综合农业和自然农业等农业生产体系，它们的定义、内容方面存在着许多差异，但从本质上来看，其相同点很多，一是这些农业生产体系的出发点是替代常规（石油）农业，克服常规农业的一系列弊端；二是这些农业生产体系都力求保护生态环境，善待自然和动植物；三是这些农业生产体系都主张合理使用农业化学物质，少用或不用农业化学物质，以防止对生态环境和农产品的污染，保障食品质量安全；四是这些农业生产体系鼓励采用绿肥、农家肥来培肥地力，不断增强农业发展后劲，促进农业可持续发展。这些众多的替代农业生产模式中，有机旱作农业的技术和标准体系以及不断改进的机制发展得最为完善，因此，越来越多的国家和民众致力于有机旱作农业的生产。有机旱作农业的示范推广面积越来越广，有机食品（见图1-4）越来越受到人们的欢迎。

图1-4　有机食品与其他食品对比金字塔图

第二节　有机旱作农业发展的未来趋势

一、各种农业技术的集成应用

旱作农业的发展，从主要依靠单项技术的应用，转向旱作农业综合技术体系的开发。旱作农业是一个外延宽广的概念，它主要包括两个方面，一是节水灌溉农业（见图1-5），二是旱地节水农业。目前许多单项节水技术，已经达到了比较成熟的推广应用阶段，并取得了一系列的实际应用效果。今后，一方面，要继续加强对单项技术的开发和推广应用；另一方面，要更多地重视单项节水技术的组装和优化配置，重视节水工程技术和节水农艺技术的结合，因地制宜地加快建立节水农业综合技术体系。节水轮作制度、节水灌溉和管理技术、抗旱高产优质品种的选育、节水栽培技术、集水农业技术，都应是节水农业综合技术体系的重要内容，不可或缺，要充分挖掘其节水潜力。

图 1-5　节水灌溉系统

在创新平台上，针对当前旱作节水农业发展的技术难点和需求，建立合作协作机制，开展旱作节水农业技术的原始创新、集成创新和引进消化吸收再创新，大力推进旱作节水农业技术进步，建立健全旱作节水农业发展的技术支撑体系。在耕作制度上，推进节水型旱作制度化，因地制宜地选用农作物抗旱新品种，减少和淘汰高耗水品种。变革耕作制度，在适宜地区推广保护性耕作技术，深化旱作农业种植制度改革，调整种植结构，发展特色种植、养殖业以及其他产业，促进旱作农业结构调整和农村经济发展。建立高效种植模式，提高农业产出和效益。因地制宜地发展水旱轮作技术，大幅度提高水资源利用效率。

二、现代农业设备的开发与应用

旱作农业发展方式无论如何转变，都离不开现代物质装备。完备的物质装备条件是现代农业的基本特征。面对农村劳动力结构快速变化的现状，应着力提高旱作农业发展的机械化水平，重点加强农田基本建设、土壤改良、地力培肥、节水补灌、抗旱播种及植保施肥等方面机械的推广应用，改善生产手段，促进农机装备与农艺技术的有机结合，充分挖掘降水、耕地、良种和肥料等核心要素的生产潜能。加快推进农业机械化发展，已成为推动现代农业规模经营，保障农产品有效供给，解决今后"谁来种地、怎样种"问题的战略抉择。发展重点是提灌、植保等抗灾型机械；耕作、播种、脱粒、加工及运输等劳（畜）力替代型机械；化肥深施、节水灌溉等节本增效机械。旱作农业农机化发展应定位于引进推广中小型农机具。要结合实际和农民需求，集中有限的资金和财力，选准主要作物和关键环节，逐个突破，扩大农机装备总量。一是大力发展农机合作社、农机大户，整合农机资源，形成"一户购机、多户使用"的合作共用机制，培育以农机手为主的新型职业农民，推广机械化种地。二是建立农机农艺协作互动机制；建立农机农艺融合示范推广基地；建立农机产业联盟。三是重点向开展机插秧、油菜机收等关键、薄弱机械化环节生产的农机合作社、农机大户发放农机作业补贴，调动农民使用农机的积极性，降低种粮大户、农机大户的经营风险。

三、有机旱作的经营主体发生变化

新型农业经营主体掌握集中连片的土地、大型农机具、资金等现代农业生产要素，具有经营头脑和市场意识，是发展现代农业的主力军和引领者。旱作农业技术的采用，往往要求农业的规模化种植、企业化经营和商业化发展。要加快农业组织形式的创新，借此为旱作农业的发展创造条件。在节水农业技术体系的选择上，要重视适合干旱地区的实际情况，不能盲目追求其现代化。同时，加大对新型农业经营主体的培训力度，包括传授现代农业科技知识、产加销经营思想和市场理念。建立健全相关政策，为新型农业经营主体的发展提供服务。给予新型农业经营主体贷款、贴息贷款等支持，允许新型农业经营主体承担部分财政项目。加快培育新型经营主体，根据新型经营主体的不同特性，加强分类指导，不断提升专业大户、家庭农场、农民合作社和农业产业化龙头企业等新型经营主体的自身实力和发展活力。

四、土地经营更趋规模化

目前，旱作农业经营方式由兼业化的分散经营为主向专业化的适度规模经营转变。土地规模经营发展速度要与当地二、三产业发展水平和农村劳动力转移程度相适应。同时，要积极发展合作经济，扶持发展规模化、专业化、现代化经营，着力构建市场和农民间的多形式载体，提高农业生产经营的组织化程度。加快发展社会化服务，为土地的适度规模经营提供保障。增强农业公益性服务能力，在拓展服务领域、丰富服务内容、提高服务能力上下功夫，提升基层农技推广、病虫害防控、农产品质量安全监管等公益性服务水平和质量。大力发展农业经营性服务，培育壮大专业服务公司、专业技术协会、农民经纪人和龙头企业等各类社会化服务主体，鼓励支持其参与良种示范、统防统治、沼气维护和信息提供等农业生产性服务，加强农业社会化服务市场管理。

第三节　有机旱作农业发展面临的主要问题

一、农田基础设施建设不足

一般发展有机旱作农业的地区，工业化尚处于初期向中期推进阶段，城镇化水平仍较低，县财政实力不强，工业反哺农业的能力较弱，城市支持农村的力量有限。城乡二元结构导致发展的不平衡，传统农业份额较大，改造提升的任务十分繁重；农业生产效率不高，农民收入低。在丘陵地区，受自然环境和地理条件的限制，村落零星分布，农业配套设施不全，交通不便，农业基本处于靠天吃饭的境地，农业生产的风险和难度较大。鉴于此，要发展现代农业，成本较高，难度较大。

对丘陵地区而言，当前农村内部金融抑制的矛盾并没有得到有效缓解或改善。一般农户求贷无门的现象仍然较为普遍。农村资金净流出的数量仍然有增无减。总体上看，资金要素的利用受到的体制约束最为严重，利用不充分的矛盾尤为尖锐。

基础设施改造难度较大，旱地"靠天吃饭"的状况并没有得到较大改变。现代农业需要用现代物质条件装备农业，需要对现代农业基础进行改造，以达到能排能灌实现水利化、达到土壤培肥提高土壤产出率、达到机械全程作业实现机械化。由于地势不平坦，并且极其分散和零乱，现代化改造中，需要调整的田型、移动的土方、渠系配套及机械作业等方面，工程量大，成本高，难度极大。水利基础设施还不能满足当地农业生产发展的需要。

如川东地区水利设施可保证的有效灌溉面积仅占耕地面积的35.3%，秦巴山区有效灌溉面积仅占17.6%，超过80%的耕地没有水利灌溉设施的保证，仅能依靠自然降水。

二、农业资源对有机旱作农业发展的制约日趋严峻

（一）水资源紧缺，有效利用率低

水资源仍然是干旱地区现代农业发展的首要制约因素，丘陵地区"靠天吃饭"的状况没有得到根本改变。虽然近年来各省加大了水利基础设施的投入，各种大中型水利工程相继动工，并逐步发挥作用，但是，丘陵地区有效灌溉和旱涝保收面积的比例远远低于全国64%和44%的平均水平，尚有45%左右灌溉渠以上的山丘耕地和"旱片死角"仍靠雨养。有些地区在缺水的同时存在农业用水浪费情况，目前，农业灌溉水利用系数平均为0.4，60%的水都在输水过程中浪费，远低于全国0.7的利用水平；农田对自然降水的利用率低，仅达到56%，地面径流损失量大；农田大水漫灌、随意灌溉十分普遍，主要粮食作物水分利用效率仅为0.75 ~ 0.9 kg/m³，处于全国平均水平以下，农业节水潜力很大。

（二）耕地资源紧缺，规模流转制约因素多

耕地后备资源不足，且田块存在落差大、灌溉系统不配套、土壤贫瘠、地块小等缺点。农业经营呈现出小规模化的特点，小规模的农业经营使得农业区域化生产、专业化布局、机械化操作以及农业科技的应用都难以进行。图1-6所示即为我国西北某地区小规模农业。

图 1-6　小规模农业

目前，由于有机旱作农业区土地流转面临诸多困难，制约了新型农业经营主体的发展。从流转前看，农民承包地确权登记颁证工作尚未全部结束，农村土地产权主体模糊不清，使土地流转利益主体被虚化。土地所有权、承包权、经营权各自有什么权利、权利的边界及实现形式还不是很清晰。未来土地集体所有权、承包权、经营权这三者之间的关系在面临利益分配和矛盾冲突时，如何处置是一个突出问题。从土地转出的农户看，对农地流转有顾虑，担心流转后失地或田地收回后不再适合继续耕种。从转入方的规模经营主体看，土地租期较短，不能长期有效承包土地，导致其放弃规模投资和加强基础设施建设。土地的零散户增加了转入方的成本。从流转过程中看，流转过程中信息不对称，流转双方获得信息的渠道很少。虽然各地都建立了土地流转程序、规范流转合同文本，但在实际操作中仍存在着不规范的现象。同时，土地流转价格变动过快、呈非理性上涨趋势。近年来，受价格刚性、当地习惯、农民对土地升值的预期等因素影响，土地流转价格不断攀升。过快的、非理性上涨将进一步压缩规模经营主体成长空间和对农业可持续发展形成明显制约，农业生产规模扩张的成本压力剧增，不利于新型农业经营主体的发展。

（三）区域性极端气候对旱作农业影响日益加大

从气候变化看，水利变水害，降雨时多时少、不均衡现象日趋明显。随着气候变化，雨水资源不仅区域分布不均，而且时间分布问题更加明显，虽然总雨量相对固定，但往往是汛期突然骤降暴雨，平时雨量极少，季节性缺水严重，因此，对有机旱作农业的技术需求尤为突出。季节性和区域性干旱及农业用水短缺仍然是农业发展的最大"瓶颈"，而且较长时间内不可能有大的改变。据50年气象资料表明，丘陵区春、夏、伏旱出现的比率分别为63%、71%和65%，加之坡耕地土壤瘠薄等自身诸多不利因素致使其水分调控能力差，降水非生产损失大，平均每年受旱减产粮食 1.0×10^6 t左右。

三、农民对有机旱作农业缺乏积极性

（一）农业比较效益低

传统农业生产条件落后，农业比较效益日益低下，部分产业甚至出现倒挂现象，严重影响农民农业生产的积极性，影响粮食安全和农产品有效供给能力。种养业不协调，农业整体效益差。从种植业来讲，由于该区域长期以来以粮为主，粮经和粮经饲二、三元结构模式较少。近年来，大宗农产品低水平过剩现象突出，种植业相对来说效益差。从养殖业来讲，主要以生猪养殖为主，属典型的耗粮型畜牧业，人畜争粮矛盾突出；传统养殖是以玉米、甘薯直接煮熟喂猪，该养殖模式成本高、营养不平衡、生产速度慢和饲料转化低，也加剧了饲料粮的浪费。种养业结合不够紧密，农业整体效益差。

目前，我国农业生产成本持续上升而比较效益下降。一方面，农业已全面进入高成本时代。2006年至2013年，我国稻谷、小麦、玉米、棉花、大豆生产成本年均增长率分别为11.0%、11.6%、11.6%、13.1%和12.0%。目前，农业生产成本还在上升。另一方面，农民种粮的净收益在下降。农民净收益不多，生产积极性自然上不来。很多农民感叹，"辛苦种地一年不如外出打工一月"。改变传统农业效益低下的客观实际，迫切需要现代农业来提升农业效益。

（二）农产品加工业发展不足，农业产业组织化程度低

旱作地区具有独特的气候和土壤条件，出产种类繁多的农产品，农产品总量较多。但在发展现代农业的过程中，农产品没有进行深加工，产品附加值较低，经济效益低下。同时，当地没有形成优势和特色产业，缺乏相应的龙头企业带动，已经不适应千变万化的大市场对农产品的要求。农产品加工业发展更为落后，主要表现为农产品加工分布散、规模小、加工设备落后、产品质量不高及市场竞争力弱；结构性矛盾突出，低层次过度竞争，产业链短、关联性弱、缺乏综合竞争优势；初加工产品多、深加工产品少，名牌产品缺乏，加工资源利用率不高；加工企业大多与农户保持松散联系，难以形成利益共同体，产业带动功能比较有限等问题。丘陵地区劳动密集型产品多、资本和技术密集型产品少，粗加工产品多、精深加工产品少，内销产品多、外销产品少的局面未有大的改变。

（三）新型农业经营主体总体实力不强

新型农业经营主体尚处于发展早期，普遍存在规模较小、实力较弱、运行不规范、示范带动力不强的问题，各类经营主体在地区、行业之间的发展也不平衡，综合经济实力不够强。由于农业自然灾害多、抗灾能力弱，农产品价格极不稳定，经营风险和市场风险较大，农业效益比较低的问题在农村普遍存在，各类新型经营主体经营效益不高，盈利能力不强，有一部分经营主体发展时间不长，还处于微利或亏损状态。

新型农业经营主体内部管理有待规范。以合作社为例，一些合作社成员（代表）大会、理事会、监事会流于形式，普通成员参与度低，民主管理意识差，一些农民合作社制订的章程和管理制度没有体现出其管理水平及产业发展特点。很多合作社与内部成员之间利益联结松散，主要是按股份比例分配盈余，导致农民成员不能有效获得加工、储运、销售等环节的利润。农民合作社权益的保护不够落实，一些合作社没有执行《合作社财务会计制度（试行）》，没有按照企业会计制度建立会计核算体系，农民成员的权益难以依法得到保护。

现代经营模式推进缓慢，现代农业科技的应用与产业发展受限。目前，大部分地区农业经营主体仍然是单体农户，单体农户拥有的土地少且地块零散，难以形成规模，现代农业技术应用受到限制。随着经济的迅猛发展，农村的青壮劳力纷纷外出打工，老弱妇幼留守农村，农业劳动力素质呈结构性下降，农业从业人员职业素质也呈逐渐下降趋势。而随着经济的发展及经济结构的调整，农业在农户中的经济地位发生变化，农业收入转变成次要、补充地位，这也导致了部分土地的荒废和粗放经营，从产业层面看，也就导致了农业资源浪费和效益下降。在这种状况下，农业生产处于无组织状态，想种什么就种什么，想怎么种就怎么种，无组织混乱种植，处于自给自足的小农经济模式，无法发挥现代农业机

械化、规模化等优势。另外，由于农户资金实力有限，经营规模较小，在面对市场的过程中，单个农户要承担巨大的市场风险和自然风险，增加了农户经营的风险和成本。

四、农业机械与新兴技术的应用率有待提高

（一）农业科技总体水平不高

农业生产技术落后，多数地方采用的仍然是传统农业的生产方式，生产效率低，效益不高。耕种区远离大城市，农产品以粮食作物为主，经济价值有限，致使农民精耕细作的积极性不高、运用现代农业科技的积极性不高、潜心研究积累农业技术与经验的积极性不高。如大宗粮食作物很多使用的都是较为陈旧的品种，偶有用较新品种的农户也由于对新品种相应的栽培技术了解不够（即良种难以跟良法配合）而难以发挥新品种的优势。测土配方施肥技术、病虫害绿色防控、机械化作业等一些现代农业技术更是难以实现。当然，这也与地区农技推广力度有限有关，因为大部分农村地区工业化尚处于初期向中期推进阶段，城镇化水平仍较低，县域财政实力不强，工业反哺农业、城市支持农村的力量有限。同时，农村劳动力的科技文化素质和从业技能普遍较低，自我提高意识较薄弱，对新技术、新成果、新信息的吸收消化能力还远远不能适应发展现代农业的需要。

（二）对区域特色优势产业发展的科技需求尚未有效满足

农业科技推广困难，科技成果转化率低。农业科技推广遇到新的挑战，原有的农技推广体系已经与市场经济形势不相适应，农业科技成果转化率不到40%，农业科技入户率不到60%，严重影响科技对经济发展的贡献。丘陵地区农民增收的实现，需要形成具有区域特色的优势产业，其形成、发展壮大过程中的品种、技术、布局、规模控制及发展模式是丘陵地区现代农业发展之急需。在各地调研时农民群众都说"希望多给我们带来好的种子、好的种植技术"。

针对当前农村劳动力缺乏的实际，轻简高效、全程机械化生产技术是丘陵地区现代农业发展的必然选择，因此，对于主要粮经作物的轻简高效栽培技术非常急需。种养业是丘陵地区现代农业的重要组成部分，但目前丘陵地区很多地方养殖业后端治理利用不到位，土壤、水环境污染问题十分突出。因此，急需种养结合模式及其关键技术，养殖业废弃物种植业消纳，种植业发展支撑养殖业。在神池县调研时，农户深情地说："我们就是想种省工省力的好庄稼，但是没有技术，找不到专家指导。"

（三）小微型农机研发滞后，农机化推进缓慢

小微型农机普适性差，在一些特殊地区难以使用，导致农机化推进缓慢。占旱作农业40%以上的丘陵山区，田块细碎化，普遍存在梯田多、田埂高、道路窄，不便农机作业的特点。特别是田土之间"以埂代路"现象突出，田间机耕道通达率不足30%，限制了农机下田。以神池县为例，到2017年年底，全县拥有农机44 945台套，总动力20.1万kW，综

合农业机械化水平 50%，农业机械化总体水平一般，各类农机作业服务组织达 10 288 个，农机从业人员 67 071 人。全县现有农机中，耕耘机 996 台套、插秧机 325 台、大型联合收割机 1 077 台套。但由于田块面积小、田形不规则，窄梯田数量较多，田间硬化道路缺乏，结构不合理。农户自备的收割设备效率低下，农机系列化作业不配套，插秧机、高性能收割机少。

第一节　有机旱作农业生物治理概述

一、生物防治

（一）生物防治的定义与类型

生物防治（Biological Control）是指利用生物及其产物控制有害生物的理论与技术体系，它既包括发掘和利用昆虫天敌、病原微生物、植物抗虫性及其相关功能基因等资源，也包括开发昆虫不育、昆虫信息素、植物生长调节剂、昆虫生长调节剂、昆虫行为调节及生物工程菌剂等现代生物技术。进入 21 世纪以来，随着生命科学和生物技术的发展以及新原理、新方法的不断渗透、交叉与融合，生物防治内涵也变得更加丰富，近年来，有学者把转抗病虫基因植物也列入生物防治范畴。生物防治植根于系统学、病原学、病理学、生态学、行为学、信息学、生物化学与分子生物学等多学科研究的理论成果，注重生物防治资源的发掘利用，注重植物与昆虫（微生物）、昆虫与天敌、昆虫与病原物互作等规律的认识，注重现代生物技术的发展和利用，是克服化学防治缺点（害虫抗药性、杀伤天敌和污染环境等）、支撑现代高效、绿色生态农业可持续发展的基本理论与技术体系。

因此，生物防治所涉及的学科基础很广，它的发展与科学技术的进步紧密相连，是人们在长期与有害生物斗争过程中，对于物种多样性、生存竞争、物种进化、种间关系和种群变动等不断深化认识并加以实践的基础上形成的一个交叉学科。生物防治研究的内容包括生物防治的理论基础、生物防治资源利用、生物防治的途径和方法、生物防治实施与作用评价及以保护利用天敌为主持续控制农林有害生物的实践等。

1. 病虫害防治

利用生物及其代谢产物控制害虫（害螨）的理论和技术体系叫作害虫生物防治。

Smith（1919 年）专指利用本地或引进外来天敌来抑制害虫种群的活动，以后又把生物防治分为自然生物防治（Natural Biological Control，即利用本地天敌进行的防治）、应用生物防治（Applied Biological Control，即人为地引进天敌进行的防治）和增强生物防治（Augmentation Biological Control，即人工大量繁殖天敌，释放到田间以促进已有天敌的控害作用）。

生物防治是在农业生态系统中利用自然界的有益生物对有害生物的自然控制作用，它是一种自然现象，故 Coppel 和 Martins（1977 年）又将害虫生物防治称为害虫生物抑制（Biological Pest Suppression）。

近 50 多年来，由于害虫防治新技术的不断发展，如利用昆虫不育性（辐射不育、化学不育、遗传不育）及昆虫内外激素、RNAi 和植物抗性等在害虫防治方面的进展，从而扩大了害虫生物防治的领域。所以，害虫生物防治分为狭义的害虫生物防治和广义的害虫生物防治。狭义的害虫生物防治又称为传统的害虫生物防治，是直接利用天敌来控制害虫的科学；广义的害虫生物防治是利用生物有机体或其天然产物来控制害虫的科学（Huffaker，1971；Price，1975）。广义的害虫生物防治常与其他学科相交叉，如抗虫性的利用属于农业防治，激素的利用属于化学防治，辐射处理属于物理防治。近年来，有学者把转抗虫基因植物也列入生物防治范畴。

2. 植物病虫害生物防治

从植物的病虫害防治方面来看，生物防治指的就是在对植物的病虫害进行防治的时候用生物的方式或者其代谢物来进行，使得病原体得到控制。从本质上来说，就是对生物之间的种内关系以及种间关系加以利用，使有害的生物种群密度进一步得到调节。

在 20 世纪 80 年代，我国知名的植物病理学家陈延熙就从自身多年的实践以及世界上生物防治的方向出发，提出了传统的生物防治概念，这一概念非常符合自然情况；通过对微生物环境加以调节，最终使其有利于寄主植物而对病原有害，或者作用于寄主与病原体，使其产生的影响对寄主有利而对病原体不利，最终对病害加以防治。这个概念告诉我们，人们已经改变了对生物防治的认识，产生了很大的进步，从最开始的只是靠拮抗性微生物来控制病原或病害，到现在的靠诸多因素创造一个生物环境来对病原体进行抑制，对寄主进行发展，最终使病虫害得到防治。

美国农业部海外农业局提出了广义的生物防治概念：使用自然的或改造的生物体、基因产物降低有害生物的作用，并有益于有益生物如作物、树木、动物、益虫及微生物。这个广义的生物防治，包括寄主植物抗病性的利用及有益生物代谢产物的利用。

植物病害生物防治主要从三个方面出发：①调节病原物种群，种群不能太多也不能太少，要控制在一个适当的数量上。②保护性排除方法，以有益微生物通过位点营养竞争做障碍，将病原物的侵染排除在外。③自身防御，在对病害发生进行抑制和预防的时候以寄主植物抗性的方式来进行，比如我们熟知的诱导抗性。

而在模式上，对植物病害的生物防治也有许多，比如真菌防治真菌病害、细菌

防治真菌病害、细菌防治细菌病害、病毒（噬菌体）防治细菌病害、真菌防治线虫（*Caenorhabditis*）病害、细菌防治线虫病害及病毒（弱毒株）防治病毒病害等。

3. 杂草的生物防治

杂草生物防治指的是利用寄主范围里比较专一的植食性动物以及植物病原微生物和由其所产生的代谢物，将那些杂草控制在一定的水平内，比如在经济方面、生态方面以及环境美化方面等（Wilson，1964；Rosenthal 等，1984；王韧，1986）。随着杂草生物防治方法的发展，近年也把利用分泌他感化合物的植物防治杂草归入杂草生物防治的范畴。

一个是从目标杂草的种类和产地入手，一个是从其生防作用物的种类和产地入手。杂草生防方法有许多种，其中就包括传统生物防治（Classical Biological Control）、助增式释放生物防治（Inoculative Release Biological Control）及淹没式释放生物防治（Inundative Release Biological Control）。对外来杂草进行防治时一般都会用到传统生物防治，主要是从选择杂草的原产地和引进寄主专一的植食性天敌（通常是植食性昆虫）释放到野外以达到持续控制外来入侵杂草或本土杂草的目的。助增式释放生物防治也就是放生一些专一性的天敌，可以是外来的也可以是本地的，释放足够的数量之后，利用其密度增加来对草害进行控制。同时在一些地方，由于天气的原因一些天敌会死亡，所以一些适当的农事，对于天敌安全越夏或者越冬都很有帮助，所以对其恢复和保存都十分有利。淹没式释放生物防治是指在实验室里对杂草的天敌进行培育（通常是寄主专一的植物致病真菌，其制剂被称为真菌除草剂），大量释放到田间协助已有天敌，以达到控制靶标杂草的目的。

（二）生物防治的意义

1. 生物防治的重要性

（1）生物防治技术符合我国农业可持续发展的战略

在过去几十年，我国致力于农业的生产与发展，虽然已经有十几亿人从吃不饱饭到现在的温饱解决，但是这个过程中所付出的代价却是沉痛的，比如我国的生态环境遭受了严重的破坏、生物的多样性锐减，这些现象都应该引起我们的重视和关注。应大力建设以现代科技为依托的农业绿色良性生产模式。加快优势农产品高效安全生产、重大农业生物灾害防控、农业生态环境综合整治等核心技术的研发是我国农业科技若干重要领域到 2020 年的目标之一。研究开发与推广生物防治技术，大力发展绿色健康农业，既可以使我国农业在新的世纪里得到稳步发展，也可以促进我国农业与世界相接轨，也可以将《中国 21 世纪议程》中的农业可持续发展的战略目标充分展现出来。因此，研究开发具有自主知识产权的生物防治新产品及生物防治新技术，加速发展我国的生物防治进程，为我国现代农业产业的可持续发展保驾护航，意义非常重大。

（2）生物防治技术符合我国生物产业发展的战略

高效安全生物防治技术已被列为当前国家优先发展的高新技术产业化重点发展领域，

大力发展生物农药和绿色食品已被列入《中国 21 世纪议程》。2009 年我国原则上通过了《促进生物产业加快发展的若干政策》。根据这些政策，我国将以生物农业、生物能源、生物制造、生物环境和生物医药产业为重点，发展壮大生物企业，大力促进自主创新，加强复合型人才培养，加大财政支持力度，拓宽融资渠道，创造良好市场环境，强化生物遗传资源保护和生物安全监管。从生物产业的角度看，研发生物防治产品、开展生物防治是生物农业的主要组成内容之一，加大投入，构建相关研发平台，将为我国加快生物产业发展起到重要的促进作用。

（3）生物防治技术符合我国食品安全及环境安全的战略

在农业有害生物发生和危害逐年加剧，而采取农药进行防治又造成污染的情况下，生物防治因其安全有效、环境友好而广受重视和推崇。生物防治及生物防治产品的发展关系到食品安全及环境安全的战略性问题。生物防治可以对农林业主要病虫实施可持续的有效控制，有利于农林生态系统生物多样性的保育，是与可持续发展战略思想最为相符的先进适用技术，能够取得最佳的生态效益、经济效益和社会效益。从对现代农业的重要贡献看，研发生物防治产品，开展生物防治是现代农业综合防治的主要组成部分。理论研究和应用实践证明，生物防治产品具有显著的优越性，作用方式多，作用靶标特异性强，防治效果好，对人畜安全，无残留污染，抗药性风险较低，与现代生物技术结合紧密，适应可持续发展的形势，符合生产无公害产品、有机食品的要求，是现代农业综合防治的发展趋势。因此，大力研发生物产品和技术对保障我国现代农业的健康良性发展具有重要的社会意义。

2. 生物防治的意义

自第二次世界大战结束后，人工合成的化学农药在全球范围内大量使用，已严重威胁食品安全和环境安全这两块人类赖以生存和发展的基石。滥用化学农药造成农林产品中的农药残留问题、害虫抗药性问题、主要害虫再猖獗和次要害虫发生问题，已为全球所公认。此外，化学农药对环境造成的不良影响也日益为世人所关注。随着可持续农业的发展，对有害生物的防治要求组建更加优化的综合防治体系，生物防治在其中具有举足轻重的作用，尤其是随着人们生活水平的提高，从国际贸易市场和国内市场对农产品质量要求的指标来看，生物防治的地位显得格外重要。

（1）生物防治可大幅减少化学农药的用量

我国农药产量逐年增加，发展迅速，年产量在 1998 年突破 38.2 万 t，超过美国成为第一生产大国，2018 年农药总产量下降到 207 446 t。开展以生物防治为主的作物有害生物综合治理研究和示范，对于大幅减少化学农药的用量效果明显。

（2）生物防治可克服有害生物抗药性的产生

据统计，随着化学农药的长期和大量使用，多种有害生物产生抗药性。如 1948 年已知产生抗药性的害虫种类为 14 种，1969 年增至 224 种，1976 年增至 364 种，1984 年增至 447 种，至 2002 年至少有 600 种以上的昆虫及螨类已产生了抗药性。已有 150 多种病原物和 100 多种杂草产生了抗药性。同时，由于长期不合理地使用单一农药，有害生物抗药性的产生和发展迅速，尤其是对杀虫剂的抗性问题更为突出。棉蚜（*Aphis Gossypii*）、棉铃虫（*Helicoverpa Armigera*）、小菜蛾（*Plutella Xylostella*）等害虫对有机磷和菊酯类农药的抗性在 5 年左右时间内上升了 20 倍以上。例如棉蚜对氧化乐果、甲胺磷、马拉硫磷等有机磷杀虫剂先后产生了抗性，普遍增长了几倍至几十倍；之后对菊酯类杀虫剂也产生了几十倍至两万倍的抗性。20 世纪初，菊酯类杀虫剂防治棉铃虫效果相当好，但到 1986 年棉铃虫在河南豫北棉区的抗性增至 25 ~ 58 倍，1990 年抗性已超过 1000 倍，因而，1992 年棉铃虫的暴发，抗药性是一个重要的因素。小菜蛾对各种杀虫剂均已产生了抗性，在南方局部地区对溴氰菊酯的抗性水平曾超过万倍以上。通过一些生物产品和生物防治手段可以对农林有害生物进行良好的防治，保证无污染的农林产品的优质高产；又可减少有机化学农药的投入，从根本上解除防治农林有害生物在对化学农药方面进行选择的麻烦，也从根本上避免了有害生物抗药性的发生，可以由因为胡乱使用化学农药导致的恶性循环向良性循环进行转变。

（3）生物防治可有效控制外来生物的危害

外来生物入侵已成为国际社会面临的共同问题，成为生态安全和农业可持续发展的主要障碍之一。我国加入世界贸易组织（WTO）后，国际贸易更加频繁和多样化，由此带来的入侵生物种类增加及入侵速度加快将是前所未有的。据初步统计，入侵我国的外来物种至少有 400 多种。在世界自然保护联盟（IUCN）公布的 100 种最具威胁的外来物种中，我国就有 50 种，是全球受外来入侵生物影响最大的国家之一（万方浩等，2005）。如何有效遏制外来有害生物的入侵、如何有效治理已经入侵并广泛传播蔓延的入侵生物已成为各国科学家、政府和社会面临的严重挑战。传统生物防治的目的就是防治外来入侵生物的危害，经过 100 多年的发展，取得举世瞩目的成就，有效地控制了若干重大恶性入侵害虫和杂草的危害，取得了显著的经济、生态和社会效益。

（4）生物防治可突破国外技术壁垒

我国加入世界贸易组织，大大推动了我国农产品出口贸易发展。但是，欧洲、美国、日本等一些经济发达的国家和地区有针对性地将自身的技术保护了起来，所以，要想突破这一局限也变得越来越困难，所以对于我国农产品出口来说，也是非常不利的。比如在 2000 年 7 月 1 日的时候，欧盟对于茶叶的农药残留提出了新的标准，其中部分指标和之前的相比提高了甚至 100 ~ 200 倍，比如在氯霉素的要求上，日本的标准仅为 50 mg/kg，可欧盟的标准竟然苛刻到了 0.1 ~ 0.3 mg/kg，同样比美国的 4 ~ 5 mg/kg 还要高，结果不只是其他地区就连欧盟自己的产品有时候也达不到这样的标准。同样这样做的也有日本，比如我们熟悉的菠菜，日本在 2002 年 4 月公布的农药毒死蜱残留限量为 0.01 mg/kg，甚至比自己国家生产出来的标准还要高，并且这一技术在我国国内还属于技术壁垒区域，同时也大大超出美国、欧盟及国际组织 CAC 的 0.05 mg/kg 标准。

显然，化学农药残留超标已成为我国传统农产品出口贸易的瓶颈问题，急需大批生物防治产品与技术替代化学农药控制病虫害。因此，要想破除国外技术壁垒，就必须重视发展我国的绿色植物保护技术，提高我国农产品出口竞争力，大力建设农产品出口基地，促使我国农产品的质量得到稳步提升。从国际市场上反馈回来的结果显示，目前有机、生态、绿色的农产品已经在消费者群体中变得越来越受喜爱，体现了现代社会人们追求自然、纯净和健康的主题。

（5）生物防治可提供无污染的农产品

绿色食品在生产过程中，对化学农药的使用有严格规定；有机食品在生产过程中，禁止使用化学合成的农药。而且，绿色食品和有机食品的生产还要求产地环境质量达到国家规定的标准，也就是说，以前使用过化学农药导致产地环境质量达不到标准的，是不能作为绿色种植基地的。因此，绿色种植产业必须更多地依靠非化学防治手段控制有害生物。生物防治技术是保障绿色种植产业发展的关键技术，生物防治产业与绿色种植产业相互制约，密不可分，需共同发展、相互促进。

（6）生物防治可保护生态环境

化学农药对环境的污染已成为世界各国共同关注的问题。农药残留威胁着整个生态系统，对生物多样性产生影响，生态条件整体恶化，导致病虫害暴发成灾，使农作物有害生物的防治更加复杂和困难。自20世纪90年代以来，全世界的人口中，每年因为食用化学农药中毒的就有200多万人，而其中死亡的大概占到2%，约4万人。农药中毒事件每年发生5万多人次。应用生物防治技术控制农林害虫，对人畜无毒害，不会造成环境污染，可以给人们一个清洁无污染的生存空间。在农作物有害生物的防治中，人类正经历着由以化学农药防治为主向无公害的生物防治为主的转变。人类将以明智的选择和积极的行动开展生物防治，保护好自己的生存环境。

二、土壤改良

（一）土壤与土壤肥力

1. 土壤的概念

土壤是我们日常生活中常见的物质之一，也是人类生产和生活中不可或缺的一种自然资源。它是人类赖以生存的物质条件，深刻地影响着整个地球的生态环境。过去、现在和将来，人类的生存和发展都离不开土地资源。研究土壤、学习土壤学知识就是为了更好地开发、利用、保护和管理土壤资源。

我国东汉许慎的著作《说文解字》里就提到过："土，地之吐生万物者也；壤，柔土也，无块曰壤。"

从汉字结构来分析，土可以分为两部分：一个是"二"；一个是竖线。而"二"是由两个"一"组成的，上面代表表层土，下面的代表底层土，而中间凸出的地方，指的就是植物凸出地表和深入土地的那部分，这是有文字记载以来最早用科学来对土壤进行的定义。

不一样的人看土壤的目的和角度会不一样，定义也就会产生相应的变化。比如生态学家大多会从生物地球化学的角度来进行解读，觉得在地球的表层系统里土壤是其中生物最多、生物地球化学的能量交换以及物质循环（转化）里最为活跃的一个生命层。但是环境科学家却认为，环境因素里，土壤十分重要，可以对环境污染物进行过滤和产生一定的缓冲效用。而在工程专家看来，土壤是工程材料的原材料，同时也是可以承受高强度压力的基地。

在土壤学家眼中，土壤是在地球表面生物、气候、母质、地形、时间等因素综合作用下所形成的能够生长植物、具有生态环境调控功能、处于永恒变化中的矿物质与有机质的疏松混合物。简单地说，土壤就是地球表面能够生长植物的疏松表层。

在这个概念中，最主要呈现出来的就是生物所具备的多样性以及其可以作为绿色植物生长的基础，基本上都存在于地球表层的陆地上。从物理角度来看，土壤是由以下几部分构成的，分别是矿物质、有机质以及空气和水，其表层比较疏松而且具有一定的孔隙。虽然土壤也可以分为很多种，每个地方的土壤也都不尽相同，但是它们都有几个共同的特点，那就是：①土壤是一个独立的历史自然体。土壤里的自然因素比如地形、时间以及生物、母质和气候等是加上人类活动而综合产生的，其发育以及发生的规律和过程具有一定的独立性，除此之外其还具备非常特殊的结构、组成以及形态和层次构造。②土壤是多孔多相系统。土壤里不仅有水（液相），还有许多矿物质元素以及空气（气相）等，而在土壤的孔隙中多是水和空气。③土壤具有垂直分层性。随着时间的延长，土壤会不断地进行发育，从而形成诸多层次，这会使得在垂直方向上土壤的颜色以及物质组成会产生相应的变化，最终形成不一样的层次。

2. 土壤肥力

肥力是土壤的本质特征和基本属性。土壤肥力是土壤物理、化学和生物学性质的综合反映，其中，养分是土壤肥力的物质基础，温度和空气是环境因素，水既是环境因素又是营养因素。各种肥力因素（水、肥、气、热）同时存在，并相互联系和相互制约。因此，归纳起来可以将土壤的肥力定义成：土壤能够在合适的时间为植物的生长供给所需要的水分、养分、空气、温度、支撑条件和其他物质的能力。土壤肥力是土壤各种理化性质的综合反映，是土壤的主要功能和本质属性；土壤的肥力并非某一个因素作用的结果，而是土壤里其内在的结构以及物质和理化性质与外界的环境条件产生反应的结果。土壤肥力是一种属性，并非土壤的物质组成，肥力没有结构和尺寸大小，就像人的素质和能力一样是一个抽象的概念，但有具体的表现。影响耕地土壤肥力的因素很多，如土壤质地、结构、水分状况、温度状况、生物状况、有机质含量、pH等，凡是会对土壤的化学、物理以及生物性质产生影响的因素，也一定会影响到土壤的肥力。比如大量的微生物以及脲酶和过氧化氢酶以及纤维素分解酶，不仅活性比较强，而且还具有强烈的生化反应，除此之外还会导致土壤里所包含的速效养分含量变得更高。而土壤的肥力与其微生物的主要关系就像下面讲述的那样。

土壤的肥力与其所含有的微生物息息相关，尤其是土壤里的真菌和放线菌，和土壤里的诸多因素有关，比如有机质、比如有效氮（N）和全氮（N）加上pH等，而对土壤里细菌产生影响的因素又不一样，其中产生影响最为明显的就是速效磷（P）和有效 N。而之所以会如此，主要是因为土壤里会不断累积腐殖质同时也会不断地分解和转化有机物质，而这两者会在很大程度上受到真菌和放线菌的影响。对此李志辉进行了多方面的研究，从研究中可以看出，土壤好气性细菌和固氮菌与速效 N 呈极显著相关，厌气性细菌和速效钾（K）的关系更为密切，速效磷以及固氮菌的关系较为显著，而同时一些因素也会呈现出负相关特性，比如速效钾和真菌，而还会有一些因素对土壤微生物产生抑制所用，比如钙（Ca）元素。对此许景伟应用了多元线性回归方法来分析拟合，最终得出土壤中的养分含量以及微生物数量和酶活性之间呈显著相关的关系。

在土壤肥力变化方面，微生物主要是通过使土壤的化学物理性质进行改变而进行的。土壤理化性质与微生物的数量之间关系密切。通常土壤中微生物越多，其容重就会越小，而孔隙度反而会更大，从结构性来看比较好，其透气透水性能也会比一般的土壤要强，会出现这样情况，主要是由于一些动植物的残体掉落在土壤中会被微生物分解掉，分解后融入土壤会使土壤的有机质含量得到进一步增加，除此之外真菌的菌丝以及微生物代谢之后所产生的物质具有黏结土体的功能，这一功能既会使微团粒体在土壤中的比例增加，又可以使土壤的结构性得到改良。除此之外，既土壤里腐殖质的形成也得益于微生物在土壤中的活动，在对土壤结构进行改进方面腐殖质有着不可替代的作用，因为其不但可以使土壤的理化性能得到改善，还可以蕴含足够的水分和植物营养。

宋漳通过研究进一步证明了，微生物有多大数量，种群有多大，以及其分布有多广，对土壤理化性质是好是坏，以及土壤肥力是高是低，都会产生影响，也会对植物的生长产生一定的影响，土壤里微生物的数量越多，种群越大，那么土壤理化性质以及其肥力和林木的生长也会变得越好。

土壤中的微生物对于自然界里物质的循环会产生一定的促进作用，它可以使有机态的营养元素转化为无机态的营养元素，而后者可以被植物体直接吸收掉，这样就会对土壤形成改良的作用。因为在这一转化过程中，土壤中的微生物直接参与其中而且起着重要的作用，所以其对土壤养分循环的速率影响显著。

另外，土壤中的微生物量是植物营养物质的源与库，并积极参与养分循环。有机质的活性部分的典型代表就是微生物量，经常会在对土壤的生物学性状进行评价的时候使用，之所以会常被用到，是因为其可以代表参与调控的土壤里的养分以及能量循环和有机物转化所对应的微生物的多少。

（二）土壤肥力与土壤生产力的关系

1. 土壤肥力的分类

土壤肥力可以分为两种：一种是自然肥力，一种是人工肥力。前者主要包括自然成土因素，比如生物、地形以及气候等，在这些因素影响下所形成的肥力，产生于自然成土的过程中。而人工肥力则指的是各种人工因素作用之后产生的肥力，比如灌溉、施肥、耕作和一些技术措施。因为人们学会了农耕，所以农作物替代了植被，农田替代了林野。而农业的发展，又进一步促进了人口的繁衍，人口的增多使人们对土壤的利用强度也变得越来越强，人工肥力已经成为决定人类在两个方面的关键因素，即用地和养地。只是对耕地进行无休止的利用，而不加以养护，那么最终的结果就会导致土壤的肥力越来越低，所以要想常保土壤肥力，最需要做的就是持续保持土壤的肥力。

除此之外，土壤肥力还可以分成另外两个肥力：一个是潜在肥力，一个是有效肥力。理论上的肥力是都可以发挥出来并转化成经济效益的，但是因为各方面的限制，比如环境条件以及技术方面和土壤本身的不同，导致其只有一部分可以产生经济效益，这部分叫作有效肥力或经济肥力，它可以用农产品的产量来衡量。还有部分没有直接反映出来的肥力叫作潜在肥力。有效肥力和潜在肥力两者之间没有明显的界限，在一定条件下可以相互转化。如黏质土的有机质含量高，N、P、K养分含量丰富，虽然潜在肥力较高，但因通气不良、养分转化缓慢、有效养分含量低而影响作物生长。对这种土壤应采取客土或多施有机肥或勤中耕等措施，促使潜在肥力向有效肥力转化。

2.土壤生产力与土壤肥力的关系

土壤生产力与肥力之间的关系比较复杂，联系之中又带有区别。土壤的生产力指的是其生产能力的高低，可由单位面积土壤上的粮食产量或经济效益来评价。土壤生产力的高低受土壤肥力、环境条件、生产管理水平等因素的影响，"土、肥、种、密、保、管、工"等农业生产要素也影响土壤生产力的高低。如同一块土壤种植不同的品种，其作物产量可能有显著的差异。土壤生产力包括两个方面：一个是土壤自身所具有的肥力，另一个就是这些肥力是不是可以完全发挥出来，这就不仅仅取决于土壤自身了，还有对其肥力发挥产生影响的外部因素。比如一块土地很肥美，但是如果遇到自然灾害，再肥美的土地也不会有什么好收成。从这里我们可以看出，土壤自身的肥力只是生产力的基础而已，并不能代表所有的生产力。而对肥力发挥产生影响的外部因素包括有没有污染物或者毒害的入侵等等，除此之外也包括人为栽培以及耕作等对土壤进行的管理。

在不良环境条件下，即使土壤本身内在肥力的营养因素很优越，土壤生产力也必然不高。土壤内在肥力因素的各种性质和土壤的人为环境条件以及自然环境条件共同构成了其生产力。从这个概念出发，为了能够使农业生产变得更加高效、高产以及优质，农田基本建设就显得十分重要，同时也会对土壤的环境产生改造。其中包括平整地块、保证水源、修建渠道、开沟排水、筑堤防洪等农业工程项目和营造防护林等生物工程。

第二节　有机旱作农业生物治理的理论基础

一、生物防治的理论基础

（一）害虫生物防治原理

引起害虫群数量变化的因子有内因和外因两类，内因是昆虫本身的特性，含生殖潜能和生存潜能；外因有物理因素、营养因素和生物因素等。其中害虫与天敌之间的相互依存、相互制约的关系是害虫中数量变动的关键因素。在农田生态系统中，创造有利于天敌繁衍、不利于害虫发生的条件就是控害保产的目的。

害虫、天敌种群和群落是自然生态环境及人工生态系统中必不可少的组成部分。要减少害虫密度并维持在经济允许的水平之下的任何尝试都必须考虑影响害虫数量的环境因素的作用，考虑害虫种群所处的生态群落。开展害虫生物防治最有效的方法是改变昆虫群落的结构与功能，使生态系统更有利于天敌昆虫群落的结构和控害功能，而不利于重要害虫种群的增长。

1.昆虫群落概念及其结构

生物群落是指在特定时间聚集在一定地域或生境中所有生物种群的集合。它有区域性（即某一生境中的群落），也有时间性（即某一特定时间内的群落）和系统性（即集合了所有的生物种群）。如果对象就只是昆虫种群，那么就可以称其为昆虫群落（Insect Community）。但实际研究中，常将蛛形纲（Arachnida）列入其中，统一被称为节肢动物群落。而在研究的时候根据需要还会划分为其他群落，比如天敌亚群落或者害虫亚群落等；而在这两种群落中还可以继续细分下去，比如害虫亚群落也可以被分为蛀果性害虫亚群落和食叶性害虫亚群落等；天敌亚群落又可分为捕食性天敌亚群落、寄生性天敌亚群落。

昆虫群落的营养组成（Trophic Structure）包括食物链和食物网两种类型。

（1）食物链（Food Chain）可以被解释为群落里不同的物种之间以取食和被取食的关系存在，最终形成一个营养链锁的结构。例如，棉花－蚜虫（Aphidoidea）－瓢虫（Coccinellidae），水稻－二化螟－蜘蛛都是典型的营养食物链。根据食物链的起始环节的情况，可将其分为下述三种类型的食物链。

①牧食食物链（Grazing Food Chain）或捕食性食物链（Predatory Food Chain），指的是食物链的基层，特指绿色的植物，并在此基础上而生成的食物链。如小麦－蚜虫－瓢虫－食虫小鸟。

②腐食食物链（Saprophagous Food Chain）或分解链（Decompose Chain），指的是从一些动植物的残体开始，将之作为基础而生出的细菌和真菌以及孕育的土壤动物开始的食

物链，如动植物残体 – 埋葬甲虫 – 捕食性天敌。

③寄生食物链（Parasitic Food Chain），指的是以活的动植物有机体作为宿主，在其身上寄生的食物链，如蚜虫 – 寄生蜂。

（2）食物网指一个群落可能有很多条的食物链进行交叉。它们通过营养联系，表现出来的状态就是一个极其复杂的网状体，称为食物网。Cohen（1978）和 Newman（1986）经过对 113 个食物网中食物链的平均长度与物种数的关系的分析，建立了食物链长度理论，认为食物链的长度一般为 2 ~ 6 个营养级，且以 2 ~ 4 个营养级的食物链分布频次最高。制约食物链长度（即仅有 2 ~ 6 个营养级）的因素主要有能量假说和动态稳定性假说以及一些经验性的结论。

为了使食物网结构得到简化，在营养级别上进行区分，将相同的和不同的物种的不同发育阶段划归到一个物种里，这种物种被统称为营养物种。根据其在食物网中所处的位置可以分为以下三种类型。

①顶位物种（Top Species），指的是在食物链里最高级的不会被其他动物吃掉的物种，这种物种是食物链的顶点，这是一类假定不被取食的物种，如捕食性天敌类。

②中位物种（Intermediate Species），处于食物网的中间，它至少具有一种捕食者和猎物，即该物种既可捕食其他物种，也可以被更高级的捕食者所食。如害虫取食水稻，同时又被天敌捕食，有些捕食者既捕食害虫，也被其他更高营养层的天敌所捕食。

③基位物种（Basal Species），指的是这种物种不会取食其他任何物种，只是作为其他物种的取食对象而存在，如植物。一般从植食性昆虫到顶位肉食动物都有如下趋势：种类减少；种群水平降低；繁殖速率渐慢；体形增大；觅食范围增大，可利用的不同生境增加；更高的扩散能力；更大的寻找能力；更高的维持成本（能量）；食物利用率提高；更高能量的食物；取食的专一性降低；更复杂行为；更长的寿命期。

（3）上行控制效应与下行控制效应原理。在作物 – 害虫 – 天敌食物网中，对害虫种群起控制作用的到底是天敌（上营养层）对害虫的捕食寄生作用，还是寄主植物（低营养层）的抗性，一直争论较大。在解释不同营养层之间的相互作用时，有两种理论，上行控制效应理论和下行控制效应理论。

上行控制效应（Bottom-up effect，自下而上）理论指的是营养阶层较低的生物量和密度等（资源限制）对较高的营养阶层的种群结构起决定性作用，如寄主植物的生产力决定了害虫种群密度，害虫的生产力决定了它们天敌的密度。

下行控制效应（Top-down effect，自上而下）理论则指的是较低营养阶层的群落结构多由较高营养阶层的物种结构所决定。如捕食者天敌的密度决定了害虫种群密度。

实际上，这两种效应是相对应的，都在控制着生物群落的结构。

2. 天敌群落与种库的关系

农田生态系统包括两个组成部分，作物生境和周围的非作物生境。节肢动物群落不论在作物生境中还是非作物生境中，其关系都非常地密切。比如我们所熟知的水稻生态系统，每当水稻移植之后，本来在稻田外的一些节肢动物就转入了稻田内，节肢动物群落也就由此而成；而当水稻到了收割的时候，那些节肢动物又会从稻田里迁出。Liss等（1986）将作物生境里节肢动物群落的种库（Species Pool）定义为"非作物生境中为作物生境节肢动物群落提供移居者的节肢动物集合"。

群落重建（Community Reestablishment）指的是节肢动物群落在短期的农作物，比如水稻生境内再形成的一个过程，这一过程充满了季节性和可重复性。一个群落重建得快慢和发展能力在于种库动态。因为种库是一个动态的系统，其结构受到多种因素的影响，比如栖息地季节性的变化，同样也会受到人类活动对栖息地的影响。种库对种类移居的作用十分明显，不仅可以影响其移居的数量，也包括其时间。比如在稻田生态系统里，水稻种植前稻田里的节肢动物和在种植水稻的时候，稻田生境外的节肢动物都可以被归入稻田节肢动物群落的种库。越冬期和双抢期内包括水稻生长期周围的所有节肢动物，都可以被纳入稻田种库，均为以后稻田节肢动物群落的重新形成提供移居者。

因此，通过了解种库组织及生境特点的动态变化，可有效开展害虫的生物防治，也有利于通过改善作物和周围环境植被的时间和空间格局来控制虫害的发生。目前在害虫生物防治中，提出了许多保护天敌种库、增加种库中天敌群落多样性的措施。例如，在柑橘园中种植藿香蓟（*Ageratum Conyzoides* L）和杂草的保留，可以为捕食螨提供一个舒适的栖息地和足够的食物——花粉，而捕食螨的存在对于柑橘全爪螨（*Panonychus Citri*）有一定的防治作用。比如在苹果园田间种大豆，大豆会发生蚜虫虫害，进而会吸引瓢虫取食，而吸引来的瓢虫会对之后苹果树的蚜虫虫害进行有效的治理。而稻田收割之后，将其中的田埂和杂草都保留下来，这样做会对天敌越冬起保护作用，其种库里天敌的数量以及种类也会越来越多。

3. 天敌与害虫的种间关系

（1）害虫

害虫是一个相对的概念。在人类出现之前，昆虫无所谓害虫与非害虫之分。只是自从地球上有了人类，由于人类要从自然界中获取各种生活资料，就必然会出现同植食性昆虫争夺资源的问题，而植食性昆虫为了生存，同样有权利分享这种自然资源，包括人类更新的各种资源——农作物和森林资源等。这样，人类与昆虫的利害冲突关系显得越来越明显。

广义来说，害虫是指那些降低人类资源的利用率、质量或价值的昆虫。主要包括危害农作物、果树、森林和储藏物的农业害虫以及传播人畜疾病、骚扰人们生活的医学昆虫两大类。显然，这种划分是人为的，完全是根据人类的需要和价值来确定的。对于那些有吃蝗虫嗜好的人来说，则不会认为蝗虫是害虫，而会把它作为营养丰富的食品；对于以芫菁（*Blister Beetle*）作药材的人来说，也不会把芫菁作为害虫，而会认为它是一种利尿壮阳的好药；同样，对于居住在钢筋水泥房屋的人来说，白蚁也不会被视为害虫，甚至还会视为益虫，因为它在森林生态系统物质循环中起重要作用。

如果农田生态系统处于半人工状态，而这种状态的目的主要是围绕农业增产展开的，在人工的影响下，会对系统环境产生非常大的影响，而昆虫的生态适应会导致种群数量的快速上升，平衡密度也会越来越高，一般会比害虫防治的经济水平更高，统称为害虫。所谓经济损害允许水平（Economic Injury Level，EIL，又称为"经济允许水平"）是以农业技术经济为基础的边际费用一样时的害虫密度。换句话说，就是害虫防治的费用超过其危害造成的损失时，其才会被视为害虫，需要治理。为此可将危害植物的害虫分为四类。

第一类是害虫种群平衡位置永不超过经济损害允许水平，对作物不造成经济损害。这类害虫并不是真正有害种类（见图2-1a）。

第二类是偶发性害虫，当受到异常气候条件或杀虫剂作用不当的影响时，其种群密度才超过经济损害允许水平（见图2-1b）。

第三类害虫的平衡密度常在经济损害允许水平上下变动，属主要害虫，必须密切注意，否则将造成经济损害（见图2-1c）。

第四类是害虫种群波动水平始终在经济损害允许水平之上。这是最严重的害虫（或称为关键性害虫），每种作物上多数有一至数种（见图2-1）。

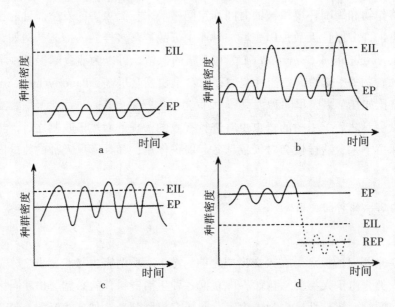

图2-1　四类害虫分类图（EP：害虫种群平衡密度；REP：修改后害虫种群
平衡密度）；EIL：经济损害允许水平

（2）天敌昆虫

在昆虫界里，天敌昆虫中，植食性的种类里有些害虫是取食农作物的，而还有一些是钟爱杂草的，所以，用它们来防治杂草，是最合适不过的了，可以说是针对杂草进行防治的自然天敌；肉食（捕食或寄生）性的种类许多都可以被视为害虫的天敌来利用，在自然控制害虫上，它们有着非常显著的作用。天敌昆虫主要包括捕食性天敌和寄生性天敌两大类。据统计，在北美洲，共有昆虫85 000种，在这些昆虫中需要防治的很少，只占1.7%，即1 425种，而剩下的基本上都是无害的。从我国的记载中看，我国国内已知昆虫约90 000

种，重要的农业害虫只有 1 000 多种，需要防治的大概只占 1%。据统计，在我国全国境内，稻田植食性昆虫和它的天敌种类就有 1 927 种，但是需要防治的只有十几种，只占到其中的 1%。所以，从这些数据中我们可以很明显地看到，虽然大自然里昆虫有很多种，但是其中对人类有害的只占很小的比例，另外的绝大部分都是对人类无害的，而这其中，有许多都是寄生性的或者捕食性的天敌昆虫，它们对害虫起着非常重要的控制作用。与此同时，因为绝大部分昆虫不是取食就是被取食，所以它们为自然界产业链的丰富起到了至关重要的作用，对于生态系统的循环以及能量流动来说具有非常重要的促进作用，同时也能起到维持生态平衡的效用。

什么是有效、成功的天敌？对于这个问题，一直争论很大。尽管已经进行了一个世纪的反复试验、研究，并对捕食者与被捕食之间的相互作用以及这些作用与生物防治的关系有大量的文献记载，但是，如何选择理想的天敌，仍然不十分清楚或明确。从理论与实践两方面考虑，一般认为理想天敌应具有下列特征。

①对寄主或被捕食物的专一性。成功的生物防治一般都采用对目标害虫具有专一性的天敌。这种性质部分保证引进天敌对环境中的其他生物不会产生不良作用。由于寄生性膜翅目通常具有很窄的寄主范围，因而有较多被作为天敌的候选对象。

②同步性。天敌与害虫应该在时间、空间和种群数量上同时发生作用。尽管有些天敌的搜索能力很强、数量也很多，但与害虫发生的不同步，使其对害虫的控制作用极大降低。这种不同步性，有时可以通过在寄生匮乏期间提供替代的被捕食物来加以克服，从而增强天敌的控害功能。

③在寄主和被捕食物低密度时的有效性。生物防治的目的是减少某种害虫的数量，并将其控制在较低的水平。因此，最有效的天敌应该能使被捕食物（或寄主）的密度最大限度降低。应找出那些在害虫密度很低时有效的天敌，使害虫密度保持在较低的水平。

④大于寄主的繁殖能力。这种特点对于天敌的迅速定居和种群的发展是至关重要的。加强对天敌昆虫的释放并使其尽快定居，特别有助于害虫的生物防治。

⑤大于寄主的扩散能力。生物防治在对较静止的害虫（如介壳虫和蚜虫）防治中取得了很大的成功。比防治对象具有更大活动能力的捕食者和寄生昆虫，能够更加迅速地确定害虫发生的地点并加以有效控制。

⑥易管理性。在引进天敌的过程中，必须在释放前对天敌的培养和管理以及释放后容易与现有耕作技术相结合这两方面予以考虑。

⑦气候相似性。生态系统中的害虫与天敌受到多种因素的影响，其中，气候因素对它们的生存最为重要。引进的天敌在与原生长地气候相似的地方最有效。

（3）天敌的捕食和寄生作用

生态系统中，害虫与天敌是一对矛盾的统一体，它们相互作用、相互依存，形成了复杂的种间相互作用关系。而在这种关系里，天敌所具备的捕食作用以及寄生作用已引起生物防治学家的高度重视，它在害虫生物防治中发挥着重要作用。

天敌的捕食作用。捕食（Predation）是指某种生物对另外一种生物的部分或者整体进行消耗，从中得到营养之后来使自身生命得到维持。前者称为捕食性天敌（Predator），后者称为害虫（Prey）。许多鞘翅目（Coleoptera）、半翅目昆虫都是重要的天敌昆虫。由于它们的捕食能减少一些害虫的种群密度，因而几十年以来，在生物防治上部分或全部利用了捕食作用。

天敌的寄生作用，是指一种生物从另一种生物的体液、组织或已消化物质获取营养并对寄主昆虫造成危害，称为寄生。以寄生方式生存的生物称为寄生物，被寄生的生物为寄主。在寄生性天敌中，主要包括膜翅目和双翅目昆虫，它们在害虫生态调控中发挥着重要作用。

寄生性与捕食性昆虫的区别有以下几点：①寄生性天敌可在一个寄主体内完成发育，而捕食性天敌需要多个猎物才能完成发育。②寄生性昆虫幼虫和成虫的食料不完全相同，一般幼虫营寄生生活，以寄主为食；成虫营自由生活，以花蜜等为食。捕食性天敌昆虫的幼虫和成虫均属捕食性，甚至食性相似。③寄生性昆虫的身体常比寄主小，捕食性昆虫的身体常比猎物大。④寄生性昆虫侵击寄主后，不会立即引起寄主死亡，需待其羽化或外出化蛹后寄主才会死去；而捕食性昆虫侵击猎物时，往往立即杀死猎物。

（4）种间的竞争作用关系

不同的害虫或天敌种间还存在着竞争作用。当同时有两个或者两个以上的物种（害虫或者天敌）对同一个资源比如寄主植物以及昆虫进行利用的过程中受到抑制或者干扰，称为种间竞争。在种间竞争中，物种由于共同资源短缺而引起的竞争称为资源利用性竞争（Ex-ploitation Competition）；在寻找资源的过程中一个物种对其他物种产生损害，这种竞争叫作相互干扰性竞争（Interference Competition）。除此之外，还存在着似然竞争（Apparent Competition）。所谓似然竞争，是指当一种捕食性天敌捕食两种害虫，也就是两种害虫共有同一种捕食性天敌时，其中一种害虫数量变多了之后，捕食它的天敌也就会变多，天敌的数量变多之后，又会对另外一种害虫的捕食增加。因为有一种捕食性天敌两种害虫间的关系，和对资源进行利用的两个物种之间的资源利用性竞争在本质上十分相似。

引进天敌与竞争作用天敌时，首先要应用竞争排斥原理进行分析，考虑该引进的天敌是否与本地生态位相同，是否存在着竞争作用。如果存在着竞争作用，则不适宜引进。

引进天敌后，要将它们置于最严格的隔离检疫条件下进行饲养，以便查明其生物学详情，特别是寄主或被捕食物的种类。经过检疫饲养后，如果该天敌适合于释放，应该在地方机构的配合下，将天敌运送到释放地点，常常在害虫发生的所有地理范围内。为了使外来天敌顺利定居，最初的释放地点最好集中在无杀虫剂干扰的地区。许多导致天敌释放失败的原因，就是因为在释放地不合时宜地喷洒农药。如果首先能在释放地放置一个罩笼，其中包含人为的高密度害虫，使天敌种群密度局部增加，那么，最初的释放会更加成功。

在引进天敌的过程中，还要考虑单种还是多种引进问题。寻找单一的"最佳"天敌，还是释放已通过检疫隔离饲养试验的各种很有潜力的天敌，这是目前人们争论的焦点。一些生物防治研究人员认为，引进多种天敌会产生竞争，有损于整个生物防治。Ehler 和 Hall（1982）发现，生物防治的成功率与引进天敌的种类、数目之间存在着一种负相关。他们认为，在定殖的最初阶段，种间竞争可能是特别重要的限制因素。很明显，在有些情况下的确存在着种间竞争，但这种"经典"的例子比原来所想的要复杂得多。大量试验证明，不管某一种天敌在没有其他天敌存在的情况下效力有多大，天敌复合体的作用效果总要超过单种天敌。此外，定殖初期害虫大量存在时，即使效力很大的天敌，在后来害虫密度减少时（若生物防治成功），其效力也许就会下降。一种天敌也很少能够在不同的地理条件下具备效力。如果条件允许，最有效的策略应该是，按照连续系统释放一系列不同类型的天敌：首先释放活性、繁殖力及贪食性最强且易扩散的天敌，最后释放效力最高、寿命最长、繁殖力最低的天敌物种。

（5）植物－害虫－天敌三级营养关系

在自然界，作物、害虫和天敌三者依赖于物质、能量和信息的流动或传递而相互联系、相互制约，形成了一个有机的整体，植食性昆虫取食植物，天敌又捕食或寄生植食性昆虫，三者之间构成了一个非常微妙的三级营养结构（见图 2-2）。

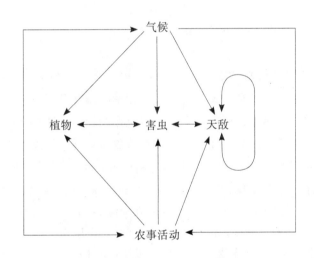

图 2-2　植物－害虫－天敌关系

①植物对害虫的抗性：生物和生物之间都是相互适应的，比如对于植物，昆虫是可以取食的，而在取食的过程中，植物也会产生一定的抗性反应。这种反应被称为抗虫性。根据抗虫性的机制，可将植物的抗虫性分为以下三类。

a. 不选择性。这类植物在形态上（如表皮层厚，或有密而长的毛）、生化上（不分泌引诱物质或分泌拒避物质），或在物候上（如易受害的生育期与害虫的危害期不相配合）具有一定的特殊性，会使昆虫产生反应，要么不来取食，要么少取食或者不产卵。

b. 抗生性。这类植物体内含有对昆虫有毒的生化物质，如玉米叶中的丁布对玉米螟（*Pyrausta Nubilalis*）幼虫有毒，或缺少某种昆虫必需的营养物质，使昆虫取食后发育不良、寿命缩短、生殖力下降，甚至死亡。另一种情况是植物被取食后，很快在伤害处产生一定的变化，表现为生化或者组织上，这些变化会进一步抗拒昆虫的取食。

c. 耐害性。这种植物的生长性很强，在被昆虫取食之后，可以依靠极强的补偿能力以及增长能力，来使受到的损失得到弥补。如一些谷子品种在受粟灰螟（*Chilo Infuscatellus*）危害后可以增加有效分蘖来补偿损失。

②植物的抗虫性：对捕食和寄生性天敌的影响在植物的物理特性和化学特性抵抗害虫时，还会产生抑制天敌昆虫的效力。一方面，毛状黄瓜品种对同翅亚目昆虫的抗性也抑制了丽蚜小蜂（*Encarsia Formosa*）有效地寻找目标温室粉虱（*Aleyrodidae*）。从番茄中提取的番茄素可有效抑制棉铃虫（*Helicoverpa Armigera Hubner*）幼虫的生长，但对棉铃虫的主要寄生性天敌甜菜夜蛾镶颚姬蜂（*Hyposoter Exiguae*）也有着致命的伤害。寄生植物的品质与寄生效果之间有着密切的关系。瘿蚊（*Diarthronomyia Chrysanthemi Ahlberg*）在更为潮湿的柳树上体形较大、体壁较厚，使寄生蜂的产卵器不易穿透，导致产卵失败。

③植物－害虫－天敌的化学信息联系：植物受害之后，除直接产生次生代谢物质的诱导抗性对害虫与天敌昆虫的作用外，还间接地产生挥发性物质对害虫和第三营养层（天敌）的影响。

植物挥发性物质是一类组成复杂的混合物，其成分是一些相对分子质量在 100 ~ 200 的有机化学物质，包括烃类、醇类、醛类、酮类、酯类、有机酸、含氮化合物以及有机硫化物等。

植物为了有效地保护自身免受植食者为害，产生天敌能够发觉、接受和反应的化学信号，这是植物引诱寄生性天敌和捕食性天敌的化学防御基础。机械损伤的植物组织释放的绿叶性气味不属萜烯类物质，所以对天敌的引诱作用较弱。植物在遭受植食性昆虫的攻击后，能与植食性昆虫的口腔分泌物共同作用释放更多更强的挥发性化合物引诱天敌，这种植食性昆虫诱导的植物挥发物称为互益素（Synomones），可有效引诱植食性昆虫的天敌。这已属于一种较为普遍的现象，迄今为止，在 13 科的 24 种包括单子叶植物和双子叶植物中得到了证实。其中涉及的植食性昆虫和天敌各为 29 种。在棉叶螨（*Tetranychus Cinnatarinus*）取食金甲豆（*Phaseolus Lunatus* L）时，金甲豆可以释放出对捕食者智利小植绥螨（*Phytoseiulus Persimilis*）有引诱作用的挥发性次生物质。

（二）植物病害生物防治原理

植物病害的发生与三个方面因素有关，即病原物、寄主和环境条件（如温度、湿度、光照等）。这些因素的变化、平衡会影响植物病害的发展或不发展、发生的轻与重。在自然条件下，病原微生物与许多种病原微生物之间存在着拮抗、竞争关系。

1. 抗生作用

抗生作用（Antibiosis）是指生物防治菌能够产生对病原微生物具有抗生作用的物质，如几丁质酶、抗生素、细菌毒素等，能限制、控制或影响病原微生物的生存或活动，甚至杀死病原微生物。

生物防治菌在生长过程中产生抑菌活性的代谢产物抑制病原微生物生长，在试管培养（In Vitro）上可以经常观察到，即抑菌圈（Zone Of Inhibition）。生物防治菌产生的抑菌物质一般都是有机物质，主要包括抗生素、多肽、脂肽以及水解酶类等，它们在低浓度下就能对其他微生物的生长和代谢产生抑制效应。由于死亡的细胞还可以释放出抗菌物质，所以即使是产生抗菌物质的微生物已经停止生长，抗菌物质所产生的抗菌作用也会继续发挥，抗菌作用是比较稳定的。

许多研究表明，芽孢杆菌、木霉（*Trichoderma spp.*）、假单胞菌（*Pseudomonadaceae*）以及放线菌（*Actinobacteria*）都能产生各种抗菌物质。Silo-Suh 等（1998）用离子交换色谱和高压纸电泳（HVPE）从蜡样芽孢杆菌（*Bacillus Cereus Frankland*）UW85 菌株中分离到分子质量为 396u 的线状聚酰胺类抗生素 ZwittermicinA，以及包含有二糖的氨基糖苷类抗生素 Antibiotic B，对紫花苜蓿猝倒病菌苜蓿疫霉（*Phytophthora Medicaginis*）具有抑菌作用。Zwittermicin A 抑制菌丝生长而 Antibiotic B 则使菌丝肿胀，通过 Tn917 转座子诱导突变及 DNA 合成抑制剂丝裂霉素（Mitomycin）处理验证了这两种物质的抗菌活性。Leifert 等（1995）用薄层色谱法从枯草芽孢杆菌（*Bacillus Subtilis*）CL27 和短小芽孢杆菌（*Bacillus Pumilus*）CL45 的肉汤发酵液中分离出三种抗菌物质，其中两种经 TDM 试剂处理在薄层色谱 TLC 板上表现为蓝色至蓝绿色，证明为肽类。Han 等（2005）利用 H-NMR、C-NMR、HMBC、HMQC 以及质谱仪分离鉴定了（Bacillus sp.）产生的大环内酯类 A（Macrolactin A）和脂肽伊枯草菌素（Iturin A）能抑制疮痂病链霉菌（*Streptomyces*）。国外研究较多的生物防治菌株荧光假单胞菌（*P.Fluorescens*）能合成多种抗菌活性的代谢产物：氢氰酸（HCN）、2,4- 二乙酰基间苯三酚（2,4-DAPG）以及藤黄绿脓菌素（Pyoluteorin）。木霉还能产生多种抗菌活性物质和具有抑菌作用的酶类，在生物防治中扮演着重要的角色。

2. 重寄生作用

寄生即一种微生物生活在另一种微生物细胞中或细胞表面，从寄主中取得养料，并引起寄主病害。重寄生作用（Hyperparasitism）是指一些病原菌被寄生的现象。其中，寄生的真菌被称为菌寄生菌或重寄生菌（*Hyperparasite*），被寄生的真菌则称为寄主真菌（*Mycohost*）。

重寄生菌种类有木霉、轮枝菌（*Verticillum*）、冬虫夏草中的粉红胶霉菌（*Gliocladium Roseum Bai*）等真菌，能够寄生在作物病原菌上，一些专性寄生性的病原真菌，如白粉菌（*Erysiphales*）、霜霉菌（*Phytophthora*）和锈菌（*Uredinomycetes*）被真菌寄生的现象广泛存在。

重寄生菌靠趋化性与特异性植物凝血素的凝集作用来识别寄生菌，然后缠绕寄生在病原菌的菌丝上或侵入菌丝内，可以抑制其活性。有部分寄主真菌的细胞壁上可观察到侵入孔，这是寄生菌产生的葡聚糖酶、甲壳酶溶解病原菌细胞壁的结果。

重寄生菌作为生物防治因子的前提是靶标病原菌的存在，因此用其控制靶标病原菌引起的植物病害，会有一个滞后的作用过程，不利于控制突发性或流行速率高的植物病害。引起果蔬采摘后病害的病原菌，有些来自大田，附着于果蔬上带入储藏环境，在一定的条件下侵染并表现症状。因此采用重寄生菌进行储运前的处理对于采摘后潜伏病害具有一定的预防作用。

3. 竞争作用

竞争作用（Competition）是指微生物间在生活空间和营养物质的绝对量不足时，两种或多种微生物群体对同一资源的同时需求发生的争夺现象。生物防治菌能优先占领一定的生存空间，在病原微生物与植株间形成一个隔离带，使其不易侵入。生物防治菌和病原菌都属于异养生物，需要一定的营养赖以生存，如水分、氧气、养分等，可以通过营养竞争使病原微生物不能获得充足的营养进行生长从而受到限制。一些细菌、酵母菌和丝状真菌能通过对养分和位点的竞争抑制灰霉病菌的生长。竞争作用包含空间竞争、位点竞争、营养竞争等。

4. 捕食作用

捕食（Predation）是一种微生物直接吞食另一种微生物的现象。如原生动物对细菌的捕食，藻类对细菌和其他藻类的捕食。

以营养菌丝特化形成捕食器官来捕捉线虫的一类真菌，称为捕食性真菌（trapping Fungus）。该类真菌中研究较多的是节丛孢属（Arthrobotrys）、隔指孢属（Dactylella）和单顶孢属（Monacrosporium）的一些真菌种类。此类真菌是从营养菌丝上产生黏性菌丝、黏性网、黏性球、黏性枝、收缩环、非收缩环和三维菌网等捕捉器官来捕食土壤中运动的线虫。

土壤中的小动物捕食病原菌的现象叫食菌性（Mycophagus）。食菌性变形虫捕捉到病原菌后，就把病原菌包围起来，然后在病原菌的细胞壁上刺圆孔，侵入其中吸食原生质。在根圈土壤中生活的食菌性线虫、弹尾虫（Collembola）类都有抑制土壤病害的作用。这些小动物对菌丝有趋化性，靠捕食菌丝增殖。

5. 交互保护

交互（叉）保护（Cross protection）现象是诱导抗性的一种，最早发现于植物病毒病害，如烟草接种 TMV 后，获得了对霜霉病的抗性，随后在植物细菌病害和真菌病害中均发现这种现象（Kuc 和 Hammerschmidt，1978；Kuc，1987）。交互保护作用可以在种内不同株系间发生，也可以在不同种甚至不同类型的病原物之间发生。交叉保护可以是系统保护，也可以是局部保护；可以是暂时保护，也可以是较永久性的保护。

利用病毒弱株系防治病毒的例子较多，主要是通过株系间的交互保护作用的原理，从而为病毒病的防治开辟了新途径。病原细菌的无毒突变菌株的交互保护是由于细菌产生细菌素的缘故，许多试验证明了这一点，用产细菌素菌株防治的优点是在植物已经感染病害后进行处理也会有一定效果。吴洵耻等人利用棉花黄萎病菌（Verticillium dahliae Kleb）的弱毒菌系 V6-3、V8-1 对强毒株系具有交互保护作用，可使病情下降 8.1% ~ 61.2%。

6. 诱导抗病作用

植物诱导抗病性（Induced Resistance）是植物受到外界物理因素、化学因素或者生物因素等侵袭时所产生的一种获得性抗性，抗性诱导使植物潜在的抗病基因表达为抗病表现型。植物诱导抗病性是通过植物的后天免疫实现的，诱导因子可以不必与病原微生物同时作用于植物。将病害控制对策由病原寄主互作用的外系统转向互作用的内系统，开发植物内在抗性机制来防治病害，增强可控性、预防性，是现代植物病害防治的一条重要途径。诱导抗性作为植物免疫体系的功能，它具有非专化性、系统性和持久性以及无公害性的特征，它的应用可达到多抗、高抗和保护环境等多重目标。

诱导抗病性的诱导因子多种多样，包括物理因子、化学因子和生物因子，便于生产和推广利用。从生物因子来说，无论是真菌、细菌、病毒还是它们的代谢产物、细胞壁成分、糖蛋白、毒素等都可作为诱导因子，诱导植物产生抗性，植物抗病相关酶过氧化物酶（POD）、多酚氧化酶（PPO）、苯丙氨酸酶（PAL）等活性升高。王锐萍利用化学诱导因子和灭活的生物诱导因子在田间自然条件下诱导新疆甜瓜产生了对疫霉病的整体抗性。左豫虎用禾谷镰刀菌（*Fusarum Gramineanum*）粗毒素诱导小麦，表现出诱导抗病性，过氧化物酶、多酚氧化酶、苯丙氨酸酶活性均有不同程度的增强，木质素含量也有所提高。杨海莲等人发现水稻内生细菌能诱导水稻对白叶枯病产生抗性，防御性酶活性增强。夏正俊等人发现棉花内生细菌及根际细菌能够诱导棉花对大丽轮枝菌（*Verticillium Dahliae*）的抗性，菌株 73a 诱导抗性效果较好，达 67.21%。鲁素芸等人利用从棉花维管束中分离出来的几种镰刀菌［尖孢镰刀菌（*Fusarium Oxysporum*）、串珠镰刀菌（*Fusarium Moniliforme*）、半裸镰刀菌（*Fusarium Semitectum*）、茄腐镰刀菌（*Fusarium Solani*）、木贼镰刀菌（*Fusarium Equiseti*）］等处理棉花种子，可延缓和减轻棉花枯萎病的发生，试验的防治效果为 39.8% ~ 90.7%，平均为 60.1%。

能够控制烟草黑胫病的内生细菌已从烟草中分离得到，通过对菌株 118 的控病机理的研究可以看出，其作用机理包括直接对病原物烟草疫霉的拮抗作用和诱导烟草产生抗病作用两方面。烟草内生细菌 118 对菌丝生长、游动孢子游动、萌发有明显的抑制作用。通过盆栽接种试验和施用该菌后测定烟苗的过氧化物酶、多酚氧化酶和苯丙氨酸酶活性升高可以看出，菌株 118 对烟草有诱导抗病作用。经菌株 118 发酵液诱导后再挑战接种，防治效果为 41.79%。118 菌液灌根后，烟草体内的过氧化物酶、多酚氧化酶和苯丙氨酸酶防御酶活性明显比对照高。

总的来说，生物防治菌的生物防治机制是多种多样的，但由于大多数数据是在试验条件下获得的，而田间条件要复杂得多，所以实际上可能两种或三种机制同时起作用，也可能是在植物不同部位或不同发育时期某一机制在起主要作用。

此外，生物防治机制可能还包括：①在逆境中（如干旱、养分的胁迫下），通过加强根系和植株的发育提高耐性；②增加土壤中营养成分的溶解性，并促进其吸收；③使病原菌的酶钝化。

（三）杂草生物防治原理

1. 植物病原微生物作为杂草生物防治的作用物

人们在考察了自然生态系和农业生态系中植物病害流行的特点及历史上植物病害发生流行的原因后，得出这样一个概念：病害的流行大多是人类引起的。农田生态系是在人为操纵下形成的，因此利用植物病原菌可在农田杂草中造成病害流行。通过施肥、灌溉等措施，也保证了农田杂草对水分、养分的需求，同时为植物病原微生物的萌发、侵入创造了条件。在演化与演替方面，农田杂草生态系比天然草场年轻，在寄主与病原微生物关系中出现的变化通常不能恢复到原来的稳定状态，病害易发展成流行状态。调查发现，几乎所有的恶性农田杂草上均可发现 1 ～ 2 种病原微生物，这就为复合型生物除草剂的开发提供了物质基础。基于上述原因，如果通过引进、培育一种强毒性病原微生物，则可以在一定程度上抑制农田杂草种群，进而达到控制农田杂草危害的目的。

2. 天敌昆虫作为杂草生物防治的作用物

经过适当的农事操作与综合管理，天敌昆虫可以有效地控制农田杂草。由于农田作物系统往往施用化学农药防治病虫害，在选择杂草的天敌时应尽量减少化学农药的影响，这就要求杂草综合治理要有时空观，选择主要生活史在植物体内完成的蛀根类、虫瘿类昆虫，施用化学除草剂与释放天敌在时间上错开或选择在天敌昆虫不易受害的时间（卵期或入土化蛹期）施用，均可避开某些化学农药的危害。另外，化学农药对食草昆虫的影响还可通过天敌昆虫的助增式释放时间加以解决。具有高繁殖力和飞翔、发现寄主能力的昆虫是最理想的控制一年生农田杂草的生物防治作用物。且天敌昆虫的引进风险性小，一般而言，杂草生物防治计划中所利用的昆虫经过食性测定后，不可预料地转换到非目标寄主上的概率仅为 1×10^{-8} ～ 1×10^{-7}。传统的观点认为，农田易受人为因素干扰，食草昆虫不易生存。然而，作物上的主要害虫常常能忍受农事操作的影响，具有较高的恢复能力，来年能保持相当的密度。所以不能依据人类农事活动断言食草昆虫难以控制农田杂草。因为农田中的同一杂草常常也生长在田埂或路旁，在农田周围保留一片可供天敌越冬生存的场所，为来年种群恢复提供有效的虫源。很多人认为，农田杂草通常是多种杂草构成的复合体，而生物防治常常只解决一种杂草，当目标杂草种群下降后，其他杂草密度就会增加，整个农田杂草群体仍然构成对作物的威胁。但农田重要的杂草，通常是世界上很多地区相似杂草群体中的一员，如果对每种杂草单独进行生物防治研究，那么解决其复合群体只是一个时间问题，而且就某种作物而言一般只以 2 ～ 3 种杂草为优势种群（王庆海和张国安，2001）。

3. 相生生物作为杂草生物防治的作用物

从有害生物治理策略的发展趋势看，已不再强调物种的全部消灭，而是区域或种群部分消灭，即由消灭哲学转变为容忍哲学。在植物群落中，各种植物之间通过长期的生存与竞争的演化，形成直接生存空间和养分的互为依存的关系，或者通过动物、微生物形成间接依存关系。这种具有密切直接或间接依存关系的植物，互为相生生物。相生生物的利用最直接的证据是化学他感作用，应用化学他感作用管理农田杂草，一方面控制杂草的生长，另一方面尽量减少杂草分泌化学他感物质所产生的异毒作用。该方法在生产上考虑环境后果，在经济上考虑长远利益，在目标上追求需求平衡，在哲学上强调协调共存，符合现代农业的发展趋势。

通过相生生物治理农田杂草是科学管理田间杂草的一个重要应用，这也是基于社会科技进步和人类农业发展多年所积累的经验所必然产生的结果。

二、土壤改良的理论基础

（一）农田物质的开放性循环

构成生物体的基本元素，在生物与无机环境之间形成的反复循环运动叫作物质循环。人类在一定的自然环境因素下干预并控制着农田的物质循环状态，这些自然环境因素包括土壤、植被、气候、地质等。

1. 农田物质循环徘徊于三个不同的库中央

农田物质循环徘徊于三个不同的库中央，这三个库分别称为植物库、畜牧库以及土壤库，它们同属农田生态系统之中，就像图2-3描述的那样，它们是无法分割的，缺一不可，而且它们会互相之间影响对方，因为系统内部的物质循环在三者之间循环流动。土壤库为植物库供给养分，而且存在输出、输入两个方面；植物库与土壤库发生联系时，畜牧库是主要环节；植物库的大小影响土壤的养分从何而来，而且还决定着畜牧库的规模大小。物质在植物库、畜牧库和土壤库中流动，出入的物质所形成的对比这一理论，充分解释了农业生态系统为何分成了恶性循环及良性循环两个部分。

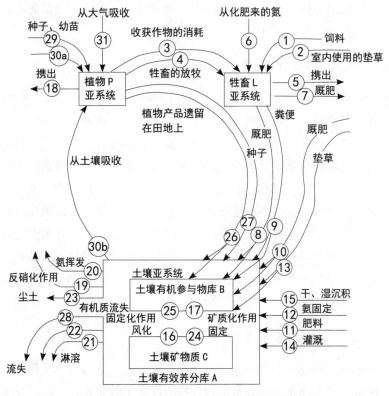

图2-3 农田生态系统营养物质循环模式

土壤库的物质收支直接关系到有机质、矿质营养及水分的贮量与平衡水平，比如在系统内部向外传送的物质多过进入系统的物质这个情况下持续多年，土地就会极度缺乏营养，无法孕育作物；相反，土壤肥力会逐步提高。若输入等于输出，地力则保持相对稳定状态。

2. 农田物质循环是开放型的

不同于其他生态系统，自然生态系统之中，生产者是生产有机物质的，这些有机物质基本上不会流出系统之外，也不需要系统之外的物质帮助，内部物质要素会自我循环，达到一种均衡的状态，这一切都是可以自力更生的。但是这些不仅仅要满足系统内部自身的日常需要，其他领域比如市场、工业等，它们要想扩展壮大，也需要农田生态系统生产一些所需要的物品、介质及原料等，其中大部分的产品会脱销至外部市场，残余些许物质会留在系统内部，再一次进入循环中，这些极少量的物质会非常少，为了下一次的循环能够进行下去，需要非常多的其他能源，比如本身就存在自然界之中的太阳能，还有电力、水利、农药、肥料等。这样不断有进出循环的物质和能量，改变了自然土壤封闭式的原地物质循环，使物质运动成为开放过程，使农田生态系统不再是一个封闭的自锁环境。

农田生态系统不是一个封闭自锁的环境，其中的植物产品大部分被移出农田，靠根茬及凋落物等自然归还难以维持土壤有机质平衡。据测定，谷类作物的自然归还率只有3.7% ~ 17.3%，大豆为21.5%。另外，干旱、半干旱地区受主客观因素影响，有机质还田受到限制，终致土壤有机质入不敷出，日趋贫瘠。土壤肥力的发展趋势在很大程度上取决于人类对土地的使用与培养，只有扩大物质与能量的输入量，才能保证农田生态系统的平衡。

3. 农田物质循环受人类的干预和控制

人类进行物质生产活动，随之产生了农田，能够为人类提供必需的生产和生活资料，是人类生存的基础。我们有必要适当地调控系统内部的物质循环，这样就可以产生更多的农副产品以供人们使用，使农业资源的利用率达到更高水平。一方面，人们可以调控各种外部环境的因素、结构和功能以及农业生物的数量与质量，前者可以利用灌溉、耕作、病虫草害、施肥等方法来进行，后者可以通过栽培、育种、饲养技术等方式。另一方面，人类乱砍滥伐引起的森林植被的破坏，过度放牧引起的草原退化，大面积开垦草原引起的沙漠化和土地沙化，工业生产造成天气、水环境恶化等，对农田都有着很大的破坏作用。从旱农地区土壤肥力与作物低产的现状看，农业可持续发展的关键是土壤培肥，而土壤培肥的关键，归根结底是增加外部投入，促进农田系统的物质循环，逐步提高系统内有机质、养分、水分等各种肥力因素的平衡水平与质量。

(二) 农田物质循环与养分平衡

每一种不同的物质与元素在农田生态系统中都有着不一样的身份及作用，不能将其混为一谈，每一种元素的循环途径都各有不同，要厘清其中的差异，才能更好地认清它们的循环方式，以使得土壤更加肥沃，产量逐年增加。

1. 碳循环与平衡

在生物体中，最基础的元素就是碳了，在有机体干重的时候，碳含量达到45%。统计结果显示，全球范围内大部分的碳存在于岩石圈中，然后则是化石燃料之中，结构是碳酸钙。生命的碳源都是来自二氧化碳，无须转变、可以直接使用的碳是以二氧化碳的结构存在于水圈和大气圈之中的。

有很多不同形式的循环存在于农田生态系统之中，其中包括碳的循环，这是一种生态循环，这个循环的模式为：绿色植物进行光合作用，使得大气圈和土壤中各自的CO_2结合生产有机质，再在动物和植物遗骸及排泄物中流动进入土壤之中，土壤中的微生物就会使其发生各自作用，释放出二氧化碳再一次流入大气圈中，即以"大气 – CO_2 – 动植物（包括残体和排泄物）– 分解者"的途径循环。在农业种植中，土壤有机质的状态由土壤中碳的流动决定，流入土壤的碳一般来自树根、树叶、麦秸和有机肥，反之流出的大部分都是由有机质转化的生态碳。土壤中的有机质在农作物的成长期间随外界环境的变化逐渐以不同速度解体。CO_2以扩散的形式互相在大气和水体中流动循环。大气和水体两个界面会有不同的浓度，哪个界面浓度高一些，就会决定CO_2往方向流动。而且，CO_2会有补偿作用，例如，一侧界面不足，另一侧的CO_2就会流入该侧以提高含量。不管是水圈或者大气圈，都会出现这样的现象。

我们都知道在自然界的生态系统中，植物可以进行呼吸作用和光合作用，其中通过呼吸作用释放的碳以及光合作用摄取的碳大致是相同的。所以农业土壤中的碳除了受到自然的影响，如温度、降水和植被类型，还受到农田管理措施的影响，如施肥量、肥料类型、秸秆还田量、耕作措施和灌溉等措施。

通过采取合理的农田管理措施，既可起到增加土壤碳库、减少温室气体排放的目的，又能提高土壤质适。增加有机质还量是扩大土壤库碳循环的重要途径，其方法一是通过堆肥、厩肥、秸秆还田以及种植绿肥作物等方式使农田生产的有机质重新返回；二是以无机换有机，通过施无机肥料，提高作物总产量，起到无机促有机，最终使得农业生态系统之中的碳素循环得到大大发展。

2. 氮循环与平衡

元素的来源主要有两个途径，分别是生物固氮和化学固氮。生物固氮的含义就是通过豆科作物和其他固氮生物固定空气中的氮。化学固氮的含义主要是通过化工厂将空气中的氮合成氨，然后再制造成肥料。此外，还有一些氮元素没有计算到这两个途径当中来，它们会随着降水渗入到土壤中，但是氮元素也会有损失，比如说有机物质分解及 / 或铵态氮在pH值较高时以气体形式挥发所造成的损失。

由于下雨天雨水冲刷，所以大量硝态氮因此流失。当水田以及土壤空气被阻塞，反硝化作用就会开启，硝态氮就会转变为氧化亚氮或者游离氮，再次反硝化造成脱氮的损失。

部分氮由植物吸收，其中大部分会脱离生态系统，一小部分就留在了土壤之中。土壤中的氮在一系列作用催化之下会再次回到植物体内（见图 2-4）。

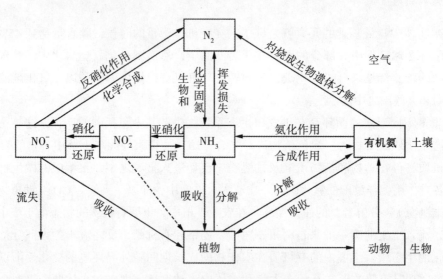

图 2-4　农田生态系统中的氮素循环

氮素作为作物营养主要元素，直接参与新陈代谢过程，所以土壤库氮素运动与作物生产显著相关，随着作物产量的提高，吸收的氮素按比例增加，土壤氮肥力相应下降。固定大气氮素是扩大土壤库氮循环、恢复与提高土壤氮素储量的基本途径，它包括两方面，一方面是将移离农田的含氮有机物多途径地归还农田，最大限度地降低非目标性氮素流失；另一方面是施用和利用被固定的大气中的氮素。只依靠有机氮归还很难维持土壤氮素肥力，利用生物固氮和施用工业固氮才是土壤库氮素的主要来源。生物固氮分为自生固氮和共生固氮两种类型，豆科作物固氮占 60% ~ 80%。氮素通过工业固氮，以化肥形式施入土壤，在近代作物增产、土壤培肥方面起着重要作用。

氮的含量要逐渐提高，同时又不能使其损耗太多。人们将生物固氮的功效完全利用起来，以达到对氮素调节控制的目的，通过这种方式使得固氮模式达到工业水准，可以促使土壤中少消耗一些不用作生产的氮。根据耕作实际情况考虑，豆类植物可以相对较多种植，可以提高氮在土地中的含量。氮肥使用效率的提高是当务之急，要尽快固定土壤中的氮素，不使其消失。

3. 磷循环与平衡

磷循环的缓冲力不大，在土壤各种循环中属于初级基础型。土地及海洋中的磷含量很大。土地的磷类型分为有机态及无机态两种，其中比较多的是无机磷。无机磷根据其溶解性又可分为难溶性、弱酸溶性磷和水溶性磷（磷循环如图 2-5 所示）。

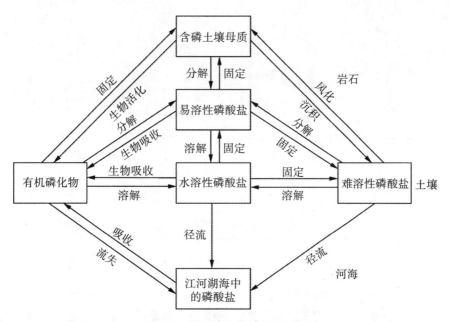

图 2-5 农业生态系统中的磷循环

　　存在于土壤中的大部分是全磷，全磷基本都是难溶的，甚至是不溶的，其转变化生的速度非常之慢。难溶的磷在根系分泌的有机酸的作用下，可以被溶解一些，对于非水溶性的磷，像油菜之类的作物可以吸收一部分。植物有效磷一般在土壤中浓度低，易与铝、铁、钙结合而固定。一般禾谷类作物中有 80% 的磷在籽粒中，大部分随着农产品从土壤中移出。在磷的循环过程中，不管是活的还是死的生物都非常重要，这主要是由两个原因决定的，其一是由于土壤中的沉积态磷可以在生物体及死亡的有机物的作用下变得更好吸收，其二则是因为在残屑链的作用之下，有机磷变为能被植物利用的有效磷，磷在农田生态系统之中不断循环，在土壤和肥料中流动，尤为重要的是在土壤中的阶段，因为其是作物所需的磷素营养能否充足的关键环节。外部因素中，人类使得土壤提供的磷大大增加，收获物被拿走的量大大减少。有效磷不足的问题由施用磷肥来缓解，但是方法如若不对则无法达到预期效果。因此，调节土壤中磷的有效性是合理施用磷肥的基本前提。

　　4.钾循环与平衡

　　在作物生长中，离不开钾、氮、磷，农田也需要这些元素，然而与之稍有不同。在北方的土地中，钾元素的含量相对较多，但是基本都是难溶性的，无法直接利用，大量的钾只有约1% 可以迅速利用。在农作物中，籽、果实的钾非常少，茎叶的钾含量比较丰富，根茎类作物除外。钾有 1/3 在秸秆中，当地上部分移走后，钾就入量亏损。少之又少的可溶性钾在淋失的原因下大量损失。另一个原因可能是土壤中的矿物使其固定，不再可用（见图 2-6）。

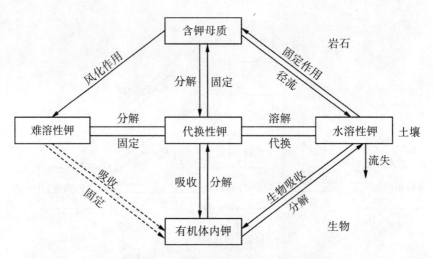

图 2-6　农业生态系统中的钾素循环

　　人类对农田中钾素循环的调控，主要是通过以下方式来实现的：不浪费秸秆，使其回到土地中，并且较多使用草木灰，以维持土壤中的钾素循环。土壤中有一些难溶性的钾，就可以通过耕作等措施来使其变得可溶。不教条化，实事求是，根据不同土地的特点实施不同的方法，合理利用现实条件，能够有效地维持农田的钾素循环。

（三）根据土壤肥力因素类型选择培肥方向

　　不同类型的土壤肥力因素，有不同的培肥途径，并产生不同的技术效果。

　　第一类为恒定性因素，包括地貌、地形、土壤质地因素等。恒定性因素由土壤肥力原生资源所决定，在农业耕作过程中，其性状很稳定。针对恒定性因素的土壤培肥，一般通过农业工程技术进行综合治理，实现土地改良。

　　第二类易变性因素，包括水分、氮、磷、钾及微量元素，土壤孔隙度、气体等物理因素。在作物生长过程中，这些肥力因素会产生宽幅度变化。针对量变性因素的土壤培肥，通过随时随地的农田水、肥及耕作等技术管理实现。

　　第三类为缓变性因素，包括土壤有机质、土壤 pH 值、含盐碱量等因素。缓变性土壤肥力因素的特征介于恒定性与易变性肥力因素之间。在生产上，一般将针对恒定性土壤肥力因素的培肥技术称为土地治理与改良；将针对易变与缓变性土壤肥力因素的技术称为土壤施肥与培肥。

第三节　有机旱作农业主要病虫害的田间调查与预测

一、有害生物的田间调查

（一）有害生物调查的意义和原则

有害生物的防治和研究工作需要掌握病虫发生的时期、发生的数量、对农作物的危害程度及防治效果等，而这些都必须进行田间调查。通过田间调查，获得准确的数据资料；经过分析，做出正确判断，为制定防治工作的策略和措施提供依据。同时，调查积累的资料也可以为植保工作进一步开展科学研究及其他工作提供一定信息。

我们要清楚地知道所有环节，才能完善及发展病虫害调查工作，才能通过各种病虫的不同特征写出调查计划。调查时要实事求是，防止主观片面、弄虚作假，必须正确地反映客观实际，弄清病虫害发生的具体情况。

（二）有害生物田间调查方法

1. 调查时期和次数

因调查目的不同，调查时期也不同。比如，对病虫害的一般发生以及造成的危害来说，就可选择作物不同生育期（如水稻分蘖期、孕穗期）或规定适当时期进行调查。对某一病虫发生危害程度的调查，应在病虫发生盛期进行，如麦类赤霉病、黑穗病可在黄熟期进行，调查一次即可。对某种病虫的发生发展规律，或进行预测预报的调查，就必须从播种到收获，定点定期进行系统调查，一般每隔 3 ~ 5 d 调查一次，所得资料应反映出真实的规律。对储藏期发生的病虫害，可定期取样观察，或结合查仓查窖进行检查。调查药剂防治的效果则应事先确定处理区和对照区，并且要分别在再次调查施药之前和施药之后的两个时间段内，然后再检测产量的多少，因此来得知其成效如何。

2. 调查取样方法

取样方法的确定要根据调查对象的分布特点、变异程度、要求的准确程度，选用不同的取样方法。一般在田间使用的取样方法有大五点式、对角线式、棋盘式、平行线式和"Z"字形取样等。

对于在田间分布均匀的病虫来说，大五点式、棋盘式和对角线式这些方式就比较合适；对于在边行发生较严重或点片发生的病虫，则应采用"Z"字形或平行线式取样方法。

3. 取样单位和数量

因为每一种作物及病虫的生长方式及类型不同，会采取不同的相适应的取样单位，以下是一些常见类型。

（1）对于土壤中的害虫和密植作物的病虫害，通常会采用面积单位这个类型，如水稻秧田每平方米有多少头叶蝉（*Cicadellidae*）、小地老虎（*Agrotis Ypsilon*）卵和幼虫。

（2）长度单位多用于生长密集的条播作物。如调查条播麦田内黏虫（*Mythimna Seperata*）幼虫，可以 1m 内的虫量为单位；调查棉蚜在木槿枝条上的越冬卵量时，则取 5 寸（约 16.7cm）枝条为单位计算卵量。

（3）植株或植株的一部分全株性的病虫，如枯萎病、病毒病和苗期的蚜虫、螨类，取样以株为单位，而叶部的病害，以叶片为单位。此外，还有以果实为单位的。

（4）以诱集物为单位，如灯光诱蛾以一盏灯在一定时间内诱获的数量为单位；糖醋液诱集黏虫、地老虎等，以盘为单位；杨树枝诱蛾则以单位面积内设置的诱集物把数为单位。

（5）网捕单位常用于活动性大的害虫，以单位时间内一定大小口径的扫网摆次为单位，计算平均每网虫数。

4. 病虫调查数据记载方法

病虫发生情况的记载和统计，是调查中的一项重要工作。是分析病虫发生情况和估计由病虫为害所造成的损失的主要依据。

病虫调查记载内容是有一定格式的，其包括了调查地点，日期，调查者姓名，作物和品种名称，病虫名称，被害率和田间的分布情况，土壤性质，肥水管理状况，耕作制度，种植密度，病虫害发生前和发生始、盛、末期的气候，病虫及其防治情况等，并且在记载的时候还应该注意分级治理，将各个阶级的虫类的应对措施设计完全。记载表格形式见表2-1 和表 2-2。

表2-1　棉田蚜虫调查表

调查日期				
调查地点				
棉田类型				
棉株生育期				
调查株数				
有蚜株数				

卷叶株数				
蚜虫数量	有翅成蚜数				
	有翅若蚜数				
	无翅蚜数				
	总蚜数				
	百株蚜数				
防治情况					
气象要素					
备注					

表2-2　纹枯病病情调查表

调查日期				
调查地点				
稻田类型				
生育阶段				
调查丛数				
病丛	丛数				
	丛率				
调查总株数					
病株	株数				
	株率				

严重度	0				
	1				
	2				
	3				
	4				
病情指数					
肥水管理					
备注					

注：系统病情调查或大田病情普查在备注栏内注明

（三）调查数据的计算

我们进行相关的调查，并且利用解析得到的所需的结果，从而反映出实际的为害情况。计算出被害率、虫口密度、病情指数及损失率等项目的结果，一般调查资料就用此答案。

1. 被害率的计算

病虫的危害轻重主要由被害率反映。取样单位会由于不同的调查对象而发生改变。被害率分别从病害及虫害两个方面入手，前者主要考虑病株率、病叶率及病果率；后者则主要考虑有虫株率、被害率、卷叶率及白穗率等。计算公式如下：

$$被害率 = \frac{被害株叶或果数}{调查总株叶或果数} \times 100\%$$

$$发病率 = \frac{病叶株或穗数}{调查总叶株或穗数} \times 100\%$$

2. 虫口密度的计算

虫口密度表示一定数量植株上或面积内的害虫数量。一般用百株虫数或每亩虫数表示。计算公式如下：

$$百株虫数 = \frac{查得总活虫数}{调查总株数} \times 100\%$$

$$亩虫数（以稻丛计算） = \frac{查得总活虫数 \times 亩稻丛总数}{调查稻丛数} \times 100\%$$

3. 病情指数的计算

我们会使用一个专门的单位来表达在单位面积内病害的严重程度。将病害的严重程度分为四级或者五级，用阿拉伯数字表示。将数字按从小到大的顺序排序，最小的数字表示程度最轻，数字最大则表示程度最严重，将其应用于下列公式之中就可以得到计算结果。

$$病情指数 = \frac{\sum(各级病叶株数 \times 该级级数)}{调查总叶（株）数 \times 最高级数} \times 100\%$$

例如稻瘟病严重程度分级标准，以叶片为单位，分为：

0 级：无病。

1 级：叶片病斑少（少于 5 个）而小（小于 1cm）。

2 级：叶片病斑小而多（多于 5 个），或大（大于 1cm）而少。

3 级：全叶病斑大而多。

4 级：全叶枯死。

在害虫治理的问题上我们可以运用分级记录的方法运作，这样就可以统计出不同害虫的危害指数，进而进行分级处理，找出害虫治理的最佳方式。

最高一级代表虫害最严重，然后进行指数计算，指数值越大，说明虫害越严重。危害指数一般用在总结经验、制定防治指标、比较不同品种的抗虫性等方面。计算公式如下：

$$危害指数 = \frac{\sum(级数 \times 该级虫害数)}{调查总数 \times 虫害最高级数} \times 100\%$$

4. 损失率的计算

我们的损失主要表现在产量以及收益上。我们可以参考防治区与未防治区的产量或经济总产值的对比，或者是用受害农田的产量与经济产量之比来计算。

损失率的计算方法有下列几种。

（1）通过调查受害的地块和未受害的地块产量对比，来精确计算损失率。一般来说，我们可以通过计算公式来得出结论，计算公式为：

$$损失率 = \frac{未受害平均产量 - 受害平均产量}{未受害平均产量} \times 100\%$$

（2）通过试验（一般是在土壤肥力相似的田块上设立病虫防治区与不防治对照区），两者面积相等，品种及管理一致，再比较其产量，求得损失率。计算公式为：

$$损失率 = \frac{防治区产量 - 对照区产量}{防治区产量} \times 100\%$$

（3）除了通过产品比较计算产量损失外，还要估计因病虫而导致品质降低的损失，这种损失率是以经济价值来表示的。计算公式为：

$$损失率 = \frac{未受害产品价值 - 受害产品价值}{未受害产品价值} \times 100\%$$

（4）采用调查分级法将受害植株先行分级，定出各级的损失率，然后再计算。如水稻穗颈瘟的分级标准为：

0级：无病。

1级：每穗损失5%以下（个别枝梗发病）。

2级：每穗损失20%左右（1/3左右枝梗发病）。

3级：每穗损失50%左右（穗颈或主轴发病，谷粒半秕）。

4级：每穗损失70%左右（穗颈发病，大部瘪谷）。

5级：每穗损失90%左右（穗颈发病，造成白穗）。

计算公式为：

$$损失率=\frac{1级病穗数\times0.05+2级病穗数\times0.2+\cdots+5级病穗数\times0.9}{调查总穗数\times0.9}\times100\%$$

5. 调查资料的整理和分析

调查所得的材料必须经过加工整理，去粗取精，综合分析比较，才能更好地反映客观规律。为了反映不同年份或不同条件下病虫变化情况，可以列成比较表。例如，在多次调查不同类型棉田第二代棉铃虫的卵量和虫量以后，可以把多次调查资料综合整理成表（见表2-3）。

表2-3　不同类型棉田棉铃虫调查表

棉田类型	调查地块	每株平均蕾花数	有卵株率 /%	有虫株率 /%
一类田	8	12.7	46.0	17.6
二类田	9	6.4	19.2	11.3
三类田	9	0.5	12.1	0.9

通过比较可以清楚地看出，越是长势好、发育早、蕾花多的田块，棉铃虫的卵和虫数也就越多。因此，在调查棉铃虫虫情和进行防治时，就应按照这一情况，先调查一类田，再调查二、三类田。

我们必须设计出完善的计划来进行调查，以确保调查结果的真实性与准确性，并且也可以让材料更便于分析。在资料的处理与保存上也应该有充分的计划，确保资料可以长久保存，并且建立病虫分类档案，这样才能总结病虫的发展过程，做到提前预防，及时处理。

二、有害生物的预测预报

我们可以通过分析有害生物的发展规律来预测关于有害生物的发展情况，但是只有一个条件得出的结果显然是不确切的，我们必须进行全面的分析，包括气象预报等，这样才能预估情况，及时向有关领导、植物保护部门、植保工作人员等提供虫情、苗情报告。

有害生物预测预报是 IPM 中的一个重要环节。

（一）预测预报的类别

1. 按预测内容分

（1）发生期预测：可以及时预测病虫的发生时间。

（2）发生量预测：对农作物病虫的发生数量进行精确预测。

（3）扩散蔓延预测：预测农作病虫的扩散蔓延情况。

（4）灾害程度预测及损失估计：预测农作物病虫发生程度及可能造成的产量损失。

2. 按预测时间长短分

（1）短期预测：期限大约在 20 d 以内，由上一虫态预测下一个虫态的发生情况。

（2）中期预测：一般为 20 d 到一个季度，由上一世代预测下一个世代的发生情况。

（3）长期预测：期限在一个季度以上。一般是通过总结气象资料以及相邻季节害虫的有效基数等来做出其全年的发生动态和灾害程度的展望。

（二）有害生物预测预报的方法

（1）统计法：根据田间病虫害发生发展情况的调查统计，进行预测预报。

（2）实验法：根据室内实验观察来确定病虫害的发展进度，这样才能够有足够的资料依据来预测有害生物。

（3）观察法：通过直接或者间接观察得到许多关于害虫发展与作物变化的情况，这样就可以通过总结出的大量病虫生活史与生物发育期的数据来进行有害生物的预测预报，这也是我国通用的一种方法。

（三）有害生物发生期预测

1. 发育进度预测法

（1）有关概念

始见期：该虫态开始出现的日期。

始盛期：20% 的害虫进入某一虫态的时期。

高峰期：50% 的害虫进入某一虫态的时期。

盛末期：80% 的害虫进入某一虫态的时期。

终见期：最后发生该虫态的日期。

（2）有关方法

田间实查法、饲养观察法、诱集法等。

2. 历期预测法

根据某种害虫完成某一发育阶段所需的历期，预测下一虫态的发生期。例如，根据将虫态分龄分级、卵巢发育分级等来预测下一虫态所需的时间（天数）。

3. 期距预测法

根据历年两个高峰期之间的时间距离，来预测下一个高峰期。

4. 有效积温预测法

有效积温：害虫的每一个阶段发育都需要一定的有效温度的积累。
有效温度：害虫发育起点温度以上的温度。
发育起点温度：害虫开始发育的最低温度。
有效积温公式为：

$$K=N（T-C）$$

则

$$N=K/（T-C）$$

式中：N 为发育历期，单位为 d；T 为实际温度，单位为℃；C 为发育起点温度，单位为℃；K 为有效积温，单位为℃。

5. 物候预测法

利用害虫与其他环境条件的物候关系来预测害虫的发生期。
（1）红蜘蛛（*Tetranychus cinnabarinus*）预测："天热少雨发生快，南洋风起棉叶红。"
（2）地老虎预测："榆钱落，幼虫多；桃花一片红，发蛾到高峰。"
（3）蝗虫预测："先涝后旱，蚂蚱成片。"

（三）有害生物发生量预测

1. 有效基数预测法

公式为：

$$P = P_0\left[e\frac{f}{m+f}(1-M)\right]$$

式中：P 为繁殖量，即下一代的发生量（卵量）；P_0 为上一代虫口基数；e 为每头雌虫产卵数；f 为雌虫数；m 为雄虫数；M 为死亡率。

2. 气候图预测法

昆虫属于变温动物，某种群数量变动受气候影响很大，有不少种类昆虫的数量变动受气候支配。因此，人们可以利用昆虫与气候的关系对昆虫发生量进行预测。气候图通常以某一时间尺度（日、旬、月、年）的降水量或湿度为一轴向，同一时间尺度的气温为另一轴向，二者组成平面直角坐标系。然后将所研究时间所在范围内的标点组合起来，用曲线将它们连成一条线，以此来分析害虫与气候发展的关系，这样我们便可以依照数据来对害虫进行预测。

3. 经验指数预测法

经验指数预测法可预测如天敌指数、蚜情指数、病情指数、危害指数、温度和湿度系数等。

4. 形态指标预测法

形态指标预测法可预测如有翅蚜（可迁飞扩散）与无翅蚜（繁殖量大），稻飞虱的长翅型（可迁飞扩散）与短翅型（繁殖量大）。

5. 数学回归分析法

利用数学回归分析的方法对有害生物发生量与温度、湿度、上一代的发生基数等因素进行统计分析，建立回归模型，对害虫进行数量预测。例如，广东湛江地区水稻螟虫为害，当枯心率为5%时，减产2.3%；枯心率为10%~15%时，减产3.4%~5.7%等，根据此类的对应关系，可以进行回归预测。

6. 专家系统（ExpertSystem，ES）领测法

专家系统是人工智能（Artificial Intelligence，AI）用于实践最多的一个分支。综合治理专家系统是针对以作物为中心的病虫害预测预报和防治决策支持系统。例如，美国的宾夕法尼亚州立大学苹果公司（Penn State Apple Orchard Consultant PSAOC）（Travis 等，1991），针对苹果的 8 种病害和 17 种虫害的发生期和发生量进行了预测预报，并提出了相应的防治措施及施药时期、施药量等防治方案。

第四节　有机旱作农业土壤环境的评价与选择

一、有机旱作农业土壤环境质量的调查与评价

（一）土壤环境质量调查

农业土壤环境质量调查是提前准备的必要环节，这样就可以做好准备来进行环境质量监测和质量评价。在开发有机食品之前，一是要进行现场踏勘，调查产地环境要素（空气、水、土壤和生物）的质量状况，查看外源污染、内源污染的实际情况。二是要进行足够的

现场调查，实地深入考察才能得到最准确的信息，了解真实的生态状况，制订出发展的最佳方案。

1. 污染源

对于污染源的排查一定要仔细，首先要明确产地周围的污染源情况以及排放污染物的类型，这样就可以进行有针对性地解决，特别是要明确排放量及排放方式等。

2. 空气质量

空气质量对于作物生长的影响非常大，并且空气质量也受到污染源的影响，所以必须探查污染源与风向的关系，估测出空气受污染程度以及影响范围是否会影响到产地。

3. 水质调查

水源也是重要的影响因素之一，必须调查污染源是否有排放污水进入产品区地面，判断地下水是否有被污染，或开采地下水是否造成环境的负面影响，如地面下沉、水污染等，当前的人畜饮用水、灌溉水的水质感官如何，产地是否有污水灌溉情况或污灌历史等。

4. 土壤调查

健康的土壤是一个结构完整、功能良好的土壤生态系统。对土壤的肥力、土壤类型、背景值等的调查是必要的。

5. 肥料调查

肥料的种类也会对作物产生很大影响，比如说肥料的品种，如何施肥等。有效的施肥会增加作物生长的速度，反之亦然。

6. 植物保护调查

分析病虫的生长生活条件，是否有针对性地选择使用农药，使用什么种类的农药以及农药的使用量。原发病虫史也是一个必须重视的因素，这样才能依据历史来控制病虫危害。

7. 农用塑料残膜调查

对农用塑料薄膜的使用进行深入调查，监测土壤残膜状况及残膜量。

8. 农业废弃物调查

产地秸秆的量，处置情况；人、畜、禽粪便的量及处置情况；加工业下脚料的量及其处置情况。对城市郊区的产地，需要了解城市废弃物的收纳和影响情况。

9. 作物物种调查

重点调查有否转基因物种。

10. 土地资源利用调查

土地荒漠化情况，或水土流失、风蚀、盐渍化和污染情况；土地的功能分布，土壤的复种指数。

11. 气候资源调查

光热资源、雨水资源调查。

12. 隔离带的调查

天然或人工隔离带有生态调节作用，是最佳的隔离带。隔离带可以是草地、树林或某些植物，或是水沟、山等地貌或地形，或其他人工屏障。产地的隔离带需要一定的宽度，除了扩大产地的生态调节作用，还可屏蔽或减少常规生产地块喷洒的化学农药和使用的化学肥料对产地的影响。

13. 生物多样性调查

需要了解生物的分布情况，特别是植被情况，在地图上画出树木、草地及农业生产布局；调查主要的病虫草害情况和主要天敌情况，以供生态评估时参考。

14. 产地的地块调查

产地的地块调查包括地势、镶嵌植被、水土流失情况和保持措施。另外，地块应属于一片完整的田块，即在一大块土地上，不能零星地选择其中的几个小地块作为农产品的产地。因为，只有成片生产，才能全部按照要求的生产方式进行操作，以便产地受外界的影响最小。

（二）土壤环境质量评价

通过以上调查，对周边生态环境质量、基地系统内的结构和功能、生物多样性与病虫害防治情况基本有了一定的了解。在此基础上，对有机农业生产系统内的物质循环、能量流动情况，即系统内的农、林、牧、渔和加工各业的比例情况，投入与产出情况进行生态分析，并对照有机农业对土壤、水、大气及生物等环境要素的要求进行分析评价，该产地是否适合作为有机农业基地。

如一时寻找不到比较完美的生境条件，也需要选择在短期内可以建设好的区域，即通过生态工程，可逐步完善其组成结构，使生态环境在三五年内能够有明显改观的区域。相反，区域小、污染严重、生物多样性差、生态结构简单、生态平衡较为脆弱，或在短期内生态恢复的可能性很小的区域，一般不适宜选择作为有机农业基地。

二、影响土壤肥力的主要因素

限制旱区农业可持续发展的两个因素是，干旱缺水，水分供应不足；养分供应不足，作物对水分吸收利用效率低。土壤肥力与土壤水分的利用关系密切，在有限降水的条件下，在旱作农区通过培肥地力，提高水分利用率，实现以肥调水是旱作农业的重要措施之一。

土壤对于植物最重要的地方就是它具有土壤肥力，这是土壤自带的属性，能够促进植物生长。土壤肥力是指土壤能够持续供应、协调植物正常生长发育所需的水分、养分、空气和热量的能力。土壤肥力并不是一个单一的概念，它包括两种，分别是自然肥力与人工肥力。自然肥力包括地质、气候、生物、地形等，这是自然所赋予的土壤肥力，具有不确定的因素。人工肥力指的是除了自然，人类通过生产活动所创造的土壤肥力，比如说整地、改土、耕作、施肥、灌溉。从目前的情况来看，人工肥力的发展过程迅速并具有方向性。目前的作物生产是自然肥力与人工肥力共同支持的结果，社会在不断地进步，所以对于人工肥力的运用也更加大了，人工肥力发挥着更重要的作用。土壤肥力能够影响作物的生长主要在于它的有机质，氮、磷、钾及微量元素，土壤质地，pH 值及地貌、地形等条件。高肥力土壤表现为肥力各因素在数量上充足，比例适宜，在空间与时间上与作物需求高度协调。

（一）土壤有机质

土壤有机质是土壤固相物质组成的一部分，包括动植物残体和施入土壤的有机肥料。在耕作土壤中，有机质含量一般占土壤总量的 1% ~ 5%。土壤中有机质含量不多，但对土壤肥力、生态环境有重要的作用。

1. 土壤有机质的形态及其转化

土壤有机质主要分为三大类，分别是新鲜有机质、半分解有机质以及腐殖质。从调查中可以知道，新鲜有机质和半分解有机质约占有机质总量的 10% ~ 15%，易机械分开，是土壤有机质的基本组成部分和养分来源，也是形成腐殖质的原料。腐殖质约占 85% ~ 90%，常形成有机无机复合体，难以使用机械方法分开，是改良土壤、供给养分的重要物质，也是土壤肥力水平的重要标志之一。

进入土壤的有机物质并不是直接起作用的，它需要通过微生物来进行分解、转化，这是一个复杂的腐殖化过程。微生物分解有机质，释放 CO_2 和无机物的过程称为矿化作用。这一过程也是有机质中养分的释放过程。腐殖化指有机质被分解后，在微生物的作用下再重新合成新的较稳定的复杂的有机化合物——腐殖质，并使有机质和养分保存起来的过程。腐殖质是土壤中重要的活性物质，对土壤性质有着重要影响。

矿质化和腐殖化这两个过程相联系，随条件改变相互转化，矿质化的中间产物是形成腐殖质的原料，腐殖化过程的产物再经矿质化分解释放出养分。土壤有机质经矿质化过程可以释放大量的营养物质，从而促进植物的生长。这就涉及植物的腐殖化过程，这样既可以保存养分，又可以为植物的生长释放足够的养分，让植物的生长得到良好保证。

通常要通过调控土壤水分、空气、温度等因素而使土壤矿质化和腐殖化的速度适当，保证供应作物生长的养分同时又可使土壤有机质保持在一定的水平。

2. 土壤有机质的作用

（1）作物养分的重要来源

土壤对于作物的影响主要在于它所富含的大量营养元素，比如说 N、P 等元素，土壤全氮的 92% ~ 98% 都储藏在土壤有机氮中，我们从生物学上可以分析出土壤中有机磷的含量一般是占土壤全磷的 20% ~ 50%，磷与氮元素多为植物生长所必需的营养物质，而植物所需要的碳元素一般是由有机物分解而成的二氧化碳所得，也是作物光合作用的原料。土壤中有机物呼吸作用所产生的二氧化碳含量可以供给几乎所有陆地植物的生长需要，数量有 1.35×10^{10} 亿 t 之多，并且土壤有机物的分解也可以产生有机酸等物质，这些物质可以溶解土壤矿物，促进养分的释放，在一定程度上也加强了营养供给。

土壤有机质中的腐殖质具有配合作用，能和磷、铁、铝离子形成配合物或螯合物，避免难溶性磷酸盐的沉淀，也可以提高有效养分的数量。

（2）促进植物生长发育

土壤有机质的分解可以产生各种营养物质，比如说腐殖酸、有机酸、维生素及一些激素，对于作物的生长有着重要的促进作用，不但可以增强作物的呼吸作用，还可以促进细胞的分解，这样可以给作物一个良好的生长空间，加快作物的生长。尤其是其中一种叫作胡敏酸的化学物质，从化学元素和物质结构来分析，其有着芳香族基团，这种物质可以促进作物的呼吸，从而吸收更多的养分，我们对此进行过实验分析，最后得出了一个结论，胡敏酸钠对玉米等禾本科植物及草类的根系生长发育具有极大的促进作用。

（3）改善土壤物理性质

土壤中的有机物有多重作用，通过各个方面来影响土壤的物理状态，而改善土壤作用是其最重要的功能。因为它能够使土壤更加疏松，这样可以增加土壤的通气程度。土壤的营养可以通过腐殖质来胶结住，土地中的腐殖质主要和矿质土粒融合在一起，不会单独存在。作为土壤中最为重要的胶结剂，腐殖质可以用胶膜的状态存在于矿物土粒的外围，通过集中不同形式的物理或化学作用力，最终形成有机无机复合体。这种复合体在水中有很强的稳定性，其中空隙规格分配合理，形成一种很好的结构体。与砂粒相比，腐殖质有着更强的黏合性，可以将砂土的黏性提高，从而使得团粒状的结构形成。但是与黏粒相比，腐殖质的黏着力仅为它的一半。因此，当黏粒外表存在腐殖质时，黏粒间的黏结力会减小，主要因为黏粒间的结合减少了。有机质通过胶结作用使聚合体的体积更大，黏粒的接触面积也因此更为减少，土壤中的黏性自然而然也就更低了。所以，存在于土壤中的有机质能够提高黏质土壤与砂质土壤的物理性能，改善耕性与土壤的水、气、热状况。

同时，腐殖质存在于土壤的表面，主要为深色的物质，比如棕色、褐色或黑色，土壤的颜色因此变得暗淡，吸收热量的能力也会得到提升，于是土壤温度升高。利用这一特点，北方在早春时，种子的萌芽可以得到保障。腐殖质的热容量和导热性介于空气、矿物和水之间，正因如此，当土壤中有机质含量高时，土地的温度也会比较高，保温性也更好，与此同时变幅也会变小。

（4）增强土壤吸水保肥能力

腐殖质整体呈现负电荷，作为一种有机胶体，体表面积较大，并且有很多亲水基团，这样使得腐殖质拥有很强的吸附能力。因为负电荷的缘故，腐殖质主要吸附阳离子和水分，吸水保肥能力强。土壤腐殖质阳离子交换和吸水率比黏粒要大几倍甚至几十倍，一般黏粒的吸水率为 50% ~ 60%，腐殖质的吸水率与保肥能力都比黏粒高。因此，有机质能提高土壤保肥蓄水的能力，这对旱地土壤有重要的意义。

（5）促进土壤微生物活动

土壤有机质分解与腐殖质合成、土壤中营养物质转化的酶促反应以及土壤物理结构变化等都与微生物在土壤中的活动有着密切的联系。有机质作为土壤中生物活动营养的来源，特别是新鲜有机质施入土壤，会大大促进生物活性，加速物质循环。同时因为腐殖质是两性胶体，可缓冲酸和碱，还能够参与酸碱反应，因此对土壤中的生物活动有着正面意义。根据土壤有机质的这些重要性质和作用，不难看出，有机质对土壤生物、物理、化学性状等具有多方面作用，使之成为土壤肥力的重要指标。土壤有机质含量与土壤肥力水平呈正相关，可以作为作物生长的营养来源，又可以提高保水力与保肥力。因此，提高土壤有机质含量，是提高水分利用率的重要途径。

（二）土壤氮、磷、钾及微量元素

土壤氮、磷、钾及微量元素均为作物生长发育之营养元素，一般在土壤中含量甚微，却与作物产量高度相关。因此，各营养元素含量成为土壤肥力的重要指标。

1. 土壤氮素

土壤氮素主要来源于生物固氮、人工投入和土壤有机质分解。自然过程所提供的氮素是有限的，土壤氮肥力的维持与提高主要依赖于各种氮肥的施用，土壤氮以有机氮、可溶解分子态氮（如氨基酸、酰胺等）和矿化氮形式存在，统称为全氮。矿化氮以离子形式存在，易被植物吸收和利用，叫作有效氮。

土壤含氮高低，标志着土壤氮素的肥力状况。根据当前的作物生产水平，一般认为土壤全氮量大于 0.15%、水解氮大于 100mg/kg、速效氮大于 40mg/kg 为高氮肥力；全氮含量小于 0.075%、水解氮小于 60mg/kg、速效氮小于 20mg/kg 为低氮肥力。增加土壤氮素投入，有助于提高土壤氮素肥力。

2. 土壤磷素

土壤磷素主要来源于地壳的含磷矿物和人工施肥。土壤的含磷量受耕作与施肥影响很大。土壤全磷中大部分处于无效状态，一般全磷量不能作为土壤供磷水平的确切指标。

土壤有效磷反映土壤对作物的供磷能力，但不同作物、产量水平对土壤磷供给要求不同。一般认为，土壤有效磷含量大于 20mg/kg 为高磷肥力土壤，有效磷含量 10 ~ 20mg/kg 为中等肥力，有效磷含量小于 10mg/kg 则肥力较低。土壤磷含量主要受成土母质影响，人工施肥是提高农田磷肥力的主要途径。

3. 土壤钾素及微量营养元素

土壤钾素和其他多种微量元素主要来源于岩石与矿物的风化。土壤含钾量差异很大，K_2O 含量一般范围在 0.1% ~ 0.3%。北方旱地土壤含钾量较为丰富，速效钾含量一般大于 100mg/kg，多属不缺钾范围。但对于喜钾作物，以及旱沙土壤，常出现钾素缺乏现象。

北方土壤微量元素储量偏低，锌、锰、硼、钼缺乏，有效态含量低于临界值的耕地占总耕地面积的 60% 左右。

（三）土壤质地与孔隙度

土壤质地与土壤孔隙度属土壤物理结构因素，它们通过影响土壤水、气、热状况及养分的有效性而作用于作物生长发育，使土壤表现出不同的土壤肥力特征。

1. 土壤质地

砂土砂粒含量大于 90% 以上，物理黏粒小于 5%。砂土通透性良好，有机质分解快、不易积累，但持水、保肥能力差，易干旱并且土壤本身营养物质缺乏；热容量小，土温变化大；耕性好，适耕期长。砂土对于地下结果及块根、块茎作物能保证较好的通透性，利于增产。黏土物理黏粒含量一般大于 70%，砂粒少于 30%。黏土通透性差，有机质分解慢，持水、保肥能力强，但易湿也易旱，湿时泥泞，旱时坚硬，适耕期短。黏质土壤本身所含矿物养分较多，养分供应稳定且持久。壤土属性介于砂土与黏土之间，砂、黏粒含量适中，水、气并存，肥力各因素比较协调。因此壤质土壤肥力高、耕性好，适于大多数作物生长。

2. 孔隙度

土壤孔隙是土壤水分、空气的贮存和运动场所，微生物则在水、气与固体界面上活动。因此土壤孔隙直接影响作物根系发育与土壤微生物活性，直接作用于土壤水分、养分的有效性。单位体积土壤内孔隙所占体积的分数被称为土壤孔隙度。一般土壤孔隙度变化在 30% ~ 60%，黏土大而砂土小。对于作物生产来说，土壤孔隙度以 50% 左右为宜。土壤大孔隙是空气的走廊，小孔隙（毛管孔隙）是水分贮存的场所和通道，大小孔隙的比例以 1：2 ~ 1：4 较为适宜。在生产上，调节孔隙度的主要措施是土壤耕作技术。深翻、中耕能增加土壤孔隙度；耙耱、镇压能缩小孔隙度。

三、土壤质量及其评价指标

（一）土壤质量的含义

土壤质量主要指在生态范围内，土壤维持环境质量与保持生物生产能力的作用，并且有关于植物与人类健康行为。土壤质量主要包括以下内容。

1. 土壤质量的主要依据是土壤功能

土壤在现今和日后的正常运作的能力被称为土壤功能。可以概括为以下三个方面：

（1）生产力，指土壤可以为动植物提供持续生产的能力。

（2）环境质量，指土壤可以把污染物和病菌的伤害减低，使空气和水的质量得到提高。

（3）人和动物的健康，指土壤质量关系动植物和人类健康。

2. 土壤质量与生态系统密切相关

土壤质量包括土壤环境保护、食物安全、生物的健康与作物的生产能力。

土壤的质量不仅是指土壤的肥力，也不只是环境质量，而是一种土壤的属性，这种属性与生态环境的稳定性有着密切的关系，食物的安全性成为其质量评定最重要的标准。这一点和评价环境质量时运用的综合标准相似，是从整体去考察土壤的各种指标。有关土壤生成的各种条件与其变化的动态过程与生态系统的可持续性有着密切的关联。

3. 土壤质量包括抵抗环境污染的能力

土壤抵抗环境污染的能力十分强大，可以使空气与水资源得到净化，维持生态环境的可持续性发展，保护物种的多样性等。很多研究在研究土壤质量时，将土壤对污染物的抵抗能力放在首位。良好的土壤质量可以减少水土中的有害物质，使得空气和水的质量得到提升。所以说，一个有益的土壤质量不单单只有土壤的生产力、土壤质量的提升，同样重要的是维持物种的多样性。综合以上，我们可以得出，对于改善土壤质量的评价，还需要包括其处理污染物的方法。

（二）土壤质量的评价指标

现在有很多科学家研究土壤质量，对土壤质量评价的条件也不尽相同，对于土壤种类的不同和目的的差异，科学家们使用的评价方式也有区别。总的来说，可以分成两种，一种指标属于描述性，即定性指标，如土壤颜色、质地、紧实性、耕性、侵蚀状况、作物长势、保肥性等。另一种指标属于分析性定量，是指为得到解析的数值，选择不同特性的土壤，分别定量分析，最后总结数据的中间值和阈值。

土壤质量的评价标准依据分析性指标的性质可以分为物理指标、化学指标、生物学指标三种。

1. 土壤质量的物理指标

土壤质量的物理性标准对环境与植物有着深刻的影响。

土壤质量的物理指标多种多样，包括土壤厚度、质地、容重、紧实度等。

2. 土壤质量的化学指标

植物的生长能力和生物的健康与土壤中多种多样的养料和其中毒害物质的多少息息相关。土壤质量的化学指标包括有机碳、全氮、CEC、pH 值、矿化氮、磷、钾的全量和有效量等。

3. 土壤质量的生物学指标

土壤质量的生物学指标包括微生物、植物与动物等所有的土壤生物。土壤生物作为土壤中生命力的主要角色，与土壤的质量和土壤的健康水平有着重要的关联。

土壤中存在难以计数的生物，包括各种细菌、真菌等，对改善土壤的质量有着重要的意义，但是也存在一些对土壤质量有负面影响的生物。

当前被使用最多的评价土壤质量的标准即土壤微生物指标。与此同时，一些中、大型的土壤动物指标也在火热的研究中。土壤质量的生物学指标涵盖的内容十分广泛，主要包括生物碳、有机碳、总生物量、土壤呼吸量等。

土壤的重要性不容置疑，不仅是生态最主要的结构，也为动植物、人类提供了生存的依赖元素。

土壤质量的组成中，环境质量是最为重要的环节。土壤的环境质量是指土壤的表层可以处理各种污染物，并对这些污染物合理利用。与此同时，对于地球上所有生物的生存、繁殖，还有人类社会的发展等环境要素，土壤有很好的适宜能力。土壤质量的好坏，关乎着整个人类的生存，其通过影响农产品的产量，从而对促进人类进步发挥作用。

土壤环境质量评价指标多种多样，涵盖范围广泛。

对土壤环境质量的评价有多种方式，其中最基本的是野外布点采样法。具体方法为：通过综合污染指数和单项污染指数，计算多种条件下的污染值，然后把得到的最终结果与评定标准相对比，最后计算出污染的级别。通过到达基线的样本数量占总体的比值，得出不同区域土壤的质量情况。

（三）高产肥沃土壤的特征

旱地农业受水资源条件约束，提高生产能力的重要途径是培肥土壤，建立高产肥沃的基本农田，提高有限水分的利用率。我国土壤资源极为丰富，农业利用方式十分复杂，因此高产稳产肥沃土壤的性状也不尽相同。肥沃土壤的性状既有共性，也可因不同土壤类型而有其特殊性。但比较起来，产量高的土壤有以下特点。

1. 良好的土体构造

土壤在 1m 深度内上下土层的垂直结构称作土体构造，它包括土层厚度、质地和层次组合。高度肥沃的旱地土壤大多都是上虚下实的土地结构，位于上层的耕作层疏松但是深厚，质地比较轻；位于下层的心土层较紧实，质地较黏。既有利于通气、透水、增温、促进养分分解，又有利于保水保肥。上下土层密切配合，使整个土体成为能协调供应农作物高产所需要的水、肥、气、热等条件的良好构型。

2. 适量协调的土壤养分

肥沃土壤的养分含量不在于越多越好，而要适量协调，达到一定的水平。北方高产旱作土壤，有机质含量一般在 15 ~ 20g/kg 或以上，全氮含量达 1 ~ 1.5g/kg，速效磷含量 10mg/kg 以上，速效钾含量 150mg/kg 以上，阳离子交换量 200mmol/kg 以上。

3. 良好的物理性质

肥沃土壤一般都具有良好的物理性质，诸如质地适中，耕性好，有较多的水稳性团聚体，大小孔隙比例 1∶2 ~ 1∶4，土壤容重 1.10 ~ 1.25g/cm³，土壤总孔度 50% ~ 60%，其中通气孔度一般在 10% ~ 15%，因而有良好的水、气、热状况。

土壤是农业最主要的基础资源，培育肥沃、生态、高效、可持续农田土壤，是发展现代旱作农业的重要保证。

第三章　有机旱作农业的生物治理资源

第一节　病虫害天敌资源的利用

一、寄生性天敌

寄生昆虫是害虫最为主要的寄生性天敌，同时、也存在小部分在体外寄生的情况。

近缘节肢动物和寄生昆虫的天敌数目繁多，其中占据主要地位的是膜翅目，其次是双翅目中的寄蝇科，数目最小的当数捻翅目。尽管捻翅目占的比例不大，但值得一提的是它的所有种类都具有寄生性。另外，还有很多属于双翅目科的，以及小部分的鞘翅目和鳞翅目，也具有寄生习性。

（一）寄生性天敌概况

1. 寄生性天敌昆虫的概念

有一部分昆虫会在生命周期的某个阶段或是整个生命周期，选择寄生在其他动物的体内或是体外，它们通过吸取寄主动物的养分来保证自身的生存。这些以寄生在其他动物身上生存的昆虫，被我们称作寄生昆虫 [寄生性昆虫、寄生虫（Parasite）]。

虽然都是寄生昆虫，但由于寄主动物的不同，导致它们之间也存在很大的差异。寄生在其他昆虫身上的与寄生在脊椎型动物的有诸多不同之处，主要表现有：①从个体的发育结局来看，会导致寄主的死亡，对于一个种群的制约作用，这一点与捕食性动物类似；②从个体的形态来说，体格与寄主动物的体形相近；③当还处于幼虫时期，通过寄生在寄主的身上得到营养，维持生存，但是到了成虫期，就开始了独立生活，活动也更加自由；④从分类上来说，这些昆虫大多数与寄主来自同一个昆虫纲，只有很少一部分寄生在蜘蛛纲这些节肢动物上；⑤异主寄生（Heterocism），这种寄生是指在整个生命周期中，只寄生在一种寄主身上。

由于这种寄生动物可以把它的寄主杀死，在自然界中属于它的敌对方，因此，这类寄生昆虫经常被我们称作寄生性天敌昆虫。也存在一部分人把天敌昆虫的寄生现象用拟寄生（Parasitoidism）这一术语来表示，用以和普通的寄生现象区分，称寄生性天敌昆虫为拟寄生虫（Parasitoid）或捕食性寄生虫。最近还有人根据寄生性天敌昆虫仅以幼虫期营寄生生活这一特点，称为幼寄生虫。理论上虽然如此，但以传统上来看，如今还是习惯于把寄生性天敌昆虫叫作寄生昆虫。其中归属于膜翅目的被叫作寄生蜂（见图3-1），划分到双翅目的被叫作寄生蝇（见图3-2）。除此之外，所有的捻翅目昆虫和一小部分的鳞翅目和鞘翅目昆虫也都有寄生习性。

图3-1　寄生蜂

图3-2　寄生蝇

2.寄生昆虫与捕食昆虫的区别

除了体外寄生的昆虫与捕食昆虫在某些时候难以区分外，寄生昆虫与捕食昆虫是很容易相区分的。寄生昆虫与捕食昆虫的主要区别在于，寄生昆虫在整个生命周期中，只需要寄生在一个寄主身上，消耗一个寄主，但是捕食昆虫有很大的不同，它们需要消耗掉几个猎物体才能完成成长过程。

除此之外，寄生昆虫与捕食昆虫的习性、食性都有很大的不同，形态上偶尔也有很多区别，如表3-1所列。

表3-1　寄生昆虫与捕食昆虫的区别

	寄生昆虫	捕食昆虫
食性	1. 在一个寄主上可完成发育，可育成一个或更多个体 2. 成虫和幼虫食性不同，通常幼虫为肉食性 3. 寄主被破坏一般较慢	1. 需捕食多个猎物才能完成发育 2. 成虫和幼虫常同为捕食性，甚至捕食同一猎物 3. 猎物被破坏较快
习性	①与寄主关系比较"密切"，至少幼虫生长发育阶段在寄主体内或体外，不能离开寄主独立生活 ②成虫搜索寄主主要为了产卵，一般不杀死寄主 ③限于一定的寄主范围，同时与寄主的生活史和生活习性适应性强	①与猎物关系不很密切，往往吃过就离开，都在猎物体外活动 ②成虫、幼虫搜索猎物的目的就是为了取食 ③为多食性种类，对某一种猎物的依赖程度低
形态	①体形一般较寄主小 ②幼虫期因无需寻找食物，足和眼都退化，形态上变化多	①体形一般较猎物大 ②除了捕捉及取食的特殊需要，形态上其他变化较少

通常情况下，寄生昆虫是幼期营寄生生活而成虫期营捕食生活的昆虫，但是，有些寄生昆虫在其幼虫期内既能寄生又能捕食，如瘿蚊长盾金小蜂（*Nasonia*），它的幼虫个体通过取食生活，寄生在其他虫体内；而三化螟的螟卵啮小蜂（*Tetrastichusschoenobii*）的幼虫则是先寄生于介壳虫卵内，然后通过捕食周围的虫卵来生长发育。两者有共同点和不同点，首先它们都为过渡类型，其次前者的方式为捕食为主、寄生为辅，后者是寄生为主。

膜翅目针尾部的螺赢蜂（*Jucancistrocerus Tachkensis*）及一些泥蜂（*Sphecidae*）、蛛蜂（*Pompilidae*），它们的幼虫可以在准备好的巢穴中定居，并且于巢穴周围捕捉食物，这也是寄生习性的另一种表现方式。虽然有的取食较少，但是大多数还是较多的。这是因为捕食习性与寄生蜂类似，所以我们不应该狭义的理解，而是要从广义上来说，有时候也称它为狩猎蜂。

在蜜蜂总科中也有一些所谓营寄生性生活的蜜蜂，其雌蜂不筑巢，在其他种类蜜蜂巢内产卵，孵化后的幼虫取食寄主巢内储存的食物，当食物被吃光后，将寄主幼虫杀死，或由于寄生幼虫发育速度超过寄主幼虫，因而寄主幼虫饿死，如拟熊蜂属的雌虫在潜入雌蜂巢内后，往往杀死寄主的雌蜂，将卵产在寄主巢房内，其后代就在寄主职蜂的喂育下长大。蜜蜂的这种寄生现象是典型的场所性和食物性的寄生现象。

3. 寄生昆虫的习性

（1）寄生昆虫的寄主类型

寄生昆虫的寄主类型有单期寄生和跨期寄生两种。

单期寄生主要是指寄生昆虫幼虫只寄生在其寄主的某一虫期并能完成发育，尔后成虫外出。它可以分为以下几种类型。

①卵寄生：寄生于卵内，幼虫、蛹亦生活在卵内直至成虫羽化时才咬小孔爬出。如拟澳洲赤眼蜂产卵于稻纵卷叶螟（*Cnaphalocrocis Medinails*）等卵内，待卵发育至成虫之后进行羽化从小孔中爬出。

②幼虫寄生：此类虫通常寄生于幼虫中，可以通过体内和体外来获取营养。

如螟蛉脊茧蜂（*Aleiodes Narangae*）的卵期、幼虫期、蛹期都在稻螟蛉幼虫体内度过，成蜂羽化时才咬孔爬出；白足扁股小蜂（*Elasmus Corbetti Ferriere*）产卵和幼虫生活都在稻纵卷叶螟幼虫体表，化蛹在稻叶上寄主尸体附近。

③蛹寄生：此类昆虫寄生在蛹内，而它所经过的几个时期，如卵期、幼虫期和蛹期都在寄生主体中度过。比如说蝶蛹金小蜂（*Pteromalus Puparum*）寄生于凤蝶或菜粉蝶蛹，等待成年的时候爬出。

④成虫寄生：这种类型指的是幼虫寄生于成虫体内，吸取成虫体内的营养物质以成长，比如说金龟子寄蝇产卵在日本丽金龟（*Popillia Japonica*）的成虫体外，直到成长后通过牙齿钩破，整个过程即是幼虫在寄生体内孵化成蛹，直到成年羽化后从寄生主体内部破腹而出。

跨期寄生是指寄生昆虫需经过寄主的 2 个或 3 个虫期，才能完成幼虫发育。跨期寄生包括下述几个类型。

①幼虫寄生：寄生昆虫产卵于寄主卵中，等待卵慢慢孵化，变为幼虫之后，寄生卵才孵化，在寄主幼虫体内完成发育。如螟甲腹茧蜂（*Chelonus Munakatae Munakata*）产卵于二化螟（*Chilo Suppressalis*）等的卵内，直到幼虫成长羽化为成虫。

②幼虫 - 蛹寄生（卵 - 蛹寄生）：寄生昆虫产卵于寄主卵内，等待寄主的蛹期到来，以刚孵化的寄生幼虫为食。如寄生于地中海实蝇（*Ceratitis Capitata*）的潜蝇茧蜂。

③虫 - 蛹寄生：被寄生昆虫产卵的寄主幼虫正常发育至蛹期，寄生昆虫在寄主蛹期完成羽化前发育。这大多数属于幼虫 - 蛹寄生类型。如黄腹潜蝇茧蜂（*Opius Caricivorae Fischer*）产卵于美洲斑潜蝇（*Liriomyza Sativae Blandchard*）幼虫体内，等待寄主化身成蛹以后，幼蛹才能完成所有的发育，并且在寄主内化为蛹，再封藏一段时间，静静地等待成熟羽化，等时机成熟便咬破蚕蛹羽化成蝶。

并不是所有的寄生昆虫都必须要有特定的寄主，有的寄生虫对寄主的要求并不严格，只需要满足基本的寄生条件即可，比如食蚜蝇姬蜂就是既可以将卵产在食蚜蝇卵内，也可以产在幼虫体内，一直等到寄主成蛹期，才开始羽化外出，可视为卵 - 蛹寄生或幼虫 - 蛹寄生。还有的寄生虫从卵到幼虫的过程并不在一处，比如稻苞虫腹柄姬小蜂（*Pediobius Mitsukurii*），这种蜂所产的卵可以寄生在寄主生长发育的任何时期。

（2）寄生现象

寄生现象多种多样，其分类方法也有多种。

有很多寄生虫在寄生过程中会对寄主有不同的影响，可根据它们影响的不同来区分寄生的方式。

①抑性寄生方式：寄生者在产卵过程中向寄主体内注射毒液使寄主死亡、永久麻痹或停止发育的寄生方式称为抑性寄生方式（Idiobiont Strategy）。此时寄主的营养足够寄生幼虫完成发育。一般在隐蔽场所营外寄生的昆虫多数具有此类寄生方式，称为抑性外寄生，此类昆虫具有寄生多种寄主的潜能并发育迅速。而一些在裸露鳞翅目蛹上营寄生的昆虫也具有此类寄生方式，称为抑性内寄生，此类昆虫可通过多种途径来防止或限制寄主免疫防御系统对幼虫的排斥作用，包括雌虫注射毒液使寄主麻痹、幼虫彻底损害寄主如脑部等的重要器官。典型的如菜蚜茧蜂（*Diaeretiella Rapae M'Intosh*）产卵于寄主蚜虫若虫的体内，寄主随即变成僵蚜，而孵化的寄生蜂幼虫取食僵化体内器官及组织，最后寄生蜂老熟幼虫在僵蚜体内吐丝结茧化蛹。

②容性寄生方式：寄生者容许寄主在产卵后继续发育一段时间再将寄主杀死的寄生方式称为容性寄生方式（Koinobiont Strategy）。一般在暴露场所或稍隐蔽场所营寄生的昆虫具有此类寄生方式。容性外寄生的产卵位置要使产的卵不容易被蹭掉，一般在仅靠头部后方粘连在寄主体上或卵有倒钩把卵固定在寄主体壁上。容性内寄生的寄主可以完成生长发育，直到做好茧或蛹室的时候寄生幼虫将其杀死，因此，此类幼虫不仅要和寄主竞争发育所需要的营养物质并防止寄主的过早死亡和衰落，还要克服寄主针对寄生产生的免疫防御。如寄生于小菜蛾的菜蛾盘绒茧蜂（*Cotesia Vesralis*），寄生蜂产卵于2龄末或3龄初寄主幼虫，待寄生取食正常发育至预蛹阶段时，寄生幼虫也同时发育至预蛹阶段，咬出寄主虫体外结茧化蛹。

不同的寄生虫会取食寄主的不同部位，可根据这一特性来区分寄生虫。

①外寄生（Ectoparasitism）：寄生虫寄生在寄主体外，外寄生昆虫通常寄生在与寄主相关的物体上，比如寄主赖以生存的孔道、巢房等处，或者寄生在幼虫中，昆虫将卵产在寄主的身上，待寄主将虫卵带到可以寄生的地方，虫卵就会在这些地方寄生。

②内寄生（Internal Parasitism）：寄生昆虫幼虫的生长过程必须在寄主体内完成，并不需要一开始就将卵产在寄主体内，也不需要寄生昆虫在成熟后依然待在寄主体内。螟蛉绒茧蜂（*Apanteles Ruficrus*）产卵于稻螟蛉（*Naranga Aenescens Moore*）或黏虫的幼虫体内，茧蜂的幼虫从寄主体内获得生长发育所需的能量，等到成熟以后再离开寄主；蚕饰腹寄蝇（*Blepharipa Zebina*）将卵产于桑叶上，在桑叶上一直处于休眠期，等到桑叶被蚕吃掉以后，虫卵随着桑叶一起进入蚕的体内，幼蛆在蚕的身体里发育，等到成熟以后，再将蚕体咬破化蛹；家蚕追寄蝇（*Exorista Sorbillans*）产卵于幼虫体壁上，待蝇蛆孵出后钻入体内取食，直至寄生幼虫成熟后再钻出蛹外而在其茧内化蛹；捻翅虫（*Strepsiptera*）是以从受精卵孵出的有三对足的第一期幼虫（三爪蚴）到处爬行，当触及相应的寄主时就侵入其体腔营内寄生生活，雄性成虫与雌性成虫不再寄生在同一寄主体内，而且雌雄两虫的死亡时间也不

一样，雄虫成熟后先从寄生虫体内出来，然后在寄主体外化蛹成蝶，而雌虫一直附着在寄主的体内，直到幼虫孵出后才在寄主体内死去，此时寄主也会一起死去。

除此之外，螯蜂科（Dryinidae）昆虫的幼虫除头部及末端外均露于寄主体外，似为内寄生和外寄生的一种过渡类型。如稻虱红螯蜂（*Haplogonatopus Japonicus*）将卵产在稻飞虱的腹部节间膜下，幼虫在此处孵化，除了头部以外，身体其余部分都在寄主身体外面，这就是介于内寄生和外寄生之间的寄生方式，幼虫发育初期以肉眼观察类似肠脱状，后期，幼虫蜕皮，形成一个囊状物更向外突出，等到幼虫成熟后，囊状物脱离寄主，白色幼虫咬破囊壁，在水稻上结茧。

蚁小蜂科雌蜂不直接产卵于寄主蚂蚁身上，而是产在植物各个部位或排泄物旁的草上，刚孵化的幼虫在植物上等候来取食的蚂蚁或借助自身尾须的支撑进行跳跃以接触寄主后被带回蚁巢，在蚁巢内蚁小蜂幼虫取食寄主发育至成长幼虫或蛹。尾蜂科 1 龄幼虫外寄生于钻蛀性害虫天牛（Cerambycidae）、吉丁虫（Buprestidae）幼虫的体壁上，然后几龄幼虫钻入寄主体内取食，待老熟后在寄主腐坏的身体旁化蛹。

还有一种分类方法就是根据寄主身上的寄生虫的种类不同来分类。

①独寄生：独寄生即寄主的身上只会被一种寄生虫寄生的昆虫。独寄生是大部分的寄生者采取的一种寄生类型，该类雌性寄生者能够区分未被寄生产卵和已被寄生产卵的寄主，它们在已被寄生的寄主上不产卵或只产较少的卵。如缘腹细蜂科的黑卵蜂（*Telenomus spp.*）雌蜂会给产过卵的寄主卵做物理性或化学性标记，即在产卵后爬回到寄主的背面，用它的产卵器的末端以弯曲的方式在寄主卵的表面抓、划等，以便自己和同种其他雌性个体识别从而防止过寄生现象。

②共寄生：一个寄主身上可以寄生多种寄生虫。这种寄生方式有四种不同的类型，其一，同时存活，就是两个或者多个寄生虫寄生在同一个寄主身上，并且都能够存活。其二，仅一种存活，就是两种寄生虫寄生在同一个寄主身上的时候是竞争的关系，最终只有一个能存活。其三，寄主身上同时寄生多个相同物种，因为食物有限，只有一部分能存活，其余的死掉。其四，多种寄生虫寄生同一寄主，这些寄生虫之间存在拮抗作用，两个同时存在时就都不能存活。其中第二种和第四种结果常被当作正常寄生或寄生不成功来处理。如桑蟥聚瘤姬蜂（*Gregopimpla Kuwanae Vlereck*）与家蚕追寄蝇（*Exorista Sorbillans Wiedemann*）可共寄生于桑蟥（*Rondotia Menciana*）幼虫，并在同一茧内发现。此外，有些多胚发育的寄生者会出现幼虫形体差异很大的形态分化的现象，是二型性的一种而不是两种寄生蜂的共寄生。

寄主身上能够寄生的寄生虫数量是不同的，也可以根据寄生的数量来分类。

①单寄生：单寄生即一个寄主身上只能寄生一个寄生虫的现象。有的成虫在产卵的时候会同时产好几粒卵，但是只有一粒卵能够发育成熟。

②聚寄生：聚寄生也称多寄生，是指一个寄主身上可以同时寄生多个寄生虫，通常是同种的寄生虫。比如一个烟草天蛾（*Protoparce Sexta*）的幼虫体内可以育出近百只集聚绒茧蜂。聚寄生可能是由寄生者在寄主体内产数粒卵的结果，也可能是寄生者产一粒卵进行

多次分裂后的结果。

根据寄生昆虫完成发育的情况分类如下。

①完寄生（Hicanoparasitism）：完寄生即指寄生虫从虫卵发育成成虫的过程都在寄主身上完成。一个寄主的能量足够多个寄生虫的生长发育。

②过寄生（Hyperparasitism）：因为一个寄主身上可能寄生了过多的寄生虫，或者一种寄生虫的好几代都在一个寄主身上寄生，导致寄主身上的能量不足，不足以满足这么多的寄生虫的生长发育，有的寄生虫只能死亡或者完不成整个生长发育全过程。过寄生是同种同一个体和不同个体多次产卵所致。

螳螂捕蝉，黄雀在后。很多寄生虫自己也可能成为寄主，我们也可以根据这种寄生的层次关系来进行分类。

①原寄生（Primaryparasitism）：原寄生是指直接以昆虫等为寄主，故也称为直寄生（Haploparasitism）。此时寄生昆虫与寄主的关系最为单纯，前述各种寄生现象均属此类。此外，寄生在捕食性昆虫上的寄生者，仍为原寄生者。

②重寄生（Epiparasitism 或 Hyperparasitism）：寄生昆虫寄生在寄主身上，同时，寄生昆虫也是其他昆虫的寄主。这种现象在寄生蜂中十分常见，但在昆虫纲的其他类群中却极为少见。一般比较常见的重寄生为二级寄生，也有很少部分的三重寄生，再往上就很少或者几乎没有。有生物学家研究过寄生昆虫的最高级寄生，蚜虫 – 蚜茧蜂 – 小蜂 – 大痣细蜂，这种四重寄生是目前为止发现的最高级的寄生关系。值得注意的是，有些寄生蜂的雄蜂，寄生在同种的雌蜂上，这种寄生关系不叫重寄生，只能叫自寄生。

③食寄生（Cleptoparasitism）：食寄生指有些寄生者无直接寄生于寄主的能力，只能通过各种方式寄生于其他寄生者已寄生过的寄主，杀死第一幼虫时杀死以前寄生在寄主身上的卵或者幼虫。这种食寄生是介于原寄生和重寄生之间的一种寄生方式。如从刺蛾广肩小蜂（*Chalcidoidea*）寄生时必须利用上海青蜂（*Chrysis Shanghalensis Smith*）在黄刺蛾（*Cnidocampa Flavescens*）上造成的小孔，当上海青蜂产卵时，广肩小蜂就趁机将自己的卵产在小孔中，并且将上海青蜂产的卵杀死或吃掉。就像杜鹃的雌鸟在受精后会守在其他鸟巢附近，看到其他鸟巢孵卵的鸟出去后，偷偷把蛋产在它们的鸟巢里。杜鹃的蛋孵化期较短；杜鹃幼鸟生长快，并且有一种本能就是主动把寄主家的鸟蛋或者幼鸟挤或推出鸟巢。杜鹃鸟只会交配，不会做鸟巢，更不会哺育幼鸟。

有的寄生虫可以在多种寄主身上寄生，有的只能在一种寄主身上寄生，根据这种差别，也可以将寄生虫进行以下分类。

①单主寄生：单主寄生即有的昆虫只能寄生在一种寄主身上。

②寡主寄生：寡主寄生只能在少数的几种近亲物种身上寄生，这种寄生方式跟自寄生很类似，有点抱团取暖、共同生存的意味。这种寄生关系在数量较多的寄生虫中是很好的方式，可以自给自足，但是在濒危物种身上就比较危险，不适合物种的发展。

③多主寄生：多主寄生是对寄生虫本身最有利的一种寄生方式。是指一种寄生虫可以在多种寄主身上寄生。

（二）寄生性膜翅目

顾名思义，寄生蜂就是营寄生生活的蜂类。通常我们所说的蜂和蚁在分类上都属于膜翅目昆虫。膜翅目昆虫种类极多，已知的就有 10 万多种，未知的种类可能还有很多。我们知道膜翅目的昆虫大多数都是食虫的，所以也是一类非常重要的害虫祛除工具，将它用在生物防治等方面，通常会获得非常好的效果。膜翅目的种类有很多，但是，在膜翅目的广腰亚目中只有尾蜂总科的尾蜂科具有寄生习性，其他各总科完全或基本上都是食虫昆虫。小蜂总科除小蜂科及部分广肩小蜂科、长尾小蜂科外，其余基本上也都具有寄生习性。此外瘿蜂（*Gall Wasp*）总科、胡蜂（*Paper Wasp*）总科中也都有相当数量的寄生性种类，但是蛛蜂总科、泥蜂总科中的种类却全为狩猎性蜂类。

（三）寄生性双翅目

寄生性双翅目昆虫泛称为寄生蝇。双翅目昆虫中，有相当大的一部分为肉食性、捕食或寄生害虫。

我们可以从各种角度来分析食虫双翅目昆虫所起的作用，它不但可以起到虫类防治的作用，还能够控制作物生长。并且它的数量较大，仅次于膜翅目昆虫。

至于对某一些害虫来讲，寄生蝇起主要控制作用的事例也不少。

（四）寄生性捻翅目

捻翅虫（见图 3-3）即为捻翅目的昆虫，也称为蟥。成虫雌雄异型。雄虫有翅、有足，自由生活。雄虫体长 1 ~ 7 mm，雌虫体长 2 ~ 30 mm。最主要的特征是前翅退化成棍棒状或桨叶状，叫作拟平衡棍；后翅甚大，膜质，扇状。

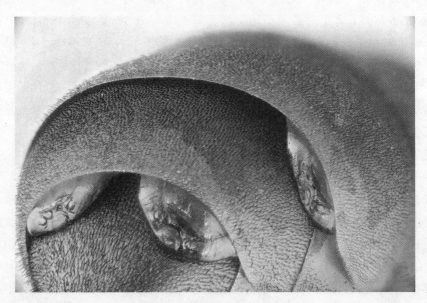

图 3-3　寄生在黄蜂腹部的捻翅虫

本目昆虫寄生的主体有很多，比如膜翅目、同翅目、半翅目、直翅目、螳螂目和缨尾目昆虫。雄成虫有翅，能自由飞翔，敏捷地找到活寄主体上的雌虫，交尾时用阳茎端弄破育腔口的薄膜，将精子射入。卵在母体内发育，第1龄幼虫从育腔口爬出母体，因为它们非常灵活，可以通过爬动来寻找适合的寄生对象 [如叶螨、椿象（Pantatomidae）或蝗虫（Locust）]，侵入体腔，进行寄生。第1龄幼虫钻进寄主体内以后，即蜕皮变为无足的蠕虫型幼虫，游离生活于体腔内，当发育成熟时，幼虫的头胸部从寄主腹部节间膜处突出于体外。化蛹是在末龄幼虫的皮内。雄蛹与蝇类围蛹相似，蛹壳内为裸蛹。蛹壳顶端有盖，即头盖，上面可见眼、触角及口器轮廓。羽化时向前顶开头壳而外出。雄虫寿命很短，有趋光性，交尾后死去。雌虫仍居于寄主体内，直至死亡也无法离开，以其扁形的头胸部伸出寄主腹部节间膜。体外包有蛹皮、末龄幼虫的皮，所以体壁实为三层。当其幼虫孵化后，和寄主一道死亡。

被捻翅虫寄生的昆虫并不马上死亡，对其寿命也无明显影响，但由于捻翅虫幼虫不断吸取寄主体内营养物质，并逐步占据其体腔内空间，会使寄主的发育受到影响，从而产生不良的身体反应，比如说头部缩小、两性器官萎缩、雌蜂的螯针萎缩、腹部膨大和体毛增多等，有获得若干第二性征的倾向。此种现象称为捻翅虫寄生现象。

（五）寄生性鞘翅目

甲虫（Coleoptera）即为鞘翅目昆虫，为目前动物界种数最多的一个目。其食性极为复杂，多为植食性，也有腐食性、粪食性、尸食性，还有一部分为肉食性及少数寄生性。

在鞘翅目的天敌昆虫中，因为具有捕食习性的种数、数量、作用远远超过寄生习性的种类，所以该目通常被认为是捕食性天敌的一个重要类群。这也是我们对于该种类虫科的重要研究方向之一。

在隐翅虫科（Staphylmidae）、郭公甲科（Cleridae）和长角象甲科（Anthribidae）中有若干寄生的种类；步甲科（Carabidae）、扁甲科（Cucujidae）、薪甲科（Lathridiidae）、坚甲科（Colydiidae）、隐颚扁甲科（Passandridae）和瓢虫科（Coccinellidae）仅少数几种是真正寄生性的或兼有寄生的。总的来说，习性知道的都不多。

寄生性甲虫的寄主范围比较狭窄，而且产卵于寄主体外甚至远离寄主。初孵幼虫有发达的胸足，比较活泼，有寻找寄主及潜入寄主的庇护物或潜入寄主体内的能力。当找到寄主或找到寄主场所后，进入2龄时足退化而成另一种幼虫型，因而，属于过渐变态的类群。

（六）寄生性鳞翅目

虽然鳞翅目幼虫是植食性昆虫的典范，但是其中也包括一部分捕食性与寄生性的种类。寄生性昆虫大部分由寄蛾科（Epipyropidae）组成，举肢蛾科（Heliodinidae）、尖蛾科（Momphidae）、夜蛾科（Noctuidae）中亦有一些寄生性种类。

二、捕食性天敌

专门捕食其他昆虫或动物的一类昆虫被称为捕食性天敌昆虫。捕食性天敌会直接吞食其他昆虫的虫体，或是直接插入虫体体内将体液吸出，最终导致害虫的死亡。

在自然界中，害虫捕食性天敌并不少见。这种捕食性天敌分属18目，多达2000科，数量大，种类繁多，有昆虫类、蜘蛛类、捕食螨类，还有一部分脊椎动物。

（一）捕食性天敌的一般特性

1. 捕食性天敌昆虫的食性

一般情况下，捕食性天敌昆虫的体积要比其猎物大。它们通过捕食猎物的肉体，或是吸取它们的体液来获取发育的源泉。普遍认为，捕食性天敌昆虫的肉食性，会持续存在于其幼虫和成虫时期。它们各自生存，捕食相同的猎物，比方说属于螳螂目的螳螂（*Paratenosera Seu Hierodula*）和鞘翅目瓢虫的绝大多数种类。当然，也有幼虫和成虫食性不一样的，如多数食蚜蝇幼虫为捕食性，而成虫则很少如此。

依据捕食物种的多少，我们将捕食性昆虫分为单食、多食、寡食三个群组。

其中捕食范围最广的被称为多食性类群，它的捕食对象包括多种昆虫，还有一定数量的其他动物。螳螂、椿象、蚁类、胡蜂和步甲等都属于多食性群组。

范围最小的为单食性类群，以单一昆虫或者同属种类为食。例如澳洲瓢虫（*Rodolia Cardinalis*，见图3-4）以吹绵蚧壳虫（*Cerya Purchasi*）为食，这种即属于单食性类群。

寡食性类群的猎捕范围介于两者之间，常常以一些生活习性接近的种群为食。如盔唇瓢虫亚科（Chilocorinae）以盾蚧（*Diaspididae*）及蜡蚧（*Coccidae*）为主要食料，食蚜蝇类幼虫只捕食蚜科昆虫，食螨瓢虫以叶螨为主食，这些都是典型的寡食性类群。

图3-4 澳洲瓢虫

在天敌引进工作中，常常重视单食性或寡食性的类群。

单食性或寡食性的类种，在利用天敌治疗害虫的应用中更为显著。这些捕食范围狭窄的类种，因为依赖于捕食对象生存，与捕食对象的联系紧密，更便于对效果的监测。单食性或寡食性类种的数量，与其捕食对象的数量成正比，捕食对象的数量增加，其类种的数量也会相应增加，反之亦然，这是天敌控制的自然现象，因此成为治理害虫的关键。但是情况也不是永远如理想所见，偶尔也会有延迟的现象，因而这种方法对于早期的防治效果并不明显。

对于食性多样的种群来说，当捕食的猎物数量降低时，可以通过捕食其他的物种得以生存，从而保证自身的数量不会锐减，在害虫防治的早期，这一特点可以发挥关键的作用。由此看来，食性广与食性窄的天敌类群可以互补，从而更加有效地防治害虫。这一点意义重大，不容忽视。

捕食性昆虫通过多种方式达到取食的目的，其中最为常见的方式是以体液为食，其中的代表类型当数捕食性半翅类。脉翅目（如草蛉幼虫）具有发达的镰刀状的上颚，用于捕捉捕食对象。上颚内侧有深沟，与下颚盆节相嵌合而成食物道。虽然有一些昆虫的口器属于咀嚼式，例如步甲和瓢虫，但是，它们仍然以吸取体液作为捕食方式，体液以外的部分将会被丢弃。也存在一些捕食性的昆虫，它们在吸取猎物的体液后，还会将剩余的部分通过研磨，一并吞食，比如螽斯（*Longhorned Grasshoppers*）、螳螂、蜻蜓成虫等。

2. 捕食性天敌昆虫的特点

捕食性天敌昆虫具有以下特点。

（1）发生期"追随性"

追踪调查发现，棉田瓢虫（*Coccinellidae*）等天敌发生消长与被其猎捕的害虫发生消长水平大致吻合。然而在发生期，天敌的消长表现为对害虫消长的跟随，呈现明显的延迟状态。以棉蚜与瓢虫的消长趋势为例，在棉田棉蚜始盛期、高峰期和盛末期后一周左右，瓢虫才达到相应的时期。

根据叶辉的报道，德氏钝绥螨（*Amblyseius deleoni Muma et Denmark*）对柑橘全爪螨（*Panonchus citri Mc Gregor*）的捕食作用，在受到负面影响时，比如柑橘全爪螨数量减少，或者食物短缺时，其捕食量与柑橘全爪螨数量呈负相关，德氏钝绥螨种群的增长会被严重抑制。这两种螨的相互关系，使得种群处于一种动态的平衡。

（2）迁移性

蜘蛛（*Araneida*）和瓢虫成虫通常可以存活 40 ~ 60 d，有的长达 3 个月以上。

因为诸多农事活动行为的影响，例如防治害虫等，使得蜘蛛和瓢虫的生存环境日趋变好，繁殖更加有利。湖南省南县植保站曾做过这样的实验，选取两块条件相同的棉田进行对比，两块棉田中瓢虫的数量也大致相等。其中一块使用药物治理蚜虫，另外一块则不予处理，用药后第二天，使用药物治理蚜虫的棉田与未经处理的棉田相对比，瓢虫数量增加了 58.3%，比用药前一天提升 34.6%。

（3）捕活性

捕食性天敌对活的害虫情有独钟，而常常对死的害虫无感。对这种喜好的利用，有助于消灭更多活的害虫，从而提高防治效果。

（二）捕食性天敌昆虫

捕食性天敌昆虫类群众多，分别属于 14 目 167 科，其中鞘翅目 [如步甲、虎甲（Cicindelidae）、瓢甲等科]、脉翅目 [如草蛉、蚁蛉科（Myrmeleontidae）]、膜翅目 [如胡蜂、土蜂（Apis cerana）、泥蜂等科]、双翅目（Diptera）[如食蚜虻（Hoverflies）、食蚜蝇（Syrphidae）科]、半翅目（Hemiptera）（如猎蝽 [Vinchuca] 科）、鳞翅目（Lepidoptera）的种类在害虫生物防治上是重要的，而蜻蜓（Dragonfly）目、螳螂目（Mantodea）和脉翅目（Neuroptera）全部种类为捕食性。

（三）捕食性螨类

益螨有捕食性和寄生性两类，这里主要指捕食螨，属蛛型纲（Arachnida）蜱螨目（Acarina）。捕食螨类范围广泛，种类繁多，主要有 9 科：植绥螨科（Phytoseiidae）、囊螨科（Ascidae）、镰螯螨科（Tydeofae）、吸螨科（Bdellidae）、线螨科（Trombidiidae）、赤螨科（Erythraeidae）、大赤螨科（Anystidae）、肉食螨科（Cheyletidae）和长须螨科（Stigmaeidae）。其中植绥螨科和长须螨科的种类报道较多，并已进行繁殖利用。捕食螨以强大的螯肢捕捉有害螨类或微小昆虫，用口器吸取体液，使其丧命，是植食性螨类、蚜虫、介壳虫、粉虱、跳虫等的重要天敌类群。

我国引进研究利用得多的植绥螨科有西方盲走螨（*Typhlodromus Occidentalis*）、智利小植绥螨（*Phytoseiulus Persimilis*）、尼氏钝绥螨 [*Amblyseius Nicholsi*（Ehara et Lee）] 和纽氏钝绥螨（*Amblyseius Newsami*），长须螨科有具瘤长须螨（*Agistemus Exsertus*）。

（四）蜘蛛

全世界已报道的蜘蛛有 4 万余种，我国有 1000 种以上。蜘蛛分布广，繁殖快，农田、果园、森林、草原到处可见，能捕食多种害虫（见图 3-5）。在自然条件下，蜘蛛适应力强，是农、林害虫的重要天敌类群之一。

图 3-5　蜘蛛捕食

稻田蜘蛛在我国境内资源非常丰富，多达百余种，它们广泛分布于稻株各个层次，有布网的，有不结网过游猎生活的，捕食飞虱、叶蝉、稻纵卷叶螟、稻苞虫等。发生量最大的主要是分布在稻株中下层的拟环纹狼蛛（*Lycosa Pseudoamulata*）、拟水狼蛛（*Pirata*

Subpiraticus)、草间小黑蛛（*Hylyphantes Graminicola* ）等，常占蜘蛛总量的 80% 左右，是控制飞虱、叶蝉的重要天敌。

棉田蜘蛛 130 余种，常见的有 25 种以上，常年以草间小黑蛛、T 纹豹蛛（*Pardosa Tinsignita* ）和三突花蛛（*Ebrechtella Tricuspidata* ）最多，是控制棉田害虫的优势种群。

农田蜘蛛类天敌的利用以大田保护为主，根据蛛虫发生规律，抓住影响蜘蛛消长的主要因素，采取"以农业防治为基础，改良生境，安全合理巧施农药，辅以诱集或助迁措施，配合其他生物、化学、物理防治"的综合防治措施，就能充分发挥蜘蛛类天敌长期控制农田害虫的作用。

第二节　微生物、生物制剂资源的利用

一、病原微生物的利用

昆虫和其他动植物一样，在生长发育过程中会患病，许多微生物包括细菌、真菌、立克次体、病毒、原生动物和线虫等都能使昆虫致病，甚至死亡，因此，这些病原微生物或其产物在害虫的生物防治中起着重要的作用。

（一）病原微生物概述

病原微生物侵入寄主后会在寄主组织或血淋巴中生长、繁殖。这一过程在中文里，就病原微生物来说叫侵染，就寄主来说叫感染；在英文里皆为 infection。当病原微生物破坏寄主的组织或产生毒素破坏寄主的生理机能时，就发生疾病，导致寄主代谢失调甚至死亡。病原物侵染昆虫一般要经历传送、进入、增殖和逸出四个过程。各类病原微生物侵染昆虫的特点如下。

（1）病毒：病毒专一性较强，杀虫范围窄小，可经卵传递或经卵巢传递，需要活体培养，对人畜安全，包含体有抗性，常形成流行病。

（2）真菌：真菌能离体培养，孢子储存持久，容易扩散，常形成流行病。

（3）细菌：细菌不少种类能产生毒素，杀虫速度快而范围广，大多便于工业生产，不常形成流行病。

（4）原生动物：原生动物对人畜安全，只能活体培养，一般由昆虫卵传递，抗性较强。

（5）线虫：线虫对人畜安全，能主动进入寄主体内，并可规模化培养生产。

（6）立克次体：立克次体致病性很强，可经卵传递，无抗性阶段，只能活体培养。

（二）昆虫病原细菌

昆虫病原细菌是一类能够感染其他昆虫，并引发疾病的细菌。昆虫感染细菌病的共同特征是被感染以后不再活动，食欲减退，口腔与肛门有排泄物排出等现象。

细菌的种类很多，已发现的有 2000 多种，其中有 90 多个种或变种是从昆虫体中提取得来的，并且可以导致昆虫患病。

昆虫病原细菌的使用是防治害虫的有效手段，为微生物治虫的重要措施。其中值得一提的当数苏云金芽孢杆菌（见图 3-6），作为当前无公害防治害虫的重要措施，其防治面积广泛，防治效果明显，使用量也位居第一。

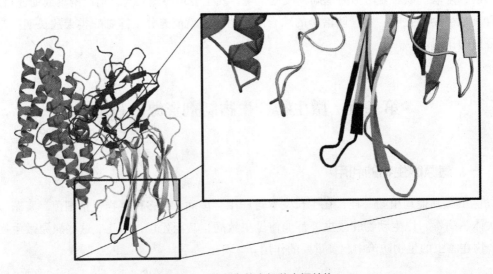

图 3-6　苏云金芽孢杆菌空间结构

1. 苏云金芽孢杆菌

苏云金芽孢杆菌（*Bacilus Thuringiensis*）属革兰氏阳性菌，其分布广泛，简称为 Bt。是对害虫毒性强而对天敌无毒性的昆虫病原微生物，对高等动物和人无毒性。苏云金芽孢杆菌是目前研究最为深入、使用最为广泛的微生物杀虫剂，对 16 目 3000 多种害虫有活性。该菌可产生两大类毒素，即内毒素（伴胞晶体，Tndotoxin）和外毒素（Txotoxin），使害虫停止取食，最后害虫因饥饿和中毒死亡。

早在 1938 年，法国就开发出第一个苏云金芽孢杆菌商品制剂用于防治地中海粉螟。此后，世界各地对苏云金芽孢杆菌开展了广泛的研究，不断发现苏云金芽孢杆菌新亚种或变种，目前，全世界共分离 5000 株苏云金芽孢杆菌，有 82 亚种，分属 77 个血清型。我国广泛生产和使用的有蜡螟亚种和武汉亚种，对稻苞虫、菜青虫（*Pieris Rapae*）、松毛虫（*Dendrolimus*）等有很好的毒杀效果；库斯塔克亚种对棉铃虫有很强的毒力；以色列亚种对蚊子幼虫有良好的防治效果。

自 20 世纪 20 年代苏云金芽孢杆菌应用以来，特别是 50 年代后商品制剂的大量生产使苏云金芽孢杆菌使用范围和面积不断扩大，目前，已有 100 多种商品制剂成为世界上产量最大、防效最好、应用最广的微生物杀虫剂，广泛用于防治农业、森林和仓库害虫，为微生物农药行业的支柱产业。

2. 金龟子乳状芽孢杆菌

日本金龟子乳状芽孢杆菌（*Bacillus Popilliae*）和缓死芽孢杆菌（*Bacillus Lentimorbus*）是引起金龟子等幼虫（蛴螬）乳状病的两种专性芽孢杆菌。这些杆菌中最重要的，当属日本金龟子芽孢杆菌，其致病广泛，可致使 50 多种金龟子幼虫患病。

日本金龟子芽孢杆菌归属于细菌门芽孢杆菌科芽孢杆菌属，分为两个亚种，日本金龟子芽孢杆菌新西兰亚种是一种犀角金龟子（*Oryctes Rhinoceros*）的乳状病原菌；日本金龟子芽孢杆菌弗里布尔亚种是一种金龟子的乳状病原菌。

日本金龟子芽孢杆菌早些年就在美国实现了产业化。

首个根据日本金龟子芽孢杆菌制作的生物源农药于 1940 年在美国上市，此后被用于防治日本金龟子。

日本金龟子芽孢杆菌制剂成为首个获美政府批准的微生物源型杀虫剂，于 1950 年在美登记。现如今，一种名为 Doom 的日本金龟子芽孢杆菌制剂已经由美国成功研发。日本金龟子泛滥成灾的国家，其中包括美国、新西兰、加拿大等，已经开始大面积使用这种制剂，并且取得了显著的效果。

自 1974 年起，我国开始对金龟子芽孢杆菌进行深入研究，此后在多个地区陆续发现和分离到金龟子芽孢杆菌和若干新变种，如日本金龟子芽孢杆菌山东变种、蓬莱变种和鲍金龟子变种，以及缓死芽孢杆菌蒙古变种。与此同时，还对其寄主的范围、菌体的离体培养、成剂的制作和应用等进行了探讨。

3. 球形芽孢杆菌

球形芽孢杆菌（*Bacillus Sphaericus*，Bs）遍布世界各地，主要存在于土壤中，属于嗜氧性产芽孢杆菌的一种。在 20 世纪 60 年代以前，球形芽孢杆菌一直被误以为是腐生菌，直至发现了它的 K 菌株，人们才认识到它属于昆虫病原菌。之后又分离出包括 2297、2362、C3-41 在内的多种毒性强的菌株。虽然苏云金芽孢杆菌以色列亚种同样拥有杀蚊活性的能力，但球形芽孢杆菌的活性更强，虽然其对温度反应明显。

目前，已经发现了球形芽孢杆菌中有两种类型的毒素有杀虫作用，一种是二元毒素（Binarytoxin，Bin 毒素），一种是杀蚊毒素（Mosquiticidal toxin，Mtx 毒素）。前者分布于高毒力菌株，后者存在于低毒力和部分高毒力菌株，分别合成于芽孢形成于细菌的生长过程中。另外，二元毒素有较强的温度敏感性，杀蚊毒素易被蛋白酶分解而失去活性。

20 世纪 80 年代，法国利用 Spherimos 商品化制剂有效防治了尖音库蚊。我国也于当时开始对杀蚊球形芽孢杆菌展开研究，并成功提取出 Ts-1、Bs-10、C3-41 菌株。

杀蚊幼虫实验制剂 Bs-10、C3-41，是运用半固体发酵和深层液体发酵技术开发而成，现已经广泛投入使用，并取得显著的成效。

（三）昆虫病原真菌

昆虫病原真菌（或虫生真菌，*Entomogenous Fungi*）是一类能侵入昆虫体内寄生，使昆虫发病致死的真菌（见图3-7），包括寄生、腐生、菌根等多种真菌，以及低致病植物致病菌。目前，记载的虫生真菌有100属近千种。包括虫草属、寄生线虫的真菌及寄生昆虫的真菌在内的400余种已在我国有过报道。自20世纪50年代以来，我国研究使用的昆虫病原真菌已超出20种。

图3-7　白僵菌封垛僵虫尸体

1. 白僵菌

在昆虫僵病中，以球孢白僵菌（*Beauveria Bassiana*）引起的最为常见。白僵菌作为较早开发的昆虫病原真菌，已经被广泛应用，在整个昆虫真菌中约占21%，其寄主种类达15目149科521属707种，还可寄生13种螨类。美国多用白僵菌防治森林害虫，俄罗斯则用于防治马铃薯象甲。英国、法国、巴西等国家也在生产应用。白僵菌在我国北方用于大面积防治玉米螟、大豆食心虫（*Leguminivora Glycinivorella*），在南方用于防治松毛虫，均取得显著成效。

白僵菌对比药剂有着不可比拟的优势，它的有效作用时间长，并且有将近半数的幼虫在越冬时被寄生，这将使它们来年不能羽化。持续地使用还会使再投入量减少，其优点不可忽视。

2. 绿僵菌

金龟子绿僵菌（*Metarhizium anisopliae*）是从澳洲金龟甲的属名而来，可根据分生孢子的大小分成短孢变种和长孢变种。绿僵菌作为最先应用于治理农作物害虫的真菌，其寄生范围广，包括多种昆虫，以及一些螨类，有使昆虫发生绿僵病的作用。尤其是对鞘翅目昆虫有显著的适应性。常见的寄主有金龟甲（*Scarabaeoidea*）、象甲（*Curculionidae*）、金针虫（*Elateridae Leach*）、鳞翅目（*Lepidoptera*）幼虫、椿象、蚜虫等。

3. 棒束孢

棒束孢（*Isaria*）能引起多种昆虫的不同色泽的僵病，其中主要的种类包括玫烟色棒束孢和粉质棒束孢。玫烟色棒束孢又称为粉红僵病，能引起地蛆（*Anthomyiidae*）、黄地老虎（*Agrotis Segetum*）、警纹夜蛾（*Agrotis Exclamationis*）、草地螟（*Loxostege Stieticatis*）及甜菜象甲（*Bothynoderes Punctiventris*）等的粉红僵病。粉质棒束孢能引起黄僵病，常侵染鳞翅目、鞘翅目、同翅目、半翅目、膜翅目、双翅目等昆虫，欧美各国比较重视，我国见于茶毛虫（*Euproctis Pseudoconspersa Strand*）茧上。

4. 莱氏野村霉

莱氏野村霉（*Nomuraea Rileyi*）初见于北美粉纹夜蛾（*Trichoplusia ni*）和大豆小夜蛾（*Iiattia Cephusalis Walker*）幼虫上，日本称其为绿僵菌（将金龟子绿僵菌称为黑僵菌），能侵染大豆和甜玉米上的多种夜蛾科害虫等。

5. 粉虱座壳孢

粉虱座壳孢（*Aschersoniaaleyrodis*）是寄生粉虱和介壳虫的重要虫生真菌，俄罗斯和美国用其防治柑橘粉虱和温室白粉虱取得成功。我国应用座壳孢菌防治柑橘粉虱、长刺粉虱和温室白粉虱也取得较好的控制效果。

6. 蜡蚧轮枝菌

蜡蚧轮枝菌（*Verticillium Lecanii*）广泛分布于热带、亚热带和温带，寄生范围广，能寄生各种蚜虫、介壳虫，也能寄生锈病菌、白粉病菌等。我国北方用蜡蚧轮枝菌防治温室中的白粉虱（*Trialeurodes Vaporariorum*）和蚜虫取得了明显的效果。

7. 汤普森多毛菌

汤普森多毛菌（*Hirsutella Thompasonii Fisher*）是天然抑制植食性螨类的主要菌类，能侵染多种瘿螨，为柑橘锈壁虱（*Eriophyes Oleivorus*）的重要外寄生性真菌。多毛菌种中有些可寄生在介壳虫、叶蝉、飞虱（*Delphacidae*）、鳞翅目、鞘翅目等。

8. 虫霉

虫霉（*Entomophthoraceae*）已知的有 100 多种，能分别侵染同翅目（Homoptera）、双翅目（Diptera）、鳞翅目、半翅目（Hemiptera）、鞘翅目、直翅目（Orthoptera）、膜翅目（Hymenoptera）、脉翅目（Neuroptera）、毛翅目（Trichoptera）及缨翅目（Thysanoptera）等昆虫。成虫期比蛹期和幼虫期更易感染，在不全变态的昆虫中，若虫和成虫的易感性相同。例如蝗类中常见一种蝗霉，蝇类中有蝇霉。寄生于多种姆虫的虫霉已知 10 余种，如毒力虫霉。

（四）昆虫病毒

昆虫病毒（Insect Virus）一般以昆虫为宿主并可使昆虫致病。迄今为止，发现的昆虫病毒已多达 1000 种，涉及 11 目 43 科 900 多种昆虫，主要寄主是鳞翅目的害虫，其次为双翅目、膜翅目、鞘翅目和直翅目等。

联合国世界卫生组织和粮农组织曾于 1973 年推荐以杆状病毒作为大田应用的生物杀虫剂。多年来，昆虫病毒的利用已经成为提高农业产量的重要手段，是中外普遍认可的生物防治方式。目前，全球已有 30 多种昆虫病毒制剂在市场上出售，如棉铃虫核型多角体病毒杀虫剂（见图 3-8）、斜纹夜蛾（*Spodoptera Litura*）核型多角体病毒杀虫剂等。

图 3-8　棉铃虫核型多角体病毒杀虫剂

我国已从 7 目 35 科近 200 种昆虫虫体中分离出近 250 种病毒。1993 年我国第一个登记的病毒制剂是棉铃虫多角体病毒。核型多角体病毒（NPV）防除棉铃虫、斜纹夜蛾、油桐尺蠖（*Buasra Suppressaria Guenee*）、桑毛虫（*Porthesia Xanthocampa*）、茶毛虫、舞毒蛾（*Lymantria Dispar*）、黏虫、斜纹夜蛾和扁刺蛾（*Thosea Sinensis*），颗粒体病毒（GV）防除菜粉蝶、小菜蛾、黄地老虎和茶小卷叶蛾（*Adoxophyes Orana Fischer von Roslerstamm*），质型多角体病毒（CPV）防除松毛虫等，其中治虫面积较大的有赤松毛虫质型多角体病毒，棉铃虫、斜纹夜蛾和油桐尺蠖核型多角体病毒及菜粉蝶颗粒体病毒等病毒制剂，都取得了不同程度的效果。

二、农用抗生素

农用抗生素是指微生物生命活动过程中产生的对微生物、昆虫、寄生虫、植物等其他生物能在很低浓度下显示特异性药理作用的天然有机化合物，是抗生素在农业领域的应用（见图 3-9），根据其作用范围可分为除草剂、植物生长调节剂等。

图 3-9　阿维菌素、哒螨灵喷叶子背面除叶螨（红蜘蛛）

（一）农用抗生素的特点

农用抗生素与化学农药制品相比，差异明显，主要体现在以下几个方面：

①结构烦琐；②效率高，可针对选择；③易分解，残留少；④由淀粉、糖类等制作，属可再生资源；⑤发酵生产，设备可一套多用，只需要变更菌种素，生产菌包括放线菌、真菌和细菌。

（二）农用抗生素的种类

1. 杀虫抗生素

（1）阿维菌素

阿维菌素（Avermectin）属大环内酯类农用抗生素，可杀虫杀螨，由日本科学家大村智和 Merck 公司联合研制而成。

阿维菌素通过参与昆虫的生理性神经活动，刺激其 GABA 系统，从而干扰昆虫的中枢神经系统，使相关信号不能支配运动神经元，让害虫运动状态出现异常，肢体麻痹、行动不利、运动能力丧失等，最终导致其死亡。与此同时，对害虫和螨虫还有一定的胃毒性，但不能导致虫卵的死亡。总的来说，阿维菌素的特点可以概括为：广谱、高效、持久、低毒和低残留等。

阿维菌素对寄生虫与农作物害虫都有一定的作用，可驱除家禽家畜体内外有害寄生虫，并可防治农作物、药用植物和园林花草上的多种害虫。

对于防治难度大，伤害明显的农作物害虫，阿维菌素效果明显，其中包括菜青虫、小菜蛾、棉铃虫、美洲斑潜蝇和梨木虱等。

（2）多杀菌素

1985年，美国利来公司试验了大量土样，最终发现了多杀菌素（Spinosad），是刺糖多孢菌通过生物发酵、分离得到的一类大环内酯化合物。

多杀菌素可快速触杀害虫，并且杀死进食昆虫。多杀菌素可以激活乙酰胆碱受体，这种受体存在于昆虫的神经系统内。受体激动后，昆虫发生神经性肢体痉挛，肌肉丧失收缩能力，最终麻痹死亡。与此同时，对7-氨基丁酸受体的作用，也有可能使其杀虫能力得到增强。

有研究表明，多杀菌素可高效杀死双翅目、鳞翅目和缨翅目害虫，诸如棉铃虫、甜菜夜蛾、小菜蛾及玉米螟等。

（3）浏阳霉素

浏阳霉素（Polynactin）属于大环内酯类抗生素，是由灰色链霉菌浏阳变种发酵培养液的滤饼中提取出来的，有一定的杀螨作用。其作用原理为，破坏寄主的线粒体，从而使阳离子向外移动，水分可加速阳离子的外流行为。浏阳霉素可作用于多种农作物上的蛾类，且作用明显。依据上述原理，当处于潮湿状态下时，水分提高，浏阳霉素的效果也更加显著。

（4）埃玛菌素

20世纪90年代，美国Merck公司首先发现了埃玛菌素（Emamectin）。在结构与作用原理上，埃玛菌素与阿维菌素有诸多相似之处，都是通过干扰昆虫的神经系统传导作用，从而使昆虫麻痹，不能维持生理性活动，最终死亡。埃玛菌素对鳞翅目的杀灭能力更强大，对温血动物的毒害更小。埃玛菌素以胃毒性为主，并具有缓慢的触杀作用。在已经试验过的百余种杀虫剂中，埃玛菌素对黏虫的活性位居首位。其主要应用于对农药已经产生抗药性的耐药性害虫，例如棉铃虫、甜菜夜蛾、烟草夜蛾等。

（5）密灭汀

密灭汀（Milbemectin）属十六环内酯的混合物，从一种土壤放线菌吸水链霉菌中提取出来。作用原理方面，密灭汀与阿维菌素也有异曲同工之处，但其生物活性谱更窄，作用主要体现在对螨类的防治。

（6）梅岭霉素

梅岭霉素（Meilingmycin）在一种链霉菌发酵液中检测出来，该株链霉菌来自江西农业大学校园内油菜根际。在发酵液中检测到的多种活性成分中，A~D的杀虫毒性较强。在这四种活性成分中，B就是梅岭霉素，其母核与阿维菌素相同，区别仅在于一个侧链。对梅岭霉素进行粗提纯，将提纯物制成溶液，用于数十种昆虫与螨类的杀虫实验，结果显示，梅岭霉素属于广谱杀虫剂，对多种昆虫与螨类效果明显。甘薯天蛾（*Agrius Convolvuli*）、玉带凤蝶（*Papilio Polytes*）、扁刺蝗和黏虫对梅岭霉素最敏感，梅岭霉素对线虫（*Caenorhabditis*）的作用也很强。

（7）其他杀虫抗生素

除上文提及的已经成功应用的杀虫抗生素以外，目前，还有一部分前景很可观的杀虫抗生素，如米贝霉素（Milbemycin），与阿维菌素同出一处，作用原理也相同，对昆虫、螨类的防治效果都很好。被兽医广泛使用的莫西菌素（Moxidectin，MXD），即属于米贝霉素的一种。另外，海洋微生物渐渐进入人们的视野，对其的培养、发酵与代谢产物的应用，吸引了更多科学家的关注，使得海洋微生物中的菌株研究也逐渐火热起来。诸多研究者中，值得一提的是广东省农业科学院植物保护研究所。在多年的海洋微生物研究中，该研究所已经发现了多种有效防治农作物害虫的海洋真菌发酵产物，对棉铃虫、小菜蛾、斜纹夜蛾等都有显著的作用。其中正在研究的 4138 号提取物，对甜菜夜蛾、粉纹夜蛾、棉铃虫都有明显的作用。

2. 杀菌抗生素

（1）灭瘟素

核苷类抗生素灭瘟素（Blasticidin S）于 20 世纪 50 年代由 Takeuchi 等人发现，是首个成功运用于农业的抗生素。其对稻瘟病的抵抗作用在 50 年代末由 Misato 等人发现。

（2）米多霉素

米多霉素（Mildiomycm）是一种水溶性核苷类代谢产物，由龟裂链轮丝菌产生。其产生菌是从日本某地区的土壤中分离得到的。米多霉素的抵抗能力，主要体现在粉状霉菌上。

（3）多氧霉素

多氧霉素（Pdyoxin）对水稻纹枯病和其他真菌病害有很好的抑制作用，属于肽嘧啶核苷类抗生素，主要从可可链霉菌阿苏变种中得到，最早为日本科研学者发现。

（4）有效霉素

有效霉素（Validmycin）是从吸水链霉菌柠檬变种得到，这种链霉菌于 20 世纪 60 年代在日本某地区土壤中分离出来，是武田制药公司研制的一种全新的品类，对水稻纹枯病有良好的抑制效果。

（5）春雷霉素

20 世纪 60 年代，在日本奈良发现了春雷霉素（Kasugamycin），属于氨基糖苷类抗菌素，由土壤中的某种放线菌产生。小金色链霉菌是春雷霉素的生产菌属，并且对稻瘟病菌有强烈的抑制作用。

（6）井冈霉素

1972 年，上海农药研究所首先发现了井冈霉素（Jinggangmycin），属于氨基糖苷类代谢产物，发现于井冈山土壤中的吸水链霉菌。井冈霉素对水稻纹枯病有很好的抑制作用。

（7）中生菌素

中生菌素产生于淡紫色灰链霉菌，是一种全新的生物农药杀菌剂，最早由中国农业科学院生物防治研究所研制而成。中生菌素对水稻白叶枯病、大白菜软腐病、十字花科黑腐病和十字花科角斑病有良好的防治效果，喷药两次防治效果达 80% 以上。

（8）内疗素

内疗素（Neiliaosu）是 1963 年从海南岛土壤中分离筛选出的放线菌（*Actinobacteria*）

刺孢吸水链霉菌（*Streptosporangium hygroscopicus n.sp.*）产生的。内疗素是一种内吸性强、高效、低毒抗生素，它对防治谷子黑穗病、红麻炭疽病、苹果树腐烂病、橡胶树白粉病、割面条溃疡病、红松早期落叶病及甘薯黑斑病等多种真菌病害均有良好的效果。

3. 除草抗生素

将细菌、真菌和放线菌等微生物发酵过程中所产生的、具有抑制某些杂草的生物活性的次级代谢产物，加工成可以直接使用的形态，这就是农用抗生素除草剂。农用除草抗生素商品化原先仅有双丙氨膦（Bialaphos）一个产品，但近年来又发现了不少具有除草活性的农用抗生素。

双丙氨膦是日本明治制果公司于1980年利用吸水链霉菌属开发的除草抗生素。试剂类型可以分为35%可溶性和20%可溶性两种粉剂。这种药剂的优势明显，容易被降解，从而减少在土地中的残留，不至于污染环境与土壤，对周围生物也没有伤害。它的半衰期2 d左右，大部分的有效成分可以在使用后的8 h左右被降解。

有效杀草的部分抗生素物质含有氨基膦酸构造。它的作用机制为，干扰植物体内谷酰胺的合成，使大量氨在体内堆积，使杂草失去光合作用的能力，最终达到杀灭杂草的目的。这种生物除草剂可以在杂草成长时期使其茎叶死亡，而对于没有长出的杂草没有作用，有很强的灭生性，但是缺少针对性，没有内吸传导性。双丙氨膦可以防治1年或者多年生的禾本科杂草、阔叶草，如雀舌草（*Stellariaalsine Grimm*）、繁缕（*Stellaria media*）、婆婆纳（*Veronica polita Fries*）、看麦娘（*Alopecurus aequalis Sobol*）、野燕麦（*vena fatua L.*）、匍匐冰草（*Agropyron repens*）、莎草（*Cyperus rotundus L.*）、稗[*Echinochloa crusgalli* (L.)]、藜、早熟禾、马齿苋（*Portulaca oleracea L.*）、狗尾草[*Setaria viridis* (L.)]、车前草（*Plantago asiatica L.*）、蒿、田旋花（*Convolvulus arvensis L.*）、问荆（*Equisetum arvense L.*）、马唐[*Digitaria sanguinalis* (L.) Scop.]、牛筋草[*Eleusine indica* (L.)][蟋蟀草]、酢浆草（*Oxalis corniculata L.*）、蒲公英（*Taraxacum mongolicum*）及酸模（*Rumex acetosa L.*）等。其中对阔叶杂草的防除效果优于对禾本科杂草。

第三节　微生物、有益菌类在生物肥料中的利用

一、肥用功能菌的概念

肥用功能菌是指具有繁殖快、生命力强、安全无毒等特点，菌种纯、活菌比例高、无杂菌，可促进农作物生长，改善农产品品质，预防病害，改良土壤，溶解无效态磷，耐高温，在造粒烘干过程中不失活，能长期保存的微生物菌株。一般从土壤中分离筛选出具有高固氮、解磷以及解钾等能力的菌株，在鉴定后进行摇瓶扩大培养，优化其培养条件，并进行固体培养生产微生物肥料，其菌株通常被称为有效活菌，也就是肥用功能菌。（见图3-10）

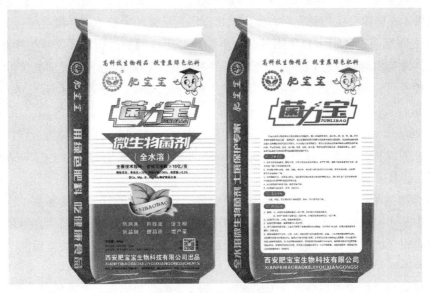

图 3-10　肥用功能菌产品

二、常用功能菌的种类特征

目前，微生物肥料产业中开发应用的功能菌有 150 多种。按微生物种类可分为细菌类、放线菌类和真菌类；按作用功能可分为共生固氮菌（根瘤菌）、自生固氮菌、解磷菌、解钾菌（硅酸盐细菌）、光合细菌、降解菌、发酵菌、促生菌、抗生菌、菌根真菌等；按菌种组成可分为单一功能菌和复合功能菌。

（一）固氮功能菌

生物固氮（Biological Nitrogen）的产生途径为，微生物通过自生或是与其他植物共生，把大气中分子形式的氮气转化为可供农作物利用的氨。生物固氮的种类很多。1886 年 Beijerinck 分离到共生固氮的根瘤菌。1901 年，M.W. 拜耶林克发现并描述了两种固氮菌，一种是主要生存在中性、碱性土地中的褐色固氮菌；另一种是主要生存在水中的活泼固氮菌。那时起，多国学者开始展开相关的研究，并成功发现多种菌株。C.H. 维诺格拉茨基依据是否产生孢囊，将菌株分别归类于固氮菌属与固氮单胞菌属。随后，H.G. 德克斯总结细胞两端有折光性颗粒的菌株，将其分类为拜耶林克氏菌（*Beijerinckiaceae*）属。H. 延森等在同年提出了德克斯氏菌（*Drexia Jensen* et al.）属，包括生长在热带酸性土壤中的种类。至今，所研究过的固氮生物约有 5 个属的 100 种。

1. 固氮菌的分类

（1）按固氮菌的生活方式划分可将其分为自生、共生和联合固氮菌。

①自生固氮菌：顾名思义可以自生完成固氮过程。分子氮在固氮酶的参与下转化成氨，

在最终合成氨基酸，参与本身蛋白质的合成。过程中不会流入环境中。固定的氮素有很低的固氮效果，在固氮微生物死亡后，发生氨化作用，最终才会被植物利用。

②共生固氮菌：区别于自生固氮菌，不能独立完成固氮过程，需要与植物相互依存，只有这样，才能将存在于空气中的分子状态的氮转化为固定状态。这类固氮菌可大致分为两种，一种是可以和豆科植物共生的根瘤菌（*Rhizobium*），以及与桤木属（*Alnus Mill.*）、杨梅属（*Yangmeishu*）和沙棘属（*Hippophae L.*）等非豆科植物共生的弗兰克氏放线菌（*Actinomycetes frankiaceae*）；另一种是与红萍（*Azolla imbircata*）（又称为满江红）等水生蕨类植物或罗汉松（*Podocarpus macrophyllus*）等裸子植物共生的蓝藻（*Cyanobacteria*）。由蓝藻和某些真菌形成的地衣也属于这一种。

③联合固氮菌：这种固氮菌固氮条件更为复杂，只有生存在动物的肠道中，或者植物的根、叶中，才可以完成固氮的过程。这种固氮菌虽然不会造成根瘤结构，但是需要与共生的植物有很强的关联性。联合固氮菌的固氮方式不同于自生固氮与共生固氮，属于两者之间的一种固氮方式。

（2）按对氧气的需求划分可分为好氧固氮菌、兼性厌氧固氮菌及厌氧固氮菌。

①好氧固氮菌包括化能异养菌、化能自养菌和光能异养菌。

化能异养菌包括固氮菌属拜耶林克氏菌、固氮单胞菌属（*Azomonas Winogradsky*）、固氮球菌属、德克斯氏菌属（*Derxia Jensen* et al.）、黄色分枝杆菌（*Mycobacterium*）、自养棒杆菌（*Corynebacterium*）、产脂螺菌（*Spirillaceae*）及甲烷氧化硫杆菌（*Thiobacillus thiooxidans*）等。

化能自养菌包括固氮螺菌属（*Azospirillas* sp.）、棒杆菌属（*Corynebacterium*）。微好氧菌大多数为化能异养菌。

光能异养菌包括念珠蓝菌属、鱼腥蓝菌属、织线蓝细菌属等。

②兼性厌氧固氮菌：分为化能异养和光能异养两类。

化能异养菌包括克雷伯氏菌属（*Klebsiella Trevisan*）、无色杆菌属（*Achromobacter*）、多黏芽孢杆菌（*Bacillus polymyxa*）、欧文氏菌属（*Erwinia*）、肠杆菌属（*Enterobacter*）。

光能异养菌：红罗菌属（*Rhodospirillum*）、红假单胞菌属（*Rhodopseudomonas*）。

③厌氧固氮菌包括光能自养、化能异养。

化能异养菌包括脱硫肠状菌属（*Desulforibrio*）、巴氏梭菌脱硫弧菌属（*Clostridium pasteurianum*）。

光能自养菌包括着色菌属（*Chromatium Perty*）、绿假单胞菌属（*Pseudomonas*）。

2. 固氮菌属群落特征

菌落呈圆形、白色，边缘光滑、透明、黏稠；细胞呈卵圆形至长椭圆形，直径约 2.0 μm，有荚膜、孢囊，无芽孢，革兰氏染色阴性；淀粉水解实验、接触酶实验、细菌运动性实验、VP 实验、H_2S 实验及葡萄糖、甘露醇、苹果酸等碳源性实验呈阳性，且与圆褐固氮菌（*Azotobacter chroococcum*）菌落形态及生理生化特征高度一致。

（二）解磷功能菌

微生物的活动可以在很大程度上影响土壤中磷的作用和转化，并且成为磷元素的循环至关重要的环节（见图 3-11）。

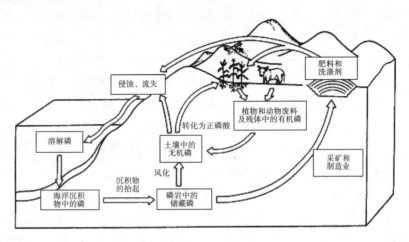

图 3-11　土壤磷素循环

目前，已经有很多实验研究证实，很多存在于土壤中的微生物可以转化磷的形态，使无法被吸收利用的转化成可以被吸收利用的形式。可以完成上述行为的微生物被定义为溶磷菌（*microorganisms*），又名解磷菌。

在 20 世纪初，越来越多的学者开始关注土地中磷元素和微生物之间的联系。Sackett 等，某些溶解性很差的复合物用在土壤中，可以作为一种磷元素的补充。在其挑选的 50 株细菌中，有半数以上可以产生明显的溶磷圈。没有溶解性的磷肥料被施于土地中，与此同时，加入土壤微生物，令人惊讶的结果出现了，植物的生长得到了促进，磷的吸收量也增大了，这是 Gerretsen 等人在 20 世纪 40 年代末所做的研究。溶磷微生物是一种可以改变磷溶解性的微生物，它们使难以溶解的状态转化为可溶态。依据可溶解磷的化学性质，把解磷菌划分为可溶解有机磷的有机磷微生物与能够溶解无机磷的无机磷微生物。但是在实际应用中，很难将两者明确地区分开。

1. 解磷菌的分类

（1）分解无机磷的微生物假单胞菌属的一些种，如草生假单胞菌等；无色杆菌属的一些种、黄杆菌属（*Flavobacterium Bergey* et al.）的一些种。

（2）分解有机磷的微生物芽孢杆菌属的一些种，如蜡状芽孢杆菌等；变形菌属的一些种；沙雷氏菌属（*Serratia Bizio*）的一些种。

另外，链霉菌属（*Streptomyces*）的一些种、节杆菌属（*Arthrobacter*）的一些种，可同时分解无机磷、有机磷。

2. 解磷菌的分布及作用

影响溶磷微生物的分布与数量的因素有很多，例如，土地中有机物的量、土壤的种类、种植的方式等。彭秘等人（2014）利用硅酸盐细菌分离培养基从砚山红舍克铝土矿区样品中分离获得一株硅酸盐细菌 YS6，该菌株对磷矿粉具有较强的溶磷活性，它所作用的磷矿粉可溶性磷含量比胶质芽孢杆菌高 41.2%。林启美等人（2001）从玉米根际和非根际土壤中分离得到四株具有解磷能力的菌株，培养 6 d 后，培养液的磷含量最高达 43.34mg/L，比不接种的对照增加了 10 多倍。王涛等人（2011）报道，施用多功能木霉菌肥处理下土壤有效磷含量比对照增加 14.1%。李友强等人（2014）报道，施用沼液可使土壤的有效磷含量增加 34.5%。罗明文等人试验发现，含有氮、磷、钾的化肥在配合有机肥料共同使用时，可以对磷细菌的繁殖起到很好的促进作用，其中效果最为明显的当数氮肥。贺梦醒等人（2012）从安徽省铜陵市铜官山尾矿库木贼根际分离筛选出多株解磷菌，经过多次筛选纯化获得一株解磷能力较好的菌株 B25，在培养 96 h 后溶磷量达到 75.23mg/L。黄达明等人（2015）从作物根际土壤筛选分离得到一株解磷能力较强的溶磷菌 P0417，对 $Ca_3(PO_4)_2$ 培养基具有较好的解磷能力。Katznelson 等人研究发现，从根面上提出的磷细菌数量远远高出根际土区、非根际土。刘旭等人（2010）报道，施用 EM 菌肥可使土壤有效磷含量增加 60% 以上。

3. 解磷菌的形态特征

大多数菌落呈乳白色或黄色，圆形，边缘整齐，表面湿润光滑，不透明或半透明，隆起或扁平；少数呈现粉红色，形状不规则；为革兰氏阴性杆菌（Gram-negative），无芽孢；绝大多数菌落生长速度较快，在 12 h 后即可观察到生长；另有部分生长速度中等，24 h 后可观察到生长。

巨大芽孢杆菌（Bacillus megaterium）；杆状，末端圆，单个或呈短链排列，革兰氏阳性菌。形成芽孢，芽孢 1.0 ~ 1.2μm，椭圆形，中生或次端生。液化明胶慢，胨化牛乳，水解淀粉，不还原硝酸。

（三）解钾功能菌

解钾菌（Potassium bacteria）可以分解磷灰石类矿物与铝硅酸盐，又被称为钾细菌。解钾细菌能够提高 K、P、N 等成分的溶解性。作为一种高效的微生物性肥料，解钾细菌可以通过提升土地中的有效养分，从而提高土地产量。

1. 解钾菌的分类

解钾菌主要有胶质芽孢杆菌（Bacillus mucilaginosus）、环状芽孢杆菌（Bacillus circulans）等。除细菌外，人们还发现某些真菌也可以破坏硅酸盐矿物的晶格结构，释放出有效养分。

当前被广泛研究的是硅酸盐细菌，这种细菌有很强的分解矿物钾的能力，可以提高矿物钾中钾的溶解度，将难溶性的钾转变成可溶性的钾，将无效转化为有效。这种硅酸盐细菌资源丰富，广泛分布，平均1g提样中有2 000 ~ 40 000个。如今硅酸盐细菌的研究有了很大的进展，已经有多种可以分解矿物钾的菌株被发现。

2. 胶质芽孢杆菌的菌落特征

在硅酸盐细菌专用培养基平板上菌落为圆形，如半粒玻璃球；凸起，凸起度大于45°；无色透明，5 ~ 6 d后中部有浑浊点，边缘透明，表面光滑、黏稠，弹性大，可拉成丝状；菌体粗长杆状，有厚荚膜；芽孢大，椭圆形，中生；孢囊壁厚（用复红染色，深红色），革兰氏染色阴性，芽孢内也着色（浅红色），成熟孢囊不膨大。

（四）光合细菌

光合细菌（*Photosynthetic Bacteria*）是指可以完成无氧光合作用的细菌，是一种拥有原始光能合成系统的原核生物。这种光和细菌是整个生物系统最早出现的，并且广泛存在于各个区域。光合细菌的光合作用比较特殊，它们借助光的作用，在好氧黑暗或者厌氧光照情况下，进行光合作用，同时需要依赖供氢体和碳源，是一种无芽孢生成能力的革兰氏阴性菌（见图3-12）。

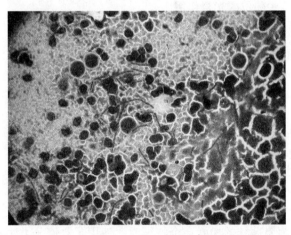

图3-12　革兰氏阴性菌

1. 光合细菌的分类

根据细菌光合色素和电子供体的差异，我们将通过光合作用产生能量的细菌划分为两种类别，分别是产氧光合细菌和不产氧光合细菌。产氧光合细菌包括蓝细菌与原绿菌。不产氧光合细菌包括绿色细菌和紫色细菌。

蓝细菌（*Cyanobacteria*）属于产氧光合细菌，体内含有叶绿素a。电子供体主要依赖于水，同时水也是蓝细菌的供氢体。蓝细菌可以通过光合作用实现光能与化学能的转化，与此同时，还可以将二氧化碳同化，生成有机物。蓝细菌广泛存在于各种水域中，湖泊、海洋、河流等都包括在内，分布十分广泛。蓝细菌的生存能力很强，不需要依赖维生素，所需要的营养十分单一。大多数的蓝细菌都有固氮的能力，氮元素主要来自硝酸盐和氨。如果在水稻田中合理利用蓝细菌，可以很好地提高土壤的营养，使土地的肥力提高。

紫色细菌（*Purple bacteria*）属于光能自养型细菌，可以进行光合作用。紫色细菌体内含有类胡萝卜素和菌绿素。紫色细菌可以进行光合作用的内膜形式多样。紫色细菌的电子供体主要基于硫化物和硫酸盐类。紫色细菌的生存依赖可溶性的有机物，并且需要低氧压的条件，所以其主要分布在淡水、潮湿的土地和海水中。

2. 光合细菌的形态特征

蓝细菌是一种革兰氏阴性菌。特点包括细胞核没有核膜，细胞壁由肽聚糖和脂多糖层组成，拥有 70S 核糖体，无法进行有丝分裂，类囊体进行光合作用，无叶绿体等。以上这些特点类似原核生物，所以将它划入细菌的范畴。因为蓝细菌占据主导地位的色素为藻蓝素，所以整体呈现蓝色，也因此得名藻细菌。根据形态的不同，可以将其分为五大不同的种类，具体分为 29 个属。

紫色细菌呈红色至褐色，大小和形态多种多样。低分子有机物发酵可以使细胞数量增加，这些细胞通过光合作用，促使内膜的构造发生改变，呈现多种形状。与此同时，电子传递系统往复发生在某些部位的光合作用中。

（五）抗生菌

链霉菌（*Streptomyces*）可产生多种抗生素、植物激素，是放线菌（*Actinomycesbovis*）中一个重要的属，是一种有着重要意义的抗生功能菌。

1. 链霉菌的分类

1943 年，Waksman 打破了一直以来链霉菌无统一分类标准的局势，首次创建了链霉菌属。

链霉菌数值分类法的具体运用在 20 世纪 60 年代展开，KSmpfer 等在测定 800 余个属于链霉菌属和链轮丝菌属菌株的 300 余个特征时，使用了数值分类法。但是在之后的研究中，链霉菌菌株的数量超过了数值分类法的范畴，于是研究者采用化学分类来处理大数量的菌株，并在可重复性上也有很大的意义。大数据的链霉菌菌株在 Manchester 等人应用全细胞蛋白质 SDS-PAGE 图谱的分析下，高效地完成了分类。随着核酸测序技术的快速发展，20 世纪 80 年代，系统发育树作为研究链霉菌分类最高效的方式被大众普遍接受。最近分析链霉菌种类大多使用 16SrRNA 序列的方法。比方说，Slim 等把 TN17 的放线菌定位为链霉菌，即通过 16SrRNA 基因的核苷酸序列。现如今，对链霉菌的分类学研究越发多样，当前分类会综合考虑数值、化学、传统表型、分子等多种分类信息，从而准确定位菌株的类属。

2. 链霉菌的主要形态特征

链霉菌是放线菌目中的一个科。基内菌丝不断裂，气生菌丝通常发育良好，形成长

（有时短）的孢子丝。

三、肥用功能菌的作用机理

（一）固氮菌的作用机理

生物固氮（Biological Nitrogen Fixation）这种生化反应过程有着非凡的重要意义，所以研究者们一直以来都极其重视这一反应。但是，经历了很长一段时间的研究之后，依然对于生物催化剂固氮酶的高度敏感性缺乏合理的认识，所以研究的进展缓慢，不能进一步地深入。到了 1960 年的时候，Camahan 等人在厌氧菌巴氏梭菌中提取出具有固氮活性的无细胞提取液，这就意味着能够将分子氮还原成为氨。时间到了 1966 年，Mortenson 等人在巴氏梭菌（Clostridium）和维涅兰德固氮菌（Azotobacter vinelandii）的细胞提取液中分离获得了两种半纯的固氮蛋白——钼铁蛋白和铁蛋白。Bums 等人在 1970 年获得了固氮铁钼蛋白的白色针状结晶。所以，研究固氮的生化和遗传机制逐渐有了新的发展。

每一种固氮微生物在固氮作用中的基本反应是一致的，下面就是其反应式：

$$N_2 + 6H^+ + 6e + nATP \rightarrow 2NH_3 + nADP + nPi$$

生物固氮的实质就是为了还原成 NH_3 进行的有机化合物合成的过程，氮分子的特点是它有键能很高的叁键，打开它需要极大的能量，所以只有在固氮酶的催化剂作用下，才能出现 N_2 到 NH_3 的还原过程。

固氮酶的来源有很多种，各种各样的生理类型的固氮微生物中都能够提取出结构一致的固氮酶。固氮酶包含两个组成部分，分别为组分Ⅰ和组分Ⅱ。钼铁蛋白（MoFd）是组分Ⅰ，属于真组分Ⅱ正的固氮酶，可以直接与 N_2 作用，让其转化成为 NH_3；铁蛋白（AzoFd）是组分Ⅱ，但其本质还是固氮还原酶，它主要起传递电子的作用，活化电子的核心。在两种组分同时存在的时候才能发生固氮的反应，并发挥作用。当固氮酶遇到氧分子的时候会发生不可逆转的失活，这是由于其两个组分对于氧都是很敏感的，所以只有在厌氧的环境下，才能实现固氮的作用。氨实际上能阻止抑制固氮酶的合成，所以必须要把生成的氨及时地剔除。电子供体、电子载体和能量是固氮作用的必需品。

氧化态、半还原态和完全还原态被认为是固氮酶的钼铁蛋白的三种不同状态，氧化态和还原态则是铁蛋白常见的两种不同的状态。如果想要得到稳定的固氮的复合体系那么就需要处于半还原态的铁蛋白的电子传递到同样处于半还原态钼铁蛋白上的相互结合。在这一阶段中，还原态的铁蛋白的电子被传递于半还原态钼铁蛋白上，由此产生的结果就是它完全变成还原态，相应的铁蛋白也经历了氧化，接着细胞中的电子传递链中所使用的电子得以还原。处于完全还原态的钼铁蛋白需要配合分子氮，另外 ADP+Pi 是由 ATP 发生水解而产生的，并且有大量的能量被释放出来，用于电子和氢离子的反应，最终与氮相互结合，可以产生两个分子氨。通常情况下，固氮酶钼铁辅因子（FeMo-Co）在这个反应的整个过程中意义重大，是固氮酶的活性核心。

（二）解磷菌的作用机理

1. 分泌有机酸溶磷

大量的研究表明，微生物的解磷机制通常情况下是微生物分泌出来的有机酸，这类酸的作用很多，能够降低 pH，同时还能够与铁、铝、钙等离子项目结合，这样就能使得难溶性磷酸盐发生溶解反应。醋酸、乳酸、草酸、酒石酸、琥珀酸、柠檬酸、葡萄糖酸、酮基葡萄糖酸、乙醇酸等是溶磷微生物能够分泌出来有机酸的种类。Agmhotri 在 1970 年时的研究表明，微生物溶磷的实质是由于其能够分泌有机酸，同时这类被分泌出来的有机酸种类多样性对于溶磷来说的影响意义更大，草酸和柠檬酸在众多酸当中的作用最大。在 1998 年时，杨秋忠研究发现，事实上，三菌株溶解磷酸铁的能力与培养介质的酸度以及分泌的何种胞外物质是没有联系的，其中最重要的是能否分泌出柠檬酸和丙二酸。在 2001 年时，林启美等人的研究表明，苹果酸、丙酸、乳酸、乙酸、柠檬酸、丁二酸等是能被杆菌分泌出来的，与其相对的是溶磷量和分泌的有机酸的量是无关的。

2. 分泌磷酸酶

溶磷微生物的另一大功能就是能够生成胞外磷酸酶，催化磷酸酯等有机磷水解为有效磷。另外，还有研究表明，芽孢杆菌能够产生植酸酶水解植素，荧光假单胞菌（*Pseudomonas fluorescens*）、解磷巨大芽孢杆菌（*Bacillus megaterium*）产生的酚氧化酶还具备分解腐殖酸的作用。现今已经研究证明，对于葡萄糖来说，磷的存在能够胁迫以及诱导其脱氢酶，这种酶在葡萄糖氧化作用时发挥作用。磷亏缺在根瘤菌微生物内的体现是能够提高磷的运转速度，同时还能够诱导碱性磷酸酶的活性。

3. 释放 H^+

释放质子溶磷的机理研究目前还没有明确的结论，人们通常认为其与呼吸作用过程中产生的碳酸和 NH_4^+/H^+ 交换机制可能有一些关联。有研究表明，微生物在摄取 NH_4^+ 这样的阳离子的反应过程中，ATP 的转换能够产生能量，这样的能量能够把 H^+ 释放至细胞表面，这样很大程度上便于有机磷的溶解。

（三）硅酸盐细菌的作用机理

现在对于硅酸盐细菌是如何解钾的机理，国内和国外的学者各执己见。其中的矛盾点在于以下几个方面：酸解、酶解、荚膜胞外多糖形成，细菌－矿物复合体形成等。外国学者亚历山大·罗夫的观点是硅酸盐细菌产的酸导致矿物中的不溶性钾释放，在这个溶解的过程当中，有几类酸发挥着至关重要的作用，例如碳酸、硝酸、硫酸等，数量极多的异养微生物群体能够产生 CO_3^{2-}，碳酸就由 CO_3^{2-} 产生的，不能产生有机酸的这类微生物是需要通过无机酸释放的过程进而达到钾活化的目的。与这个观点相对的是陈华癸先生的研究，在他的研究当中，在培养的过程中硅酸盐细菌是不会产生酸的，这种细菌就是大荚膜芽孢杆菌，陈华癸先生认为其或许是由于它是本身带有黏厚的大荚膜包被矿石并与其紧密接触，在接触之下，能有特殊的酶产生，酶的作用是破坏矿石晶体构造，这样矿石晶体中的养分就能被释放出来；另一种想法是由于表面的物理化学接触交换作用，致使有效钾能够被释放出来。2002年的时候，盛下放等学者认为分离得到的NTB硅酸盐菌株的作用是合并分泌草酸、柠檬酸、酒石酸、苹果酸等有机酸，将这些酸用于发酵液当中，同时这些学者研究了NTB菌株的解钾作用与代谢产物之间的关系，认为有机酸的酸溶、有机酸和荚膜多糖的配合作用，二者的共同作用是破坏钾长石矿物晶格结构的主要原因。1998年连宾曾经提出过综合效应学说，其中表明，最开始发生的是胞外多糖与钾长石结合成为细菌–矿物复合体，其中细菌的作用是对矿物颗粒表面持续地溶蚀，在溶蚀作用下，有机物能够包裹小的颗粒，这样细胞物质与矿物颗粒之间的接触面积就变大了，溶蚀作用能够更加有效；接下来，由于复合体所处的微环境发生变化，细菌因此会产生次生代谢产物，这种产物能够有效地对矿物产生化学降解的功能，同时搭配着溶蚀作用，被侵蚀的矿物颗粒晶格的这一部分能够产生变形甚至崩解，致使钾离子等的释放，细菌对于钾离子来说发挥着主动吸收的作用，这也使得钾离子能够深入地释放。

（四）光合细菌的作用机理

光合细菌发生光合作用的条件是环境当中必须要有光照而且缺氧，主要是用光能同化二氧化碳，也可以同化其他有机物。这种光合作用与绿色植物的光合作用是有本质区别的，因为其整个过程中是没有氧气产生的。光合细菌细胞里的光系统仅仅有一个，就是PSI，所以这种光合作用不需要水来提供氢体，它需要的是H_2S，也可以是其他种类的有机物，这就促使光合作用最后的产物是H_2，有机物也因此分解，空气中的分子氮在此过程当中会生成氨。这样的同化代谢就是光合细菌进行产氢、固氮、分解有机物的过程，这三个过程可以说是自然界当中至关重要的物质循环化学过程。由上述介绍不难看出，光合细菌如此优越的自身生理特性让其在生态系统当中都能够占据一席之地。

蓝细菌的光合作用与传统的光合细菌不同，而与绿色植物更为相近。首先蓝细菌是产氧型光合细菌，二氧化碳是它的唯一一个碳的来源。光系统在其中不是唯一的，而是有两个，在它的光合作用中，氢体的来源是水，光合作用的结果是产生氧气。

光合细菌中的光能异养型红螺菌科（Rhodospirillaceae）会被用于水产养殖当中，其中的典型例子就是这类细菌品种当中的泽红假单胞菌（*Rhodop seudanonas Palustris*）。

光合细菌在自然界中的数量是极其多的，在淡水、海水中一般每毫升中都将近含有100个，有机酸、氨和糖类这类有机物配合着硫化氢一起充当了光合细菌的菌体供氧气体，能量就是通过其光合磷酸化过程产生的，当在水中，有充足的光照的情况下，就能够直接降解利用有机质和硫化氢，同时其自身也因此会增殖，水体也因此被净化。

（五）链霉菌的作用机理

拮抗作用、竞争作用和诱导植物抗性等是链霉菌对于植物病害的生防机理的尤其有代表性的几种作用。

1. 拮抗作用

微生物界当中常见的现象是拮抗作用（见图3-13）。链霉菌就是在拮抗作用下对其他的植物病原体微生物产生抑制的效果，也可以说它是在其次生代谢产物的作用下能够防治植物病害。

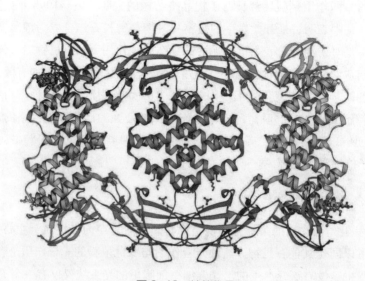

图 3-13　拮抗作用

链霉菌可通过产生抗生素来发挥拮抗作用。有数据显示，微生物产生的各种抗生素的总体产量中的 90% 都来源于链霉菌产生的抗生素，而且链霉菌衍生出来的抗生素用于农业有很大的优点，效率较高，没有残留，容易分解，在环境中融合率很高，所以越来越受到人们的重视。黄链霉菌（*Streptomyces microflavus*）可以产生大环二酯类抗病毒抗生素 Fattiviracins，对于很多有包膜的 DNA 病毒和 RNA 病毒来说都具有活性。

链霉菌通过产生各种酶类抑制、降解、水解其他病原体。例如，链霉菌可产生 P-1, 3-葡聚糖酶，对小麦纹枯病菌抑制作用很强；产生细胞壁肽聚糖的溶菌酶，微生物就是因为细胞壁被其破坏了导致死亡的，另外，对于人和动植物来说这类链霉菌是没有明显毒性的。链霉菌 WYEC108 可以分泌出几丁质酶，它的主要作用是催化几丁质的水解，使得植物病原真菌细胞壁的主要成分因此被破坏，这是抑制植物病害的主要原因。

2. 竞争作用

在同一个生存环境当中，链霉菌由于其本身的优势，例如，生长速度极快、繁殖能力强，大大地抢夺了环境当中的养分和水分，以及环境空间和氧气等，这就在很大程度上导致同环境当中的某些病原体被削弱甚至被排除。

3. 诱导植物抗性作用

抗性吸水链霉菌具有激发水稻抗性防卫反应表达的特性，水稻叶片当中的过氧化物酶和苯丙氨都是在其作用下能够大幅度地增强其酸解氨酶的活性，植株会因此被进一步地诱导产生抗性防卫反应的效果。另外，链霉菌组成型表达载体 PIB139 携带的红霉素强启动子和目的基因生物之间能够相互合成，实现直接对植物产生相互作用的目的，进一步诱导出植物本身的抗性，使其能够在抗生素的作用下共同抗病。

四、微生物肥料菌种应用与效果分析

（一）微生物肥料菌种应用进展分析

这一章我们主要是对国内最近一些年来微生物肥料中已经使用的菌种进行的研究，可以明显地得出在菌种应用以及发展方面的特点，并且能够为菌种未来的发展做出指导性的规划，使得产品升级乃至产业发展都有依据可循。

1. 菌种应用的主要技术瓶颈

（1）微生物肥料应用菌种不断拓宽

把 2002 年已经记录在案的产品中使用过的以枯草芽孢杆菌、胶冻样类芽孢杆菌、巨大芽孢杆菌、圆褐固氮菌、细黄链霉菌等为代表的 41 个以细菌为重点的菌种进行对照，可以得出，我国已经完成了 1542 个微生物肥料产品的统计以及登记的工作（最近一次登记为2018 年 7 月），可以使用的菌种已经达到了 140 多种，其中分为细菌、放线菌、真菌、酵母菌等种类，具体可见表 3-2。

表3-2　目前微生物肥料产品中使用菌种前20位统计

序号	菌种名称	使用该菌种产品数
1	枯草芽孢杆菌（*Bacillus subtilis*）	873
2	胶冻样类芽孢杆菌（*Bacillus mucilaginosus*）	281
3	巨大芽孢杆菌（*Bacillus megaterium*）	208
4	地衣芽孢杆菌（*Baclicus lincheniformis* PWD-1）	162
5	酿酒酵母（*Saccharomyces cerevisiae*）	106
6	侧孢短芽孢杆菌（*Brevibacillus laterosporu*）	96
7	细黄链霉菌（*Streptomyces microflavus*）	72
8	解淀粉芽孢杆菌（*Bacillus amyloliquefaciens*）	68
9	植物乳杆菌（*Lactobacillus plantarum*）	60

续　表

序号	菌种名称	使用该菌种产品数
10	黑曲霉（Aspergillus nige）	38
11	米曲霉（Aspergillus oryzae）	34
12	沼泽红假单胞菌（Rhodop seudanonas palustris）	27
13	紫云英根瘤菌（Rhizobium）	25
14	固氮类芽孢杆菌（Paenibacillus azotofixans）	24
15	大豆根瘤菌（Bradyrhizobium japonicum）	24
16	绿色木霉（Trichoderma viride）	18
17	干酪乳杆菌（Lactobacilluscasei）	15
18	圆褐固氮菌（Azotobacter chroococcum）	12
19	嗜热脂肪地芽孢杆菌（Geobacillus stearothermophilus）	12
20	粉状毕赤酵母（Pichia）	12

　　表 3-2 显示，目前我们国家的微生物肥料产品中应用最为广泛的依旧是细菌，而且更细化来讲是细菌中的芽孢杆菌，但是可以看出，例如，霉菌、酵母菌这样的真菌以及放线菌也越来越受到重视，使用的情况越来越多，所占的比例进一步加大。

　　表 3-2 显示，微生物肥料中枯草芽孢杆菌、巨大芽孢杆菌、地衣芽孢杆菌等溶磷微生物的使用数量非常大，这是因为在植物生长、发育的整个过程中，磷素的作用极其重要，在生理和生物化学功能方面都有明显的作用，但实际上，土壤中虽然含有有机磷和无机磷，但是很大程度上都不能被植物直接吸收消化。如果添加了磷肥之后，土壤中的 Ca^{2+}、Fe^{3+}、Al^{3+} 与其中的很多磷融合生成了磷酸盐，磷酸盐本质上是难以溶解的，导致磷肥的效果被消减，利用率会因此下降。为了解决这个问题，一些能够解磷的微生物可使得土壤中植物不能直接吸收利用的有机态和无机态磷素分解或溶解，促使磷素释放，改进植物磷素营养。整个研发过程当中重要的部分是对于高效溶磷菌如何筛选和应用的问题。Staltrom 在 1903年的时候发现了溶磷微生物，并且进行了相关的报道，溶磷微生物的种类认识、筛选、鉴定、机理因此成为研究人员的主要研究方面。另外，目前对与溶磷细菌是怎样分解难溶磷化合物的机理还依旧没有定论，对于其研究有很多不同的观点，其中有人认为在微生物本身的生长繁殖时伴随着很多种类的酸的形成，其中包含乙酸、丁酸、乳酸、柠檬酸等的有机酸，另外难溶的磷化合物也是能被其溶解的，这样就很容易被植物的根部吸收并且利用。但是有不同的观点说，微生物产生的是一种磷酸酶，其中植酸酶就是一个典型的例子，正是这部分酶使得难溶的磷溶解的。

　　钾素在土壤中的含量也是很多的，一般来说，仅仅在 0 ~ 20cm 土壤中就可以测得 3 ~ 100 t/hm^2 钾，虽然取得的钾量并不少，但是其中可以利用的部分只占总量的 1% ~ 5%，在风化程度不高的长石和云母族当中，储存着90% ~ 98%的钾，这部分矿物当中钾不能被植物直接吸收并且利用，作物产量长期以来不能有所突破正是因为突然速效钾的供应并不能满足要求，在表3-2里提到的胶冻样类芽孢杆菌的一大作用就是在微生物肥料里使用，在含钾的长石、云母、磷灰石、磷矿粉及其他矿石的无氮培养基上面，这种微生物可以生长，并且将含有硅酸盐和铝硅酸盐的含钾的矿物分解，这样磷、钾和其他的一些营养元素都能够被释放出来，菌体本身还存在着自己的代谢过程，这一过程伴随着生化反应，有机酸、氨基酸、多糖、激素等物质都是代谢过程的产物，植物因此更加容易吸收和利用这部分营养，其中还有很少的一部分菌株还有溶磷、释钾和固氮几大功能。在1911年的时候，这类微生物第一次被分离出来，当到了1939年的时候，苏联有学者把这种微生物称为硅酸盐细菌（*Silicate bacteria*）。我国是在20世纪60年代的时候引进并且研究这一菌，而且发现这种菌对于作物的钾元素代谢和营养都有很大的改善作用，这也是这种微生物被称为"钾细菌"的原因。Aleksandrov等学者是第一次发表胶质芽孢杆菌的说法，他是基于形态学的角度出发的。Avakyan等学者的研究方向是从系统发育的角度进行分析，到了1998年这种说法才在国际上得到认可。胡秀芳等人在2010年通过16S rRNA、gyrB系统发育分析，DNA杂交，脂肪酸甲酯分析，GC含量等分类学手段，重新将该菌种命名为胶质类芽孢杆菌（Xiu-FangHu，2010）。对于胶质类芽孢杆菌对硅酸盐矿物的分解并释放出其中K素的机理的假说的种类有很多，其中酸解、酶解、荚膜胞外多糖形成、细菌–矿物中复合体形成等是假说的主流研究问题。Avakyan（1984）和Rozanova（1986）的观点是，硅酸盐细菌之所以具有分解硅酸盐的能力，主要依赖于这种细菌生长过程当中能够产生胞外多糖或有机酸，这是这类细菌能够解钾的原因。连宾在1998年时提出了细菌解钾作用的重点在于细菌矿物复合体的形成这个观点。另外，还有研究表明，硅酸盐细菌能够破坏矿石的晶体结构的原因在于它在与矿物直接接触的过程当中会有特殊性质的酶产生。但是到现在为止，对于功能菌株的作用机理以及功能基因的研究是远远不够的，这也使得很多产品当中使用的菌株性能和活体密度之间依旧存在相当大的差异，产品应用效果的稳定性不能得到保证，应用菌株时依然相对老化。另外，与生成应用相比，高效、优良生产应用菌株的筛选过程还望尘莫及，发展也因此受到了限制。

当前被广泛使用的硅酸盐菌剂的生产依赖于一种单一的胶冻样类芽孢杆菌，与其他种类的菌复合而成的也可以用于生产，或者把胶冻样类芽孢杆菌用于复合微生物肥料、生物有机肥产品当中。这样的菌剂在生产以来的20多年间有着极快速的发展，一直以来的实践可以证明，减少钾肥用量的同时（例如在土豆、棉花、玉米、烟草、水稻等这类需要钾的作物上），体现出了出色的增产和提高品质的作用，是在众多种类微生物肥料中农民认可度比较高的一种。

细黄链霉菌（*Streptomyces microflavus*）作为使用率最高的一种菌，在我国50多年来针对放线菌制剂的研发当中有极其重要的作用。这是由于这种菌本身的次生代谢产物具有多样性，并且促生作用也极其优良，能够明显地抑制或者减轻植物病害，这也是其被当作生产微生物肥料产品的一个重要原因。菌剂、复合微生物肥料、生物有机肥是这类产品的几个典型的例子，在各种农作物中普遍地应用。目前，这类菌种所面临的问题是其自身的退化，这导致次生代谢产物的产量一再下降，产品的使用效果也因此受到了影响。

为推进耕地质量建设与管理，提升补贴土壤有机质项目于2006年在我国启动，农民增施有机肥、种植绿肥、还田秸秆的行为得到鼓励，进而也令研发应用有机物料腐熟剂的进程不断提升。借助秸秆腐熟菌剂，这一项目能够令土壤有机质有所提升，加快秸秆原位还田的腐解速度，通过土壤培肥提高其肥力。除用在畜禽粪便的腐熟外，有机物料腐熟剂也能用在农作物秸秆的腐熟，此外还有利于处理城市的污水、垃圾。多菌种复合的菌种组合方式在此类产品中的应用频率较高，其中具体包括酵母菌、霉菌还有芽孢杆菌等众多菌种。近几年来，由于使用有关菌种的数目提升，此类产品已成为热点。不过这些产品同样存在一些问题而使得腐熟的成效不突出，比方说在使用菌种时所选的菌种不具备明显功用，在进行搭配组合时考虑不够周全等。想要彻底地解决这些问题，必须进行长期工作，培育、筛选出更为优化的菌种并加以组合。

（2）菌种来源多样

对于那些微生物肥料菌种，以自有菌种保藏单位与科研院所进行筛选及采购为主要途径。对于菌种的用途，部分企业由于尚未明了便直接选择"拿来主义"，导致由此类菌种形成的微生物肥料有时会出现在分类学上，菌种的名称难以明确定义，菌种的培养及保存方便与否难以分辨以及菌种的环境和分离地域混淆等问题，甚至还涉及知识产权等相关问题进而产生纠纷。此外，企业在保存、复壮菌种等过程中亦出现了问题，大多企业是在试管斜面上将菌种放置到冰箱冷藏室里加以保存。这一方式保存菌种的时长较短，难以百分百确保菌种免受污染。在使用菌种时，部分企业一直对其加以转接复壮，由于技术操作尚未达标而引起菌种污染，状况严重的还将导致生产菌种遭到替换，所培育产品难以过关。在生产、保存大部分菌种时，由于其较易退化的特性减弱了菌种的功能，不仅对生产发酵不利，还有可能影响到产品的应用效果。

2.技术发展及其趋势

根据最近几年微生物肥料在我国的发展情况分析，不难发现菌种的应用包含了采购、筛选、重视保存复壮以及应用非芽孢菌、真菌等新功能菌种等过程。在微生物肥料行业中，菌种扩繁技术现代化、非芽孢与真菌等新功能菌种的培育筛选、菌种保存复壮得以应用、菌种复合功能叠加、菌种种类不断拓宽等已成为发展菌种的趋势，也是近十年来提高与保持微生物肥料产品质量及效果的技术基础。

（1）菌种的选择与筛选

①菌种选择的原则

当下，微生物肥料所采用的生产菌株，其来源大部分取自科研院所及菌种保藏中心等单位。尽管上述菌株大致皆加以分类鉴定过，可并非全部都具有优良的应用功能与生产性状。不过在生产菌剂时，唯有选择优良的菌种加以生产，方可在同一投入与生产条件下得到更多社会、经济效益进而实现高效与高产。

在《微生物肥料生产菌株质量评价通用技术要求》（NY/T 1847-2010）等有关文件中已明确表明，选取与确定生产菌种时需要对有效、安全、抗逆性佳、利于培养以及知识产权保护这一原则加以考虑。其中，所谓有效就是能够活化或提供养分从而促进作物生长、有机物料腐熟、作物抗逆性提升、土壤的修复与改良以及农产品质量改善等。除此之外，在对生产菌种的有效性进行评价时，对生产菌种的次生代谢产物的数量、种类及产生条件加以分析并确定也极其重要。所谓安全就是对于植物、动物和人虽然是安全的，但对于非病原微生物，哪怕是条件性病原也不能作为微生物肥料生产使用的菌种。四级管理的菌种目录列于《微生物肥料生物安全通用技术准则》（NY 1109-2006），且微生物肥料产品登记中的第三级菌种可用与否要通过非致病性实验确定，倘若所用菌种不在目录内，还要通过必要的检验、鉴定以及安全评估，以避免事故出现，至于第四级则禁止使用。而抗逆性佳、利于培养则表示菌株自身需具有极好的抗逆性能，在生产发酵中的菌种需方便培育，选择氮源、碳等基本条件的余地较大。对于肥料施入土壤后的微生物而言，这些原则在微生物的定殖与成效方面意义深远。从行业发展的角度分析，保护知识产权属于一项长期工作，当下仍存在一定缺陷，由于分子生物学的不断发展，基因技术也随之有所提升，这在以后对保护知识产权也具有极其重要的用途。

②菌种筛选

在生产微生物肥料时不能单纯地购买典型菌株，往往需要对优良菌种进行有针对性的筛选。除通过一般的自然分离与筛选之外，优质生产菌株的获取也能够借助如等离子体、紫外线等许多物理与化学的方法加以诱变处理。不过因为经过诱变处理，微生物所具有的不确定性导致获取优质菌种应加大筛选力度。至于变异菌种性状的稳定性往往需经过长久的评估检验方可明确。在我国，航天事业的迅猛发展令通过搭载飞船在借助宇宙射线的条件下加以变异处理获取优质菌种的方式有望实现，可是获取的变异菌种同样要经过大量筛选以及长远的评估检验方可获取优质生产菌种。

在筛选菌种的过程中，灵敏、高效、准确、迅猛且具有高特异性的当代高通量筛选技术（High throughput screening，HTS）展现出广博的应用前景。该技术的实验工具载体为微板形式，以细胞水平与分子水平的实验方法为基础，使实验进程中的自动化操作得以实现，借助检测仪器迅速灵敏地将实验结果的数据加以采集。此外，通过计算机与数据模型分析并处理实验数据使短时间内大量鉴定分析菌株更加可行。

这些年来，选育高效菌株的一种重要方式就是有意识地通过基因工程技术构建、筛选功能特定的基因工程菌株。所以说，企业发展的必要条件就是与科研院所结合借助各类方法通过共同努力获取性能特定的菌种。

（2）菌种分类鉴定技术发展与应用

作为产品效果的关键，菌种同样也是微生物肥料产品的核心。明确使用菌种在产品中的分类地位，不但有助于评估安全性，也是确保产品效果及质量的条件。

丝状真菌、酵母菌、放线菌以及细菌等类群皆属于微生物肥料生产过程中所使用的菌种种类，它们无论是在形态上还是在遗传特性、生理生化上都存在着许多不同点。所以，鉴定微生物菌种时需结合各种菌群的要求及特性。微生物肥料菌种鉴定技术规范（NY/T 1736–2009），可以作为鉴定菌种的依据。

分子生物学鉴定、仪器自动化鉴定还有传统方法都属于菌种的鉴定方法。在鉴定菌株时，使用频率最高的是仪器自动化鉴定系统，如脂肪酸分析系统、API 系统以及 BIOLOG 快速鉴定系统等，虽然具有高效、迅速以及操作简便等优点，但在鉴定新菌种或亲缘关系较近的菌株时会出现差错；而传统的生化实验耗费时间及人力、物力，其结果也会受到人员经验、环境等条件影响。

由于核酸数据库的不断扩大以及核酸测序技术的持续发展，各类功能基因序列已成为鉴定微生物的关键依据。基因探针技术、基因测序等分子生物学鉴定技术的应用令分类鉴定菌种的结果愈发准确可信。通常情况下，在鉴定工作中通过 16S rRNA 基因序列分析、BIOLOG 快速鉴定系统以及生理生化反应对那些具有紧密亲缘关系的菌种的鉴定只能达到种群水平，所以在菌种鉴定中通过特异基因序列设计引物加以特异性扩增、借助 PCR 产物判断菌株分类地位的鉴定方式得到应用。基于指纹图谱与基因序列分析，依照特异的碱基序列设计引物，针对不一样的种属关系实施特异 PCR，通过分析是否存在目的产物与序列信息实施微生物鉴定、分类的技术即为特异 PCR 技术。这一技术不但具有优质的敏感度和特异性，同样也极其灵敏迅速，与其余分子生物学方法相比更为快速便捷，同时无须大量测序，减少了检测成本，在鉴定与检测微生物方面具有广阔的应用前景。

土壤类芽孢杆菌和胶冻样类芽孢杆菌同为近缘菌，它们的生理生化特征、菌体形态还有菌落特征极其相似，且它们中的部分菌株皆能够令钾、磷溶解，所以依照生物功能特征设计检测方法、生理生化实验还有形态学，两者并不容易被分开。根据 gvrB 基因及 16S rDNA 等保守序列的系统发育学分析方法可以对胶质类芽孢杆菌加以精准鉴定，但此过程较为烦琐，成本高且需要大量测序，在鉴定大批菌株时可行性较低。

以胶质类芽孢杆菌基因间筛选出的一段非编码序列为特异性引物，通过优化 PCR 反应条件与检测灵敏度，王璇（2011）提出了迅速检测胶质类芽孢杆菌的方法，在技术上为检测和生态评估微生物肥料中的胶质类芽孢杆菌提供了帮助。

对于微生物肥料中使用频率较高的枯草芽孢杆菌近缘种群（Ash C.，1991），只依照菌落与菌体形态无法分辨当中的解淀粉芽孢杆菌、地衣芽孢杆菌和枯草芽孢杆菌。比较分析 16S rRNA 基因可知，枯草芽孢杆菌与解淀粉芽孢杆菌（Bacillus amyloliquefaciens）、暹罗芽孢杆菌（Bacillus siamensis）、特基拉芽孢杆菌（Bacillus tequilensis）、死谷芽孢杆菌（Bacillus vallismortis CZ.）、深褐（萎缩）芽孢杆菌（Bacillus atrophaeus）、莫哈韦芽孢杆菌（Bacillusmojavensis）的 16SrRNA 基因序列相似程度高达 99%，索诺拉沙漠芽孢杆菌（Bacillus sonorensis）与地衣芽孢杆菌的相似性也在 99% 以上。所以说，难以依照 16S rRNA 的基因序列对枯草群内的各个种加以准确分辨。

对于快速鉴定枯草群菌株方法的研究，众多领域的专家已获得成功，令诊断效率与鉴定速度有所提升。刘勇、权春善等人通过 tetL、tetB、yyaO 与 yyaR 还有 β‑甘露聚糖酶基因与 α‑淀粉酶基因碱基排列的差异对地衣芽孢杆菌、解淀粉芽孢杆菌与枯草芽孢杆菌加以鉴定。

通过 *rpo*A、*gyr*A 及 16S rRNA 的基因差异序列，曹凤明等人提出了多重 PCR 技术，借助一个 PCR 反应便能够鉴别短小芽孢杆菌、地衣芽孢杆菌、解淀粉芽孢杆菌与枯草芽孢杆菌四种菌株。当下这一技术已成为聚合酶链反应（PCR）法这一鉴定微生物肥料生产菌株方法的关键构成部分，在检测微生物肥料产品方面应用广泛，令工作的质量、效率得以提升。聚合酶链反应法在菌株的纯化、提取 DNA、扩增与检测 PCR 等操作具体步骤也做出了详尽的规定。

与传统的鉴别方法相比，尽管在微生物的鉴别方面特异 PCR 技术与核酸测序技术更为快速方便，可特异 PCR 技术与基因测序技术是以核苷酸排列差异为基础，倘若微生物出现基因变异，那么这一技术便极有可能会发生判断失误的情况，所以依然难以取代常规的生化实验与形态观察。因此在对菌株进行鉴定时需依照它的基本特性，通过互补并验证现代技术及传统方法方能够对微生物进行精准鉴别。

（3）菌种复合实现功能叠加

以后微生物肥料的发展方向即为多菌种复合，所以说选择复合菌种产品的菌种极其关键。

一般情况下，所谓复合产品就是含有两种（其中包含一个种的两个以上菌株）或两种以上的菌种、菌株且彼此间不拮抗的产品，群体微生物的用处往往比单一的微生物更大。近年来，伴随复合产品数量的增加（见表3-3），通过农业农村部所获微生物肥料登记证的包括单一菌种产品分别在 2011 年与 2012 年数量上所占比例的不同上就可看出这一点。

表3-3　2011—2012年新登记产品中使用单一菌种产品统计

年份	产品数	使用单一菌种产品数量	百分比
2011 年新登记产品	247	142	57.5%
2012 年新登记产品	229	124	54.1%

为了有助于大豆根瘤菌的结瘤固氮用途，2011 年，薛晓昀在《大豆根瘤菌与促生菌复合系筛选及机理研究》一文中复合了大豆根瘤菌及其余有益微生物。通过从大豆根际分离的保藏菌株和植物促生根际细菌（PGPR）中，对大豆根瘤菌和促生菌加以筛选后实施双接种试验。相较于单接种，其结论显示在植株含氮量、植株地上干重、根瘤干重以及根瘤数量方面双接种表现更为出色，且更有益于大豆的结瘤与生长。由于选择的促生菌具有分泌生长素和溶磷的能力，双接种通过测定土壤盆栽大豆植株内全磷含量，使其达到提升 10% 甚至提升 62.5% 的程度。通过高效液相色谱法对促生菌发酵液的成分进行测定，表明促生菌能够促生有机酸及植物激素。部分研究报告表明，大豆根瘤菌与假单胞菌在大豆及鸡豆中会出现极强的相互作用，且在菜豆中根瘤菌与多黏类芽孢杆菌的共同接种可以令根瘤菌的结瘤与种群数量遭到刺激。此外，在大豆中，大豆根瘤菌及芽孢杆菌的共生作用有益于植物的生长和发育。2009 年，经由 Mishra 等人证实，对于经过共同接种的假单胞菌及大豆

根瘤菌，其根瘤数目、豆血红蛋白含量、铁离子含量、含磷量、含氮量还有含碳量都大幅增加，且植株的全磷量增多了88.9%、铁离子含量增多了115.7%。上述研究皆充分地证实了应用多菌种复合时的功能，同时再次表明多菌种复合已成为微生物肥料以后的发展方向。

目前，大部分企业存在复合菌种产品，且其组合中具有很多的微生物类别，上述组合中存在可行恰当的部分，也就是说以上组合里的微生物彼此间能够协同，不会抑制，应用可提升其效果。可是部分组合是不可行的，这样的组合会令微生物出现彼此间相互拮抗乃至抑制的现象。至于产品有多少种类微生物是合理的，仍离不开深层次的研究，除了要综合考虑土壤微生物的区系以及土壤的肥力、类型和作物种类等，也需要参考企业本身的能力与技术条件。

（4）菌种保存和复壮

经由调查可知，杂菌污染、性能退化等现象在微生物肥料生产菌种中极为常见。所以要认真依据无菌操作技术要求进行操作，以防由于操作失误而引起菌种污染，还需尽量降低由于连续传代与培养条件变动令菌种退化的概率。而选择合理的菌种保藏法，就能够令性能退化与菌种污染的问题得到有效预防，所以说在微生物肥料行业中保藏菌种具有深远的意义。

常规保藏、甘油管保藏、石蜡油保藏、沙土管保藏、冻干管保藏以及固体曲保藏都为常用的保藏方式。对于上述保藏方式而言，适合保藏的微生物菌种都存在着类型上的区别，其保存期限与存放条件同样有许多差异。不过由保藏效果来看，冻干管保藏最为合适。基于此，在进行菌种保藏时，生产企业需要与企业的真实状况和菌种特点相结合选取一个或多个合理方法实施。当然，对于生产菌株等关键菌株还需分类进行存放，建立菌种档案并定期检查，其中具体包括菌种的来源、使用情况、生产特征、名称、保存日期及方法、培养基组成与名称、获取日期（分离日期）、传代状况、编号、保藏者、鉴别特性，还有其他关键信息等。

因为在冻干时，冻干管保藏中微生物的生长与酶的作用难以进行，所以可以维持本来的性状，经过活化转接处理的菌种在需要使用时依旧可以维持菌种原本的性状。成套冷冻干燥机（见图3-14）对于进行冻干管保藏工作极其有益，可是由于其高昂的价格，几乎没有几家企业选择采用，只是在保藏机构及科研院所中有所应用。基于此，部分企业通过与保藏机构和科研院所协作的方式把菌种交付到有关专业机构处实施复壮、保藏，如此一来，不但能够尽量确保菌种的纯度，还降低了菌种性能退化的可能，令问题得到充分解决。华中农业大学菌种保藏中心（CCDM）、中国普通微生物菌种保藏管理中心（CGMCC）、中国工业微生物菌种保藏管理中心（CICC）、广东省微生物研究所微生物菌种保藏中心（GIMCC）、中国典型培养物保藏中心（CCTCC，武汉大学）、中国林业微生物菌种保藏管理中心（CFCC）、中国农业微生物菌种保藏管理中心（ACCC）等都属于我国表现出色的微生物菌种保藏中心。

图 3-14　冻干机

（5）菌种的培养与扩繁

无论是液体发酵培养、固体发酵培养，还是液－固两相发酵培养，都属于菌种的培养方式，其中包括混合菌系的共培养发酵与单一菌种发酵培养等方式，既存在厌氧发酵，同时也存在好氧发酵。如今，从技术与生产工艺来看，微生物肥料产品在我国的发展完全步入正轨，其生产技术也一直处于创新状态中。《农用微生物菌剂生产技术规程》（NY/T 883-2004）这一经由农业农村部颁布实施的标准对菌剂的菌种、生产环境、发酵增殖、生产车间、后处理、包装、储运与质量检验等生产工艺流程、技术环节等做出了严格的要求。（见图 3-15）

为确保发酵生产过程能够顺利进行进而达到稳产与高产，需按照各类微生物适宜培养条件去控制发酵培养的条件，从而令微生物能够在优质的培养环境下生长与繁殖。对于生长中的菌种，需对菌丝、菌体的细胞形态等各项常规指标进行定时取样，除了在显微镜下要对其镜检观察，还需检测、记录有关项目并调整发酵的参数。控制发酵过程是在检测发酵参数的基础上完成的，其中相关的操作参数与细胞外环境包括补料速率、溶解氧浓度、泡沫检测、罐压、搅拌转速、通气流量、pH 值、液位以及温度等。控制与检测上述参数的方法已得到广泛应用，变动以上参数能够令菌体生长的状态有所调整。

由于对产物形成机理及细胞生长与代谢认知程度的加深，人们开始重视产品生产过程中发酵生物过程和细胞生理代谢特性有关的参数变动，以一些关键生理参数为对象开发出全新检测装置、检测方法与相应计算软件，使培养液成分、细胞形态、细胞量与尾气成分等细胞代谢参数变化过程的实时监测得以实现。在细胞生长时，监控并利用其活细胞的代谢参数能够节约时间并提升调控的精确性。

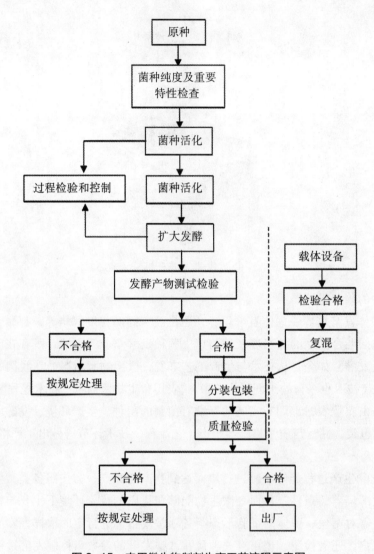

图 3-15 农用微生物制剂生产工艺流程示意图

作为全部发酵生产中的一个关键过程，判断发酵进程的终点能够直接影响发酵产物的数量与品质。由于微生物具有不一样的产品类型和种类，发酵终点同样有着不一样的差异。确定发酵终点需借助多种参数综合判断。对那些有着复杂发酵目标产物的发酵类型以及难以监控的发酵过程，包括 pH 值、总糖以及还原糖等在内发酵培养物的理化参数与营养因子变化也必须受到监控。对于那些发酵过程稳定重复且目标产物简单、监测难度不高的发酵类型，其发酵终点可以通过确认某一重要参数或因子来实现。如今，从生产应用角度分析，全自动发酵罐在某种程度上简化并规范了有关工作。

近年来，生产复合微生物菌剂的数量提高，在一个罐位上对两种以上不同功能的微生物同时混合培养的方式得到应用，以达到简化生产程序、提高发酵效率的目的。所谓微生物混合培养就是为实现超越单菌发酵效果的目标，借助微生物彼此间生长代谢的协调功能，对两种或两种以上特性存在差异的微生物进行调节控制。真菌和真菌、细菌和真菌或细菌和细菌等都能够成为混合培养中有关的微生物组合。尽管混合培养适宜菌株，能够令微生物的代谢功能与生物量得到显著提升，可因为各类微生物的发酵条件（如培养特性、代谢特性，还有对氮、碳源营养、通气、搅拌等）一致与互补与否皆存在差异，以及各种微生物彼此间或许具有的抑制或拮抗关系，两者间同时兼顾难以实现，等等，皆离不开深入的钻研。当下，对混菌发酵的应用与研究在微生物肥料生产领域中以发酵培养光合细菌与有机物料腐熟菌剂为主。作为固体发酵技术的一部分，多菌混合堆制发酵的使用频率非常高，不过这一技术仍离不开深入的检测分析与试验去科学评估这一技术所适用的范围。

在细胞大规模培养技术中，将以细胞代谢流为基础的发酵理论等高新发酵理论应用于微生物肥料产业中能够在以后研究、生产和应用微生物肥料时发挥正向作用。对发酵过程放大进行研究时，相关人员提出借助核心为代谢流控制及分析的发酵过程装置技术加以研究，据此易得能够应用在发酵过程放大的生理参数或是状态参数，进而得出放大发酵过程参数调整的技术。放大表征细胞宏观代谢流特征参数实现发酵过程这种全新方法，也就是数据驱动型的放大方法，能够在获取小试研究中宏观代谢流特征参数后，于工业规模发酵罐上再度呈现。

选择培养基在菌种培养过程中对培养菌种具有关键意义。依据关键成分，生产用培养基包括半合成培养基、合成培养基与天然培养基。在生产微生物肥料时，当前阶段大幅选择半合成培养基，其成分以天然原料为主，具有营养全面、价格低廉及取材便捷等优势，且对于菌体的利用吸收同样十分方便，因此更适用于生产后处理程序并不复杂的微生物肥料。

对于培养基原料及其组成配比的确认，需要考虑的第一点是要提供所培养菌种生长与产物形成时的必要营养物质，第二点是各类营养物质的适宜浓度与比例，且在一定 pH 值范围内还需具备适当的缓冲能力、渗透压以及氧化还原电位。此外所涉及的天然原料与化学原料需具有稳定达标的质量。

能够应用在各类微生物大规模发酵过程中的培养基，必须在试验比较后经由小试及中试验证才可以用于大规模的发酵生产。能够在一致的培养条件下生产出成本低、效率高且品质佳的产品，才能被称为优质的培养基。

（6）新型发酵装备在菌体扩繁中的应用

对于微生物肥料产品而言，其数量与品质的提高，建立在应用生产设备成套化、自动控制与自动检测技术的基础上。由于菌剂类产品，特别是细菌类产品的设备工艺发展迅猛，企业引进了装有众多分析软件与传感器的新颖台式发酵装置。此外，利用絮凝技术与膜浓缩技术令活菌含量得以大幅上升，功能菌的单位发酵密度增加超过原来的一半，改进产品质量的同时也增加了产品的有效期，而罐装设备同样广泛应用于生产液体制剂中。

由于检测技术与认识发酵生物过程所限，令所检测工业生物过程的参数以如罐压、搅拌转速、液位等操作参数和 pH 值、温度等与培养环境有关的参数为主。在发酵生物过程中，由于对细胞生长、代谢与产物形成机理认知程度的逐渐加深，细胞生理代谢特性的有关参数变动给生产产品带来的影响受到重视，据此生产开发了与细胞量、细胞形态、尾气成分、培养液成分等参数相关的检测装置、方法，且近期研制及应用多参数在线高通量菌种筛选微型生物的反应器装置同样受到了广泛关注。上述发酵技术的发展有益于促进产品稳定、高效地生产。

（7）载体种类不断增加

除了发酵扩大和菌种筛选，在微生物肥料质量的影响因素中，载体在维持有效活菌数含量与控制杂菌率方面具有重大作用。依照形态，当下的微生物肥料产品包括颗粒状、粉状与液体三类。其中，液体产品往往能够令保质期延长、维持活菌存活，在加入各类可用保护剂或稳定剂的条件下能够对污染杂菌加以控制；而固体产品还要借助合理的载体吸附菌液，才能达到令菌液吸附至载体的目的。

微生物肥料的载体以菌糠、蛭石、泥炭与草炭等为主，其中使用频率最高的是泥炭与草炭。可作为短时间内无法再生的天然矿产资源，相比之下泥炭与草炭的成本更高。所以在生产微生物肥料时便需寻到可以令土壤生态环境得到改善，提供一定养分并与微生物菌剂的保存要求相符的载体。起到吸附菌剂产品作用的载体可以选取处理过的有机废弃物。选择菇渣与畜禽粪便作为堆肥材料，经风干通过对功能微生物进行吸附形成菌剂，从而达到增强肥效、保护环境和加速微生物肥料行业发展进程的目的。

不过，载体的安全隐患同样要加以重视。部分企业以已经粉碎的矿业废弃物（如煤矸石等）为载体，由于当下检测方法的问题，在对营养元素检测时使用上述载体的微生物虽具有高含量的肥料含量，可事实上大部分却属于难以被植物利用吸收的无效钾、磷等。长此以往，土壤对其的过量施入将导致重金属污染。农业农村部对微生物肥料的登记管理中，已经禁止它的载体用途，同样由于含有重度过量的重金属，那些以污泥、城市垃圾等为载体的行为也遭到了禁止。

上文总结并展望了在微生物肥料中菌种技术的使用及发展情况，不过因为生产微生物肥料的企业在我国并不具有雄厚的创新科研基础，且有关设备及人员匮乏，其目标的实现在当下绝非易事。为此势必要促进科研院所和生产企业的协作，企业必须依靠科研院所雄厚的设备、人员基础有针对性地开发，进而培育出与自身相适应的菌种，同时对于新的生产工艺与生产设备也要进行主动的开发与探索，令一套达标生产工艺流程得以面世，进而推动企业的壮大与发展；科研院所亦能够令自身的研究完成实践，向产、学、研三者结合的目标进一步迈进。

（二）微生物肥料的应用效果分析

1.微生物菌剂产品应用效果分析

（1）含相同菌种的微生物菌剂在不同作物的应用效果分析

通过对玉米、黄瓜、莜麦菜、土豆、辣椒及西红柿等作物进行配对设计试验，与对照组相比，作物中施用包括地衣芽孢杆菌在内的微生物菌剂产品的产量分别提升了11.6%、13.2%、10.4%、11.1%、11.9%、10.5%，对试验结果进行方差分析后，可知上述作物和对照组的产量差已至显著水平；对葡萄、西红柿及花生等作物进行配对设计试验，与对照组相比，作物中施用包括胶冻样类芽孢杆菌在内的微生物菌剂产品的产量分别提升了12.5%、14.8%、10.5%，对试验结果进行方差分析后，可知上述作物和对照组的产量差已至显著水平。综上所述，在不同作物上由同种菌种组成的微生物菌剂产品具有不同的增效，其结果证实作物的种类和微生物菌剂产品的作用存在关联，所以对于各类作物而言，选择同类菌种的微生物菌剂产品无法产生优质的效果。

自表3-4至表3-9依次为在植株性状（单果重、株果数、果长及株高等方面）上对包含地衣芽孢杆菌在内的微生物菌剂产品和正常对照组在西红柿、黄瓜、辣椒、土豆、莜麦菜与玉米等作物进行调查所得的结果。自表3-10至表3-12依次为在植株性状上包含胶冻样类芽孢杆菌的微生物菌剂产品和正常对照组在花生、西红柿和葡萄等作物进行调查所得的结果。经分析易知，微生物菌剂对作物植株的生长发育具有正面影响，与正常对照组相比，无论是西红柿、黄瓜，还是辣椒、土豆和玉米等作物的植株性状均显著上升。此外，作为叶菜类作物，莜麦菜的叶片叶绿素含量、每株叶片数目、单株重及株高与正常对照组相比较皆有所提升。

表3-4 西红柿植株性状调查结果

作物	主茎高（cm）	主茎粗（cm）	株果数（个）	果实横径（cm）	单果重（g）
西红柿	175.5	2.09	12.1	7.17	196.7
CK	171.3	1.98	11.7	6.72	184.5

表3-5 黄瓜植株性状调查结果

作物	株高（cm）	茎粗（cm）	株果数（个）	果长（cm）	单果重（g）
黄瓜	194.8	1.02	9.3	30.2	204.7
CK	191.2	0.92	8.4	29.5	199.4

表3-6 辣椒植株性状调查结果

作物	主茎高（cm）	主茎粗（cm）	株果数（个）	果长（cm）	单果重（g）
辣椒	64.9	0.97	25.4	16.7	60.4
CK	62.5	0.89	23.6	15.9	58.2

表3-7　马铃薯植株性状调查结果

作物	主茎高（cm）	主茎粗（cm）	薯块数（块/株）	薯块长（cm）	薯块均重（g）
马铃薯	54.3	1.29	3.6	13.3	126.7
CK	53.5	1.26	3.3	12.8	121.5

表3-8　莜麦菜植株性状调查结果

作物	株高（cm）	茎粗（cm）	叶片数（片/株）	单株重(g)	叶片叶绿素（mg/g）
莜麦菜	34.6	1.82	13.4	59.5	1.66
CK	32.4	1.70	12.1	54.3	1.59

表3-9　玉米植株性状调查结果

作物	株高（cm）	茎粗(cm)	成熟绿叶数（片/株）	穗长(cm)	穗粒数（粒）	干粒重(g)
玉米	224.9	2.27	13.7	18.1	515.3	336.8
CK	221.3	2.22	10.8	17.4	474.9	329.1

表3-10　花生植株性状调查结果

作物	主茎高（cm）	主茎粗（cm）	侧枝长（cm）	株果数（个）	百果重（g）
花生	41.7	0.52	43.9	7.4	242.9
CK	40.2	0.43	41.1	7.0	230.7

表3-11　西红柿植株性状调查结果

作物	主茎高（cm）	主茎粗（cm）	株果数（个）	果实横径（cm）	单果重（g）
西红柿	168.4	2.09	9.7	7.09	177.8
CK	164.9	1.94	9.2	6.42	162.3

表3-12　葡萄植株性状调查结果

作物	果穗数（穗/株）	果穗粒数（粒/穗）	果粒重（g）	固形物含量（%）	糖分含量（%）
葡萄	14.2	35.3	10.5	15.0	12.1
CK	13.9	34.2	9.7	14.2	11.5

（2）含不同菌种的微生物菌剂产品在相同作物上的应用效果分析

如图 3-16 和表 3-13 所示，所含菌种不同的微生物菌剂产品对黄瓜产量的提升幅度也存在差异。与正常对照组相比，包括侧孢短芽孢杆菌在内的处理产量提升了 7.5%；包括地衣芽孢杆菌在内的处理产量提升了 10.8%；包括枯草芽孢杆菌的处理产量提升了 12.9%，且三者皆已至显著水平。包括侧孢短芽孢杆菌在内的处理产量和包括地衣芽孢杆菌在内的处理产量的差异至显著水平，而包括枯草芽孢杆菌的处理产量与包括含地衣芽孢杆菌在内的处理产量的差异未达显著水平。从功能用途角度来看，这和菌种枯草芽孢杆菌与地衣芽孢杆菌均为枯草芽孢杆菌的近缘种群，所发挥的作用类似有关。对黄瓜产量具有最高的应用提升幅度的是包含枯草芽孢杆菌在内的微生物菌剂产品，这和其所具有的功效有着密切的关联，由于它在农业应用方面展现出的优质表现，令这一菌种得以在生产微生物肥料领域内得以广泛应用，且符合使用这一菌种的登记产品数目最大的情况。借助这一试验，能够证实微生物菌剂产品所含菌种能够对其应用效果产生直接影响，所以只有在农业生产领域选择合适菌种的微生物菌剂产品，方可获取优质的应用效果。

表3-13　含不同菌种的微生物菌剂对黄瓜产量的影响

处理	平均产量（kg）	各处理比对照增产（kg）	各处理比对照增产（%）
地衣芽孢杆菌	147.3aAB	14.4	10.8
枯草芽孢杆菌	150.0aA	17.1	12.9
侧孢短芽孢杆菌	142.9bB	10.0	7.5
CK	132.9cC	—	—

注：以上各表平均值栏数据标有不同小写字母者表示在 0.05 水平上差异显著，标有不同大写字母者表示在 0.01 水平上差异显著。

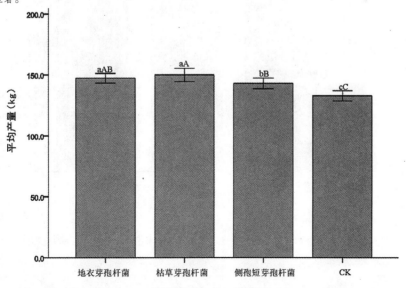

图 3-16　含不同菌种的菌剂产品在黄瓜上的应用效果图

如图 3-17、图 3-18 及表 3-14、表 3-15 所示，与正常对照组相比，使用菌种不同的微生物菌剂产品，西红柿的产量各自提升了 15.8%、11.2%；而使用菌种相同的微生物菌剂产品，葡萄的产量各自提升了 13.3%、7.7%。

胶冻样类芽孢杆菌对于土壤中的硅酸盐类矿物能够起到分解的作用，因此可以提升钾肥的利用效率，植物所需的钾素营养也是由其产生的，使用含有这种菌种的微生物菌剂产品与使用含有侧孢短芽孢杆菌的微生物菌剂产品相比，在用于葡萄的增产方面，前者的增产幅度是更加明显的；另外在西红柿的增产方面，含有这种菌种的微生物菌剂产品与含地衣芽孢杆菌的微生物菌剂产品相比，前者的增产效果更加明显。由这个试验可以看出，微生物肥料在应用时，反映出来的效果与菌种是有着极其复杂的关系的，这也能加显现出在使用微生物肥料时，需要着重注意菌种选择的重要性，对于不同作物来说选择符合实际情况的菌种是非常重要的。

表3-14　含不同菌种的微生物菌剂对葡萄产量的影响

处理	平均产量（kg）	各处理比对照增产（kg）	各处理比对照增产（%）
胶冻样类芽孢杆菌	91.8aA	—	—
侧孢短芽孢杆菌	87.2bB	10.8	13.3
CK	81.0cC	6.2	7.7

注：标有不同小写字母者表示在 0.05 水平上差异显著，标有不同大写字母者表示在 0.01 水平上差异显著。

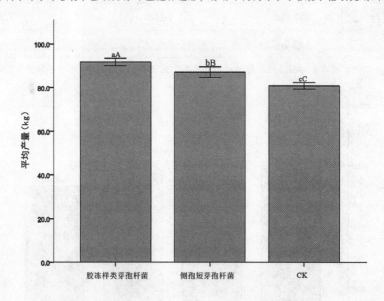

注：以上各表平均值栏数据标有不同小写字母者表示在 0.05 水平上差异显著，标有不同大写字母者表示在 0.01 水平上差异显著。

图 3-17　含不同菌种的菌剂产品在葡萄上的应用效果

表3-15 含不同菌种的微生物菌剂对西红柿产量的影响

处理	平均产量（kg）	各处理比对照增产（kg）	各处理比对照增产（%）
胶冻样类芽孢杆菌	176.9aA	24.2	15.8
地衣芽孢杆菌	169.8bA	17.1	11.2
CK	152.7cB	—	—

注：以上各表平均值栏数据标有不同小写字母者表示在 0.05 水平上差异显著，标有不同大写字母者表示在0.01 水平上差异显著。

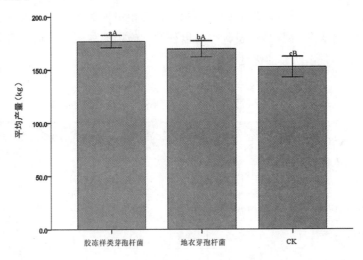

图 3-18 含不同菌种的菌剂产品在西红柿上的应用效果

（3）含单一菌种与多菌种微生物菌剂产品的应用效果分析

从表 3-16 以及图 3-19 可以看出，当使用含有多种菌种的微生物菌剂时，对于水稻产量的影响结果，从中可以反映出，在使用的菌种的微生物菌剂产品存在差异的情况下，水稻的产量与对照产量之间的均差是非常明显的。当水稻中施用的微生物菌剂产品仅仅有一种菌种，例如，是胶冻样类芽孢杆菌或者枯草芽孢杆菌的情况下，水稻的产量不会出现明显的差异，但是如果用过这两种菌剂的水稻，其产量和施用过很多种菌种菌剂产品的水稻相比，有非常明显的差距出现，经过试验可以证明，在使用多种菌种菌剂产品在使水稻增产方面的效果，比仅仅使用一种菌种菌剂产品的情况效果更好，这是因为不同功能的菌种混合使用时，能产生效果叠加效应，这与菌种菌剂产品的效果有关。枯草芽孢杆菌本身能够解磷，其主要的目的就是把那些土壤中的有机态和无机态的磷素分解或者溶解，这使得原本不能直接被植物吸收的磷得以被植物利用，能够向作物提供其必备的磷这类的营养。土壤中的云母、长石、磷灰石等富含钾、磷的矿物在胶冻样类芽孢杆菌作用下分解，由难溶的钾转变成为有效钾，这类钾素才能被当成是营养为作物所吸收利用，而且在水稻增产方面，能够有效地使其增产。由此可见，多种菌种复合使用是未来微生物肥料产品发展的趋势。所以，以后使用微生物肥料的生产，多菌种的复合产品的比例会大幅度增加，在企业的未来发展和农业发展当中会起到助力作用。同时还会有其他的问题需要注意，比如在如何复合使用方面，并不是简单地添加菌种，而是需要了解各种类菌种之间的相互作用关系，是抑制还是协同，最终目的是使得在叠加之后达到"1+1>2"的效果，诸如此类的问题都是目前各个企业和科研院所需要花费心血解决的。

如何判定微生物肥料是否有效，目前关注点在于是否增产，但是微生物肥料的作用在作物品质的改善方面、病虫毒害的抑制方面以及抗逆性的增强方面都未能够有所体现。从表3-17可以看出水稻植株性状的统计情况，由此可见，在施用了菌剂产品的水稻中，在株高、穗长、穗粒数、千粒重等方面都与对照之间有明显的差距，另外，当施用了多种菌剂的水稻，其性状与另外两种处理之后的水稻相比，差距更加明显，以上植株表现出来的性状的明显提高都在未来能够提高产量，也可以证明，施用多种菌种菌剂的情况比施用单一菌种菌剂的情况会体现出明显的优良的应用效果。

表3-16　含不同菌种的微生物菌剂对水稻产量的影响

处理	平均产量（kg）	各处理比对照增产（kg）	各处理比对照增产（%）
枯草芽孢杆菌、胶冻样类芽孢杆菌	28.1aA	3.9	16.1
胶冻样类芽孢杆菌	26.8bA	2.6	10.7
枯草芽孢杆菌	26.7bA	2.5	10.3
CK	24.2cB	—	—

注：以上各表平均值栏数据标有不同小写字母者表示在 0.05 水平上差异显著，标有不同大写字母者表示在0.01 水平上差异显著。

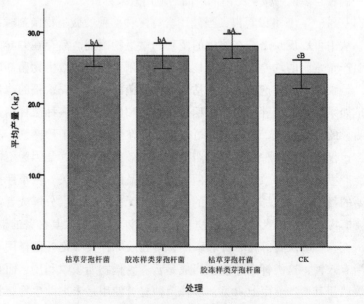

图 3-19　含不同菌种的菌剂产品在水稻上的应用效果图

表3-17 含单一菌种菌剂与多菌种菌剂在水稻上的植株性状统计

处理	株高（cm）	穗长（cm）	亩穗数（穗）	穗粒数（粒）	千粒重（g）
枯草芽孢杆菌	99.7	13.7	19.2	107.6	27.0
胶冻样类芽孢杆菌	100	13.6	19.1	107.9	27.1
枯草芽孢杆菌、胶冻样类芽孢杆菌	101.1	14.3	20.4	113.4	28.4
CK	97.8	13.1	18.7	105.6	252

（三）微生物肥料菌种应用进展与展望

1.菌种应用进展分析

我国对于微生物肥料的研究已经长达十年之久，由近年来的分析可以看出，我国的菌种应用研究过程是从最初的菌种的采购到筛选，接下来保存复壮并且逐渐被人所重视；之后是芽孢菌种类的不断增加，真菌和非芽孢菌等这样的新功能菌种的逐渐被应用的过程。菌种鉴定的方法中目前应用最普遍的依然是最原始的传统鉴定方法，但整个鉴定方法的改革趋势是跟随着仪器设备自动化鉴定的逐渐流行，生物分子学鉴定的逐渐进步，并且不同的鉴定方法之间相辅相成而不断地发扬光大，在菌种鉴定方面的速度更加快，特异方面不断进步。微生物肥料行业当中，有越来越多不同种类的菌种被市场所应用，这是由于菌种已经能够在复合的基础上达到功能叠加的目的，菌种保存复壮也被普遍使用，应用的种类不断拓宽，菌种通过复合实现功能叠加，菌种保存复壮被广泛应用，真菌和非芽孢等新功能菌种的选育，菌种扩繁技术现代化，新型载体的应用等慢慢代了菌种发展的前进方向。近十年来，以上所说的这些方面的发展，为微生物肥料产品质量与效果的提升奠定了坚实的基础。

2.田间效果分析

应用相同的菌种的微生物菌剂产品在西红柿、黄瓜、辣椒等作物以及常规对照组当中，设计成对照试验，从试验的结果可以明显看出，不同种类作物对于微生物菌剂产品反映出不同的效果，由此，得出的结论是针对作物的种类需要搭配针对性强的具有不同菌种的微生物菌剂产品，才能达到预期的效果。另外，以黄瓜、葡萄、西红柿为试验载体，对这几种作物在随机区域设计试验组，将含有不同菌种的微生物菌剂产品放于其上，得到的试验结果是，在同一作物上，含有菌种不同的微生物菌剂产品发挥出的效果是不同的，由此得到的结论更加能够印证菌种与应用效果是息息相关的。另一种试验是在水稻上进行的，将仅仅含有一种菌种的微生物菌剂产品与含有复合菌种的微生物菌剂产品同时放于随机选取的试验区域内进行试验，结果显示，含有复合菌种的微生物菌剂产品的效果明显比仅含有一种菌剂的微生物菌剂产品要有效，这进一步证明了多菌种复合是微生物肥料产品的前进方向。

上面介绍的几组试验都验证了微生物菌剂产品的应用效果受到菌种产生的影响，主要体现在菌种的种类、含量、比例都能对产品的应用效果造成影响。通过统计作物植株的性状可以看到，作物的品质因为使用了微生物菌剂产品都有明显的改善，作物植株生长发育更好，作物的植株性状有所提高，为作物的增产奠定了基础。

3. 菌种应用与田间效果间相关性分析

微生物肥料最关键的环节就是菌种，一方面，菌种对产品应用效果有直接的作用关系，菌种的不同能够导致微生物菌剂应用在同一种作物时反映出的效果存在差异；另一方面，菌种相同的时候，微生物菌剂应用于种类相同的作物时，反映出的效果也存在差异。上述的特性都体现了微生物肥料产品当中菌种的重要意义，所以在生产乃至应用过程中，不同作物与适合的菌种匹配生产有效性最高的微生物肥料产品是必要的，未来微生物肥料产品行业也将会以具有针对性的专用的生产、应用为发展路线。

4. 未来展望

由于微生物本身的生存环境有一定的要求，光照、温度、水分等客观的因素都能对微生物肥料产生影响，在幅员辽阔的我国，不同的地理位置的环境差异很大，在土壤、温度、水分这些方面都有不同，所以，我国有必要在各个典型的地区都开展试验，才能得到可用的、可靠的大量数据，为我国的微生物肥料的科研、生产以及应用在理论以及实践方面奠定基础。

第四节　新型生物治理资源的开发与利用

新型生物治理资源包括昆虫激素、几丁质合成抑制剂、植物生长调节剂和转基因生物。

一、昆虫激素

昆虫激素（Insect Hormones）指昆虫体内的某些细胞或腺体所分泌的生理活性物质，一般分为两大类：①内激素；②外激素，又称信息激素。有多种外激素已被分离提纯，测定结构，并可人工合成，用于防治害虫。

（一）昆虫内激素

昆虫内激素由昆虫体内特有的腺体所分泌，经血液传导到全身，在不同的发育时期内对昆虫的生长、发育、变态、生殖等生理功能起到调节、控制的作用，主要包括脑激素、蜕皮激素、保幼激素等。

1.昆虫内激素的特点

（1）脑激素的特点

脑激素由脑神经球分泌，又称促前胸腺激素，其作用是刺激前胸腺分泌蜕皮激素。当脑激素不存在时，昆虫不能分泌蜕皮激素，就不能生长发育和变态。

（2）蜕皮激素的特点

蜕皮激素由前胸腺分泌，其作用是促进昆虫发育和变态。

（3）保幼激素的特点

保幼激素由咽侧体分泌，在幼虫期，能抑制成虫特征的出现，使幼虫蜕皮后仍保持幼虫状态；在成虫期，有控制性的发育、产生性引诱、促进卵子成熟等作用。

在幼虫时期（卵－幼龄幼虫－老龄幼虫－蛹），保幼激素与蜕皮激素同时存在，共同起作用。在幼虫蜕皮化为蛹和蛹蜕皮化为成虫时期，咽侧体停止分泌保幼激素，只有蜕皮激素起作用，从而引起昆虫变态。在成虫时期，保幼激素进行分泌，对卵的成熟和胚胎发育起作用。

2.昆虫内激素的种类与功能

（1）保幼激素及保幼激素类似物

保幼激素类似物与人们日常使用的杀虫剂是有共同之处的，就是直接接触害虫的表皮或者被害虫取食，而使害虫致死。但是这种杀虫剂的作用发挥得相对比较慢，害虫并不是马上死亡。其作用主要体现在它可以控制害虫的生长速度，导致害虫及态间变态明显受到阻碍，这样害虫不能正常发育而变成了超龄幼虫，还有一种可能是变成了蛹和成虫的中间状态。这类畸形的个体的生命力低下或者没有生育能力，间接地导致了不育的结果。另外，还有一些保幼激素类似物本身的能力就是致使雌虫不能生育，因此被认为是安全的化学不育剂。

保幼激素的核心是在细胞核染色体 DNA 基因位点上发挥作用，比如说它能抑制蚱蜢 DNA 的合成，另外它也被用作家蝇器官芽细胞 DNA 合成的抑制剂，因为它具有这样的特点，保幼激素类似物的生物活性很高同时又有很强的选择性，所以对于人畜无害，残留的毒素也相对小，但是它有局限性，只能应用于昆虫发育过程中特定的阶段。

保幼激素类似物的化学成分是烯烃类化合物，其中 ZR-515（烯虫酯、增丝素）、ZR-512（烯虫乙酯）等为代表。哒嗪酮类化合物、氨基甲酸酯类杀虫剂双氧威这样的杀虫剂也具有保幼激素活性。

（2）脱皮激素

从昆虫体内分离出来的蜕皮激素有 5 种以上，我国已产业化生产具有蜕皮激素活性的杀虫剂有抑食肼和虫酰肼两种。

（二）昆虫信息素（Insect Pheromone）

在性成熟之后，昆虫本身会产生变化，它们为了交配，会向体外释放化学物质，这种化学物质有特殊的气味，异性的个体会因此被引诱。成虫个体间进行化学通信的媒介称为昆虫性信息素（Insectsex Pheromone）或性外激素。昆虫用于化学通信的物质叫作信息化学物质（Semiochemicals），一般分为用于种内个体间通信的昆虫信息素和用于种间通信的他感化学物质（Allelochemicals）。

1. 昆虫信息素的特点

昆虫信息素具有以下特点：①绝大多数容易挥发；②因含有双键、醛、酮、羟基、环氧基、酯基等，容易被氧化和生物降解；③无直接杀虫作用，可通过诱捕、迷向等方法间接防治害虫；④毒性很低，不污染环境，堪称"无公害农药"；⑤生物活性很高，使用费用和药效同化学杀虫剂相当；⑥专化性很强，通常一种信息素只对一种昆虫起作用，甚至在同一种内也存在着信息素的不同变种；⑦每种信息素的化学结构是特定的立体形式，其中信息素的实质是按比例合成的几种不同的化合物的混合物。

2. 昆虫信息素的种类与功能

在求偶、觅食、栖息、产卵、自卫等过程中昆虫会产生信息素来与同种的其他昆虫个体进行相互的信息传递，起到通信联络的作用，信息素这种化学信息物质，其中主要有性信息素（Sex Pheromone）、聚集信息素（Aggregation Pheromone）、报警信息素（Alarm Pheromone）、示踪信息素（Trail Pheromone）等（杜家纬，1988；孟宪佐，2000）。此外，昆虫信息素还包括利他素、利己素和互利素等。

（1）性信息素

昆虫性信息素研究的转变发生在 20 世纪 70 年代，这时的研究开始由过去在实验室里的研究转向了田地中的应用，也因此获取了大量成功的经验。在昆虫性信息素以及其他有关的物质方面的鉴定和合成，国外已经成功地获得了 2000 多种。我国在这方面的情况是，在农、林、果、蔬等主要害虫的性信息素的合成上，已经成功获得了几十种。昆虫性信息素的应用大体表现在害虫的预测预报上，也就是指导大田害虫的防治工作，同时也会用于诱捕法和交配干扰法最直接的害虫防治。

①预测预报：害虫综合治理必要的前提条件就是害虫测报。这种预测预报的关键在于对昆虫性信息素的利用。它的原理就是利用昆虫羽化阶段后通常会去找配偶进行交配的特性，用人工合成的雌虫性信息素在此阶段去引诱雄虫，这就可能反映出害虫的发生期、发生量和分布区域等信息，利用这些信息对害虫进行了解，进而能够推测出害虫的危害面积并找到合适的控制时期。因此可以对害虫预测更加准确、及时，更加合理有效的经济型的防治计划和措施才能被找到，从而更好地控制害虫的危害。美国白蛾（*Hyphantria Cunea*）、苹果蠹蛾（*Cydia Pomonella*）等害虫的性信息素的使用就是个例子，它能够有效地检测害虫的侵入、疫区扩散范围和扑灭效果检查（刘晓砚，2001）。另外，如果果虫口的密度并不是很高，那么性信息素更能发挥其作用。它监测松毛虫的存在灵敏度非常高；黄斑长翅卷蛾（*Acleris Fhobriana*）性信息素使用的有效性非常高，能够预测和防治。

②诱杀或诱捕：昆虫性信息素的基本原理是引诱集体异性，导致害虫的密度降低，核心技术就是减少下一代的数量，减轻未来的危害，以此保护农作物不受到危害。其中比较典型的是人工合成的地中海斑螟（*Ephestia Kuehniella*）性信息素及 ZETA、人工合成的烟青虫（*Heliothis Assulta*）性信息素已应用于成虫的诱杀。烟草甲（*Lasioderma Serricorne*）性信息素、印度谷螟（*Plodia interpunctella*）性信息素、谷蠹（*Rhizopertha Dominica*）性信息素、贺斑皮蠹（*Trogoderma*）性信息素、苹果蠹蛾性信息素、越冬代水稻二化螟（*Chilo Suppressalis*）性信息素、地中海石蝇（*Stonefly*）性信息素均能诱杀（诱捕）相应的害虫。

③干扰交配：如果环境当中的性信息素浓度比较高，那么雄虫定向寻找雌虫的能力就会丧失，这样田地中的雌性与雄性交配的可能性就会很大程度地降低，导致下一代的虫口密度迅速下降。人工合成的目标昆虫性信息素是可以被直接用于田地间干扰两性害虫之间的交配，其中美国就有利用含棉红铃虫（*Pectinophora Gossypiella*）性信息素的空心纤维，用飞机喷洒添加黏胶的这种物质，对于棉红铃虫的防治有明显的喜人成果。

另外，目标昆虫性信息素类似物也是一种防治方式，与天然的性信息素相比，这种类似物的生物活性并不是很高，但是它的好处在于加工合成容易，性价比高，应用的范围广。目标昆虫性信息素的抑制剂的利用也能在一定程度上对雌雄交配产生干扰作用，反 -9- 十二碳烯醇醋酸是苏丹棉铃虫（*Diparowatersi*）的性信息素的强烈抑制剂就是很典型的例子。如果用超低容量喷雾器喷洒含有抑制剂的微胶囊剂型那么取得的效果更加明显。

④联合治虫：从字面就可以理解，联合就是把能够防治虫害的各种昆虫性信息素、化学不育剂、病毒、细菌、杀虫剂一起使用，比如说首先利用性信息素引诱害虫，当害虫聚集过来时使用杀虫剂，让其与之直接接触导致其死亡；还有一种手段是让害虫和不育剂、病毒或者细菌等物质先接触，接着在害虫与其他个体发生直接接触或者还与异性进行交配，这样病毒、细菌等就会在个体当中蔓延，再通过卵传递给下一代，导致新生代中已经携带病毒或者细菌，这样就能实现害虫的种群控制（孟宪佐，2000）。上述就是现今世界研究领域中的一个新的方向。

（2）聚集信息素

昆虫聚集信息素是一种昆虫自身产生的，雌、雄两性同种昆虫会因此而聚集的化学物质。而昆虫聚集的目的能是为了寻找更好的环境，也可能是为了共享资源，还可能是为了抵御外敌的侵袭。

虫情监测和害虫的可持续治理阶段会大量地使用昆虫聚集信息素。实际上，可以将昆虫聚集信息素想象成为诱捕器上面的诱饵，每隔一段时间检查诱捕的害虫数量，是为害虫的治理奠定基础。早期昆虫聚集信息素主要的防治目标是森林害虫小蠹（*Scolytidae*），接下来在露尾甲（*Haptonchusluteolus*）的防治中也试验成功。另外还有一些仓储害虫 [如谷象（*Sitophilus Granarius*（L.）] 的防治也可以用聚集信息素作为辅助元素进行其分布方面的研究。

如果能够合理地运用昆虫信息素，那么害虫的可持续治理就会取得更好的效果。另外，若将聚集信息素和杀虫剂混合共同使用，那么半翅目害虫以及一些鞘翅目害虫都会被杀死。

昆虫聚集信息素在以下几种途径中可增效：添加一些植物性增效剂，添加死虫或活虫，结合使用模拟的寄主。在应用昆虫聚集信息素进行害虫防治时，应用诱集 – 驱避策略，可以得到更显著的效果，如在需要保护的植物或地带使用抗集信息素或其他驱避剂，而在次要植物或次要地带使用聚集信息素。

（3）报警信息素

报警信息素是昆虫对抗外来侵犯时，释放出的一种诱导同类个体产生聚集、防御或分散趋避行为的信息素。20 世纪 70 年代，Bowers 等分离并鉴定出蚜虫报警信息素的结构为倍半萜类的（反）–P– 法尼烯，（E）–7，11– 二甲基 –3– 亚甲基 –1，6，10– 十二碳三烯，简称 EBF。当下主流的研究方向是 EBF 剂型及与农药的混用技术。这种技术运用极少的蚜虫报警信息素与常规的农药混合之后向田地中喷洒，蚜虫会因为报警信息素的影响，做出逃逸的应急反应，在此过程当中主动地接触农药，而在运动中就会被杀死。这样农作物的产量就会提升，化学农药的使用量因此会降低。微量的化学信息物质带来了意想不到的生物效果，也是害虫防治新型的研究方向。

（4）示踪信息素（Trace pheromone）

示踪信息素是昆虫外出时，沿途释放一种做返巢路标的信息素。罗均泽等采用示踪信息素的粗提物制作诱杀包进行黑翅土白蚁（*Odontotermes Formosanus*）和黄翅大白蚁（*Macrotermesbarneyi Light*）的防治实验，其最后的结果是非常喜人的。之后，针对堤坝白蚁和林木白蚁的白蚁防治研究开展了信息素粗提物的研究。1997 年，何复梅等学者应用了示踪信息素类似物针对家白蚁展开了深入的研究，其中主要是将 F88 菌感染的腐木提取液应用于白蚁的防治过程当中，并且取得了明显的效果，具有很高的推广意义。余春仁等人（1999）采用台湾乳白蚁（Coptotermes Formosanus）示踪信息素类似物以学校的书库作为试点，开展了防治实验，并且在 2~3 年间白蚁不复存在。

（5）利他素（Kairomone）

利他素的实质是昆虫自身释放出的能够使其他物种因此发生对自己有益处的反应的化学物质。如棉铃虫的鳞片中有一种化学物质（二十三烷化合物），能刺激广赤眼蜂（Trichogramma Evanescens Westwood）寻找寄主。将合成的这种物质用于大田，可提高广赤眼蜂对棉铃虫卵中寄生蜂的量，从而减少棉铃虫的数量。

（6）利己素（Allomone）

利己素的实质是昆虫本身释放出的为了能使其他物种做出对其本身有益处的反应的化学物质。如瓢虫一旦遭到天敌攻击时，就释放出一种难闻的防御性气味物质，以驱赶天敌，免遭侵害。

（7）互利素（Synomones）

互利素是由一种昆虫释放并引起他种个体行为反应的化学物质，而行为反应对释放者和接受者双方都有利。

二、几丁质合成抑制剂

（一）概述

当下研究的主流是在新型的杀虫剂中添加的一类几丁质合成抑制剂物质。这种几丁质合成抑制剂物质在合成过程中有很多种因素都能够对其产生影响，其中，经济效益以及重要性的代表物质是苯酰基脲类和噻嗪酮这两类商品化杀虫剂。

荷兰都佛公司早在1972年就已经在筛选除草剂的时候偶然发现苯酰基脲类化合物Du-19111能够在几种不同的昆虫蜕皮阶段起到抑制其蜕皮的作用。根据此发现，该公司研发出了具有更高杀虫活性的杀虫剂——灭幼脲 I 号。由此引发了全世界几十家的农药以及化肥公司关注该公司，都开始了对这种杀虫剂的研究，并且发现了大量效果明显的苯酰基脲及其类似化合物（郭光进等，1985）。目前，已经商品化的苯酰基脲类杀虫剂已经有灭幼脲 II 号、氯铃脲、氟虫脲（卡死克）、氟定脲、农梦特等10多个品种。

杀菌剂富士1号在稻田中施用后一般会产生双重效果，一方面对于稻瘟病（见图3-20）的抑制效果明显，另一方面能够长期地控制稻飞虱种群（见图3-21）（Uchida 和 Fukada，1983）。日本在富士1号的基础上开发了新型杀虫剂噻嗪酮（Uchida 等，1986）。噻嗪酮的杀虫作用、原理和苯酰基脲类相同，通过抑制若虫脱皮而导致若虫死亡，但其杀虫谱和苯酰基脲类相比有明显的不同，主要体现在应用的防治对象上。前者主要作用于同翅目害虫，如飞虱、叶蝉、介壳虫、粉虱等，后者则对于这类同翅目害虫生物的防治效果并不明显。

图3-20　稻瘟病

图3-21 稻飞虱

（二）几丁质合成抑制剂的特性

1. 杀虫作用、机理

苯酰基脲类和噻嗪酮杀虫的机理目前已经有了明确的定论，它们都是影响昆虫体内几丁质的合成，没有了几丁质昆虫就不能正常地蜕皮或者化蛹，最终死亡；另外，昆虫的DNA合成也受到了一定的影响，具体表现为很多昆虫的绝育。由于人类和其他的高等动物体内基本是不含有几丁质的，节肢动物、线虫和真菌体内是几丁质的主要存在场所，这样的药剂对高等动物基本没有影响。

2. 致毒方式

胃毒作用是苯酰基脲类致毒方式的代表，同时，有些昆虫也可能对触杀作用的反应明显。而苯酰基脲化合物71601-37-1具有强烈的熏蒸作用，在室温内用含有效成分 $0.1g/m^3$ 的剂量熏蒸可有效防治温室黄瓜上的白粉虱。噻嗪酮对稻褐飞虱（*Nilaparvata Lugens*）若虫的致毒方式大体上是触杀作用，另外以内吸作用作为辅助。

3. 作用范围及其选择性

与常规杀虫剂比较，几丁质合成抑制剂类杀虫剂在昆虫种间的选择性较强。一方面，这类药剂在使用时，防治害虫所用的剂量对于害虫的天敌昆虫以及非标靶的昆虫来说产生的影响相对较小，化学防治和生物防治之间传统的矛盾也因此被进一步地化解。另一方面，这种特点也使得它通常情况下不能兼顾多种害虫的防治工作，由于其目标性很强，对于一些害虫的毒效性不高，在同种作物上存在的多种害虫不能同时起作用，灭幼脲I号等苯酰基脲类就是一个极其明显的例子，这样在应用范围上很大程度上被限制。但是IKI-789的杀虫范围较广，如对棉花上的主要害虫棉铃象（*Anthonomus Grandis*）、海灰翅夜蛾（*Spodoptera*

Littoralis）、美洲棉铃虫等均有良好的防治效果，以较低剂量即能防治对灭幼脲Ⅰ号敏感性很低的小菜蛾。

4. 主要特点

（1）由于其本身的特殊性，除去目的昆虫，对于其他生物体来说是非常安全的。

（2）一些害虫对于神经系统及电子传导系统药物已经产生了抗药性，对于这样的害虫也能起到抑制的作用。

（3）其杀虫的能力很强，但是比起有机磷、氨基甲酸酯及拟除虫菊酯类杀虫剂来说，它的速效相对偏低。

（4）在害虫防治的适用范围方面还具有一定的局限性。

（5）其杀虫的效果只能在昆虫某一个特定的生长期体现。

（三）几丁质合成抑制剂的主要种类及功能

1. 灭幼脲（Chlorbenzuron Mieyuniao）

灭幼脲会抑制昆虫体内的几丁质的正常合成，这样鳞翅目幼虫会在蜕皮阶段不能正常蜕皮并且因此死亡（见图3-22）。这实质上就是胃毒与触杀的共同作用，它们对于脱皮阶段的昆虫才会发挥其作用。当幼虫与其发生直接接触以后，并不立即死亡，而表现出拒食、身体缩小的现象，待发育到蜕皮阶段才致死，一般2 d后开始死亡，3～4 d达到死亡高峰。成虫接触药液后，产卵减少，或不产卵，或所产卵不能孵化。灭幼脲残效期长达15～20 d。其用于防治鳞翅目多种害虫。防治小菜蛾、菜青虫用25%悬浮剂500～1000倍液喷雾，防治柑橘潜叶蛾用1000～2000倍液喷雾，防治黏虫、松毛虫用2500～5000倍液喷雾。灭幼脲不宜在桑园附近使用。

图3-22　重阳木锦斑蛾，可用25%灭幼脲Ⅲ号1000倍液喷雾防治

2. 除虫脲（Diflubenzuron）

除虫脲抑制害虫的机理是从根本上影响害虫生长所需要的几丁质的合成，没有了几丁质害虫就不能正常形成角质层，这样鳞翅目幼虫会在蜕皮阶段不能正常蜕皮并且因此死亡（图见 3-23）。

图 3-23　刺蛾类害虫，可用 20% 除虫脲 5000 倍液 +80% 代森锰锌 800 倍液 + 好湿 3000 倍液喷雾防治

具有胃毒和触杀作用，可用于害虫各生长发育阶段，但对刺吸式口器的害虫无效。20% 的除虫脲在兑水稀释 1000 ~ 2000 倍后制成喷雾就可以有效防治一些虫子，比如黏虫、玉米螟、二化螟及稻纵卷叶螟和柑橘木虱（*Diaphorina Citri*）等；5% 除虫脲在兑水稀释 1000 ~ 1500 倍后的液体能够防治菜青虫、小菜蛾、甜菜夜蛾、斜纹夜蛾以及茶尺蠖（*Ectropis Oblique Hypulina*）等。

3. 氟铃脲（Hexafluron）

氟铃脲具有胃毒和触杀作用，而且速效，尤其是防治棉铃虫。它在抑制害虫脱皮的同时，还能抑制害虫取食并具有杀卵活性（见图 3-24）。5% 氟铃脲乳油的用量，棉花为 495 ~ 1005 mL/hm²，果树为 195 ~ 300 mL/hm²，可防治鞘翅目、双翅目和鳞翅目害虫。

图 3-24　黏虫，可用氟铃脲 + 高效氯氰菊酯液喷雾防治

4. 氟虫脲（Flufenoxuron）

氟虫脲具有胃毒和触杀作用，尤其对未成熟阶段的螨和害虫有很高的活性，并有很好的叶面滞留性。其作用缓慢，一般施药后 10 d 才明显显出药效，对天敌安全。其主要用于防治植食性的害螨或者其他害虫。一般在柑橘、棉花、葡萄以及大豆和玉米上使用氟虫脲。5% 氟虫脲（卡死克）可分散性液剂防治小菜蛾、甜菜夜蛾、黏虫和棉叶夜蛾（*Spodoptera Lttorolis*）的使用量为有效成分 21g/hm²，防治棉铃虫、棉红铃虫为 60 ~ 120g/hm²，防治苹果和柑橘全爪螨为 10.5 ~ 30g/hm²。

5. 氟啶脲（Chlorfluazuron）

氟啶脲以胃毒作用为主，兼有触杀作用。与除虫脲相比，氟啶脲在幼虫体内的抑制作用较弱，半衰期较长（见图 3-25）。氟啶脲对多种鳞翅目、鞘翅目、膜翅目和双翅目的害虫有很高活性，对甜菜夜蛾和斜纹夜蛾有特效，对刺吸式口器害虫无效。5% 氟啶脲（抑太保）乳油兑水稀释 1000 ~ 2000 倍，可防治小菜蛾、菜青虫、棉铃虫、红铃虫（*Pectinophora Gassypiella*）、柑橘潜叶蛾（*Phyllocnistis Citrella*）和桃小食心虫（*Carposina Niponensis*）等害虫。

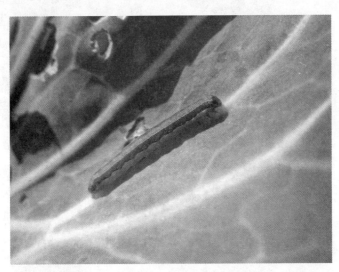

图 3-25　甘蓝夜蛾又叫地蚕虫、夜盗虫，可用氟啶脲、虫螨·茚虫威、甲维·虫酰肼、苏云金杆菌等药剂喷雾防治

6. 农梦特（Teflubenzuron）

农梦特可阻碍几丁质合成，影响内表皮生成，使害虫在蜕皮变态时因不能顺利蜕皮而死亡。农梦特具有胃毒、触杀作用，持效期长，对鳞翅目害虫有特效，对蚜虫、叶螨、飞虱无效。5% 农梦特乳油兑水稀释 1000 ~ 2000 倍，可防治菜青虫、小菜蛾、粉虱、棉铃虫、红铃虫、稻苞虫、稻纵卷叶螟、柑橘潜叶蛾和桃小食心虫等。

7. 噻嗪酮（Buprofezin）

噻嗪酮为二嗪类几丁质合成抑制剂，接触该药剂的害虫死于蜕皮期，噻嗪酮作用缓慢，不能杀死成虫，但能减少成虫产卵，并阻止卵孵化（见图3-26）。噻嗪酮具触杀、胃毒作用，也具渗透性。特别是对鞘翅目和半翅目的害虫还有蜱螨目的害螨有很强和持久的毒杀活性。这样就可以防治水稻上的叶蝉和飞虱以及马铃薯上的叶蝉还有柑橘、棉花及蔬菜上的粉虱和柑橘盾蚧。用25%噻嗪酮（优乐得）可湿性粉剂300～450g/hm² 防治稻叶蝉（*Nephotettix Cincticeps*）和稻飞虱，1000～1500倍液防治橘粉蚧（*Pseudococcus Citr*）和茶小绿叶蝉（*Empoasca Pirisuga Matumura*），2000倍液能防治果树及茶树上介壳虫等。

图3-26　介壳虫，可用噻嗪酮毒死蜱，有机乳剂＋代森锰锌＋万得肥平衡型，
全树冠喷2～3次，每次间隔7～10 d

三、植物生长调节剂

（一）概述

植物生长调节剂（Plant Growth Regulator，PGR）是人工合成的类激素物质，已广泛应用于作物生产，以提高产量和品质。假若适当地在农作物上使用生长调节剂，能够提高其抗逆性，进而改变农作物的生长过程及状态，这样就能够提高产量。除此之外，植物生长调节剂可以避免植物被病原真菌侵染，同时在植物致病的过程中，其还能影响植物的生理和生化反应。

来源于植物内源激素的生长调节剂包括生长素类（Auxin）、赤霉素类（Gibberellin）、细胞分裂素类（Cytokinin）、脱落酸（Abscisicacid）和乙烯（Ethylene）五种。它们就是所谓的植物激素。不过通过人工合成的植物生长调节剂与植物激素的活性相同，我们都把它们看作外源植物生长调节剂。

当前，学者们发现了能够调控植物的生长和发育的物质有很多。目前主要有：生长素、赤霉素、乙烯和细胞分裂素、脱落酸以及油菜素内酯、水杨酸、茉莉酸和多胺等。随着研究的推进，未来还会发现更多。

（二）植物生长调节剂的功能

已有研究确定，植物生长调节剂就是植物基础调节的表达。近年来，一些专家通过采用分子生物学的方法把与激素相关的基因和 cDNA 进行了分离。例如，植物的生长素能够影响大豆幼茎中的 $SAUR$ 和 $GH3$ 两种基因的表达；此外，脱落酸（ABA）可以诱导产生 Lea 蛋白，并且经过乙烯处理后的黄瓜能提高氧化物酶的活性，等等。以上提到的这些基因表达，全部都是和抗病性相关的基因表达。也就是说它们能够增强植物抵抗病毒的能力。所以在目前现有的研究中，在作物的生长过程中都会使用植物生长调节剂，目的是让害虫远离作物。

1. 植物生长调节剂与抗逆性

通常来讲，在植物生长发育的过程中，经常会遇到低温、干旱或者涝灾等逆境，有时候也会遭遇害虫的侵害，这些都对它们的生长不利。在这些环境中，植物的生长会受到严重影响，导致幼苗抗病能力下降。这就会加强病毒对植物的侵害，使得作物在幼苗期容易发生严重的病害。这时候就需要植物生长调节剂来促进作物的发育和生长，以提高其抵抗逆境的能力，进而减少病虫害的发生。

（1）脱落酸（ABA）与植物抗逆性试验表明，喷施外源 ABA 后，能直接增强水稻、辣椒幼苗超氧化物歧化酶（SOD）、过氧化物酶（POD）以及过氧化氢酶（CAT）的活性。这时候能够在叶绿素含量增加的同时降低质膜的透性。邹志荣等在 1996 年发现使用这种方法可以使辣椒的抗冷性增强。在他的研究中发现外源 ABA 的作用机理是将植物细胞的保护酶的系统活性提高，这样就会增加保护物质的含量，而同时会降低超氧自由基的含量。那么，膜脂的过氧化作用就会得到抑制，植物的保护膜结构就会更加稳定，进而植物的抗冷性会随之提高。

（2）植物中的油菜素内酯（BR）和植物抗逆性。BR 其实就是一类油菜素甾醇化合物。1971 年，Mitchel 发现了 BR。自那之后它的强大作用得到了众多专家学者的关注。他们在研究中发现它与植物的胁迫反应有很大的关系，能够使植物的抗逆性提高。此外还发现外加的 BR 能够在增强植物的抗冷性的同时提高植物的抗盐、抗旱和抗热性。Wilen 等研究的成果表明，经过 BR 处理后的雀麦的抗低温（3 ~ 5℃）的能力提高了。1993 年，王炳奎等用 BR 把水稻种浸泡了 24 h，发现在低温环境中，幼苗降低了电导率，同时还提高了超氧化物歧化酶活性，使得植物组织中的丙二醛（MDA）的积累减缓，这样就能够让幼苗的腺嘌呤核苷三磷酸（ATP）处于较高的水平，减小了在低温时的伤害。

（3）多效唑（PP333）和植物抗逆性。PP333 有利于植物在生长中高效、光谱性地杀菌。除此之外，在低浓度下，它的活性非常强，而且不存在专化性。它不仅能够显著地延缓植物的生长，也能够增强植物的抗逆性。举例来说，PP333能够减小菜豆受到SO_2的伤害，同时它能使植物的抗冷、抗热和耐旱性都得到提高。1993年沈法富等还发现其能够增强草莓苗和棉花幼苗的耐盐性。

（4）水杨酸（SA）和植物的抗逆性。SA实际上是在植物体内普遍存在的小分子酚类物质。这种物质的化学名称是邻羟基苯甲酸。它能够提高植物的抗病性，同时还能增强植物抵抗脱水和干旱的能力。除此之外，张春光等人还发现这种物质能够抑制植物体内生成乙烯。

（5）氯化胆碱（CC）与植物抗逆性。CC在植物体内很容易代谢掉，同时它也能够改善植物的生理性能。大量的研究成果表明，CC能够在植物遇到低温或者干旱的时候保护幼苗的细胞膜脂。这样就能够使其被氧化的程度降低。这是由于CC能够使植物体内有害的自由基防氧化酶的活性增强。这样，细胞膜的通透性就提高了。

2. 植物生长调节剂与诱导抗病性

植物诱导抗病性（Induced Resistance）其实指的是在受到外界因子的诱导后，在植物体内产生了有害病原菌的抗性。外界的诱导因子主要有细菌、真菌还有病毒等，而它们的代谢产物也包括在内。金属离子（Ca^{2+}）、化合物（水杨酸、乙烯）和紫外线也可以使植物产生抗病能力。当前，学者们重点研究化学物质诱导植物的抗病性，有些研究出的物质已经用于农业的生产中。除此之外，还研究出了新型的杀菌剂。

（1）水杨酸与植物抗病性

1979年，学者们在研究烟草花叶病毒（TMV）的时候意外发现了水杨酸（Salicylic acid，SA）的抗病活性。研究中发现它能够引起烟草体内可以积累病程的蛋白（PR）。除此之外，外源SA还可以积累黄瓜、马铃薯以及菜豆和水稻等多种植物的病程蛋白，这样就能够针对真菌、细菌、病毒等病原物产生抗性。

（2）茉莉酸及其衍生物与植物抗病性

近几年来，专家学者们研究比较多的植物生长调节剂是茉莉酸（Jasmonic Acid，JA）和茉莉酸甲酯（Methyl Jasmonate，MJ）。他们的研究成果表明，外用茉莉酸及其衍生物可以使水稻和花生的抗逆性得到提高。同时茉莉酸甲酯能够防止烟草的幼苗患炭疽病，并且抗病和酸性蛋白质的含量都与多酚氧化酶活性的关系不大。但是宾金华等在2000年的研究中发现，茉莉酸甲酯可以显著地提高植物幼苗的苯丙氨酸解氨酶（PAL）和过氧化物酶的活性，还能增加木质素和富含羟脯氨酸蛋白的含量。他做的实验结果还说明了PAL、木质素和羟脯氨酸糖蛋白（HRGP）对茉莉酸甲酯的抗病性起到了关键的作用。

（3）生长素类与植物抗病性

Iwata等人的研究发现，假若在水稻的叶片上喷吲哚乙酸（IAA）、α-萘乙酸（NAA）、乙烯以及他们的生物合成前体色氨酸、蛋氨酸等能降低稻瘟病斑点型病斑的比例。此外，还能控制病斑的扩展，也可以减少发生病害的次数。

（4）三唑类化合物与植物抗病性

宋述尧等人使用多效唑，对 4 株真叶期的黄瓜幼苗进行了处理，发现幼苗对白粉病和霜霉病的抗性明显地提高了。王熹等人使用多效唑处理了大豆之后，发现大豆患皱缩花叶病的概率降低了。由此可见，三唑类化合物抗病的机理在于把组织菌体内羊毛甾醇 C_{14} 氧化脱甲基化反应，这样菌体就不能生成麦角甾醇。

四、转基因生物

（一）概述

转基因生物最初源自英语 Transgenic Organism，20 世纪 70 年代，重组 DNA 才开始在动植物育种时应用。转基因通常把外源目的基因转入到生物的体内，这样就能够使基因进行表达。所以早期的英语文献中提到了这种移植外源基因的生物，就把它们称为转基因生物。它也是生物基因工程体。通过采用重组 DNA 技术从而把外源基因和受体生物基因组进行组合，能够改变后代的遗传基因。

目前，所知道的转基因生物主要有转基因植物、转基因动物和转基因微生物三种。其中转基因植物在当今世界的应用是最广泛的。以下主要介绍转基因植物。

转基因植物涵盖了通过转基因技术导入外源基因的所有植物类型，包括植物个体、群体及其衍生的后代。1983 年首例转基因烟草问世，到了 1986 年，第一次全世界有 5 例转基因植物获准能够进行田间的试验。1994 年，在美国首例转基因耐储藏西红柿被批准进入市场，这使得转基因植物的研发、生产以及试验的规模都在快速地增加。

2009 年，全球范围内种植转基因作物就有 $1.34 \times 10^8 hm^2$，其中美国以种植面积 $6.4 \times 10^7 hm^2$ 居首，我国居第六位。

（二）转基因生物的主要目标性状

到目前为止，转基因作物的发展主要分为两种：一种是用于抗虫、抗病及抗除草剂的转基因作物，尤其是抗除草剂的作物种植面积是最大的。另一种是用于提高营养价值和延长水果及蔬菜保鲜期的转基因作物，这直接有利于消费者。转基因生物主要从四个方面改善生物，包括：第一，改善了农艺的性状；第二，适合加工；第三，提高营养价值的品质；第四，降低对环境的污染程度。随着工业化的进程加快，单一抗性的作物可以向优质、多抗以及高产方向发展。为此转基因技术曾用于棉花、大豆和玉米等作物，现在可以用在小麦、水稻等粮食作物上。在未来，转基因的水稻和抗旱性状会成为全国乃至全世界发展的重点。到了 2009 年，新型玉米就包含了 8 种不同的抗虫和耐除草剂基因。除此之外，在"Roundup Ready 2 Yield"大豆中加入了外源提高作物产量的基因，在美国和加拿大都大面积种植，这是第二轮转基因作物发展的高潮。

（三）转基因的作用方式和特点

几种常见基因资源的作用机理如下。

1. *Bt* 基因的作用机理

可以利用苏云金芽胞杆菌（*Bt*）基因中限制酶切图谱以及它们的同源性，就可以把 7 种杀虫谱不同的蛋白质分为 29 种。这些可以统称为 *Cry* 基因。有大量的研究成果表明，当 *Bt* 晶体蛋白进入昆虫的中肠后，在消化酶的催化作用下，会把蛋白质分解为有活性的 60~75kU 的多肽，之后会与中肠上皮细胞表面的特异性受体相结合。不过这样会使得细胞膜穿孔，破坏了渗透平衡，最终会导致昆虫患病或者死亡。现有研究表明，受体为氨肽酶 N 以及钙黏着蛋白（Cadherin）类似物是不会与人体的肠道直接产生作用的。

2. 植物凝集素

植物凝集素基因的作用机理：当昆虫进食了植物凝集素以后，其在昆虫的消化过程中，会结合肠道膜上相应的糖蛋白，之后会把细胞膜的透性降低，使昆虫对营养吸收不够。与此同时，植物凝集素能够越过上皮的阻碍进入昆虫的循环系统，这样就会使昆虫中毒，而且还会使昆虫的消化道出现病症，进而促进消化道内的细菌繁殖，从而抗虫。

3. 蛋白酶抑制剂

对于蛋白酶抑制剂基因的作用机理，目前研究得较清楚的是豇豆胰蛋白酶抑制剂（CpTi）。其抗虫的机理为把氢键和范德华力结合昆虫肠道中的胰蛋白酶后，就会形成能使酶失去活性的酶抑制剂复合物。这样就会阻断蛋白酶对外源蛋白的水解作用，昆虫的正常消化就会受到干扰。除此之外，形成的酶抑制剂复合物能使昆虫分泌更多的消化酶，随之昆虫就会出现厌食。不过这样会消耗大量的氨基酸，对昆虫的生长发育有很大的影响。假若其通过昆虫的消化道进入血淋巴系统，那么昆虫的蜕皮和免疫功能会受到破坏，进而影响昆虫的发育和生长。

（四）常用基因资源

1. 抗虫基因

（1）*Bt* 杀虫蛋白基因

Bt 可以产生具有杀虫作用的伴孢晶体蛋白，又称 *Bt* 杀虫蛋白。目前，把通过优化密码子处理后（比如增加 G/C 的含量或者使用植物编好的编码子，除去没有作用的位点和多聚腺苷酸化的信号等影响植物表达的物质）的 *Bt* 基因成功地导入到棉花、玉米、水稻以及烟草和辣椒等植物里面，就能得到大批拥有良好的抗虫性的转基因作物的品种或者转基因的资源了。目前商品化种植的转基因抗虫作物通常利用的都是 *Bt* 基因。

（2）植物来源的抗虫基因

植物中的蛋白酶抑制剂能削弱或阻断蛋白酶对食物中蛋白质的消化，使昆虫产生厌食反应，最终导致昆虫非正常发育和死亡。在植物中已发现 10 个蛋白酶抑制剂家族，它们能够抑制 4 种蛋白酶的活性，分别是丝氨酸蛋白酶、胱氨酸蛋白酶、天冬氨酸蛋白酶以及金属蛋白酶。丝氨酸蛋白酶的抑制剂和抗虫性的关系是最大的，在该酶抑制剂里有胰蛋白酶抑制剂、胰凝蛋白酶抑制剂以及弹性蛋白酶抑制剂。它们中最重要的是胰蛋白酶抑制剂。大多数昆虫利用胰蛋白酶消化食物，但大多数植物不含或仅含有微量的胰蛋白酶。这些基因来自植物，不必对密码子进行改造就能很好地表达，其抗虫谱也比 *Bt* 杀虫蛋白基因要宽，而且昆虫难以直接产生抗性。此外，植物中普遍存在的淀粉酶抑制剂对多种昆虫也有抑制作用。

植物凝集素（Lectin）是一类特异识别并可逆结合糖类复合物的非免疫性球蛋白。当它被昆虫摄食进入消化道时，会与昆虫肠道的周围细胞壁膜上的糖蛋白进行结合，这样会对营养物质的吸收产生很大影响。同时它还有可能引发昆虫消化道的病灶产生，进而会导致昆虫患病死亡。当前应用较多的外源凝集素基因主要有豌豆外源凝集素（P-lec）、雪花莲外源凝集素（GNA）和半夏外源凝集素（PTA）3 种凝集素的基因。豌豆外源凝集素能抑制豇豆象的繁殖，对于稻飞虱、蚜虫等刺吸式害虫表现出良好抗性。GNA 存在于一定生长阶段的雪花莲组织中，它对线虫、蚜虫、叶蝉、稻飞虱等具有刺吸式口器的半翅目害虫有较强的毒杀活性。

（3）昆虫来源的抗虫基因

虽然科学家一直认为表达昆虫关键基因双链 RNA（dsRNA）的植物有可能保护植物免于植食性昆虫的危害，但是过去的数年却一直没有这方面研究成功的报道。2007 年，两个独立研究小组同时在 *Nature*、*Biotechnology* 上报道转基因植物介导的 RNAi 可以用于控制害虫危害。他们使用的外源基因均是昆虫来源的基因（Mao 等，2007；Baiim 等，2007）。科学家预测，昆虫基因的双链 RNA（dsRNA）具有替代扮基因的潜力。

（4）其他动物来源的毒素基因

蝎子毒素是蝎子在漫长的进化过程中形成的，它可专一作用于昆虫细胞离子通道，而对哺乳动物毒性很小或无害。这些毒素已被证实对棉铃虫和烟青虫等昆虫具有极强的致死性。另一类研究较多的是蜘蛛毒素，这种酶素也表现出抗虫特性。

2. 抗病毒基因

（1）病毒衣壳蛋白基因

许多作物（水稻、玉米、油菜、白菜、苜蓿、西红柿、黄瓜、甜瓜和木薯，以及马铃薯、甜菜和甘蔗等）上的衣壳蛋白介导的抗性能够有效杀死病毒。这是由于这些作物中的介导抗性可以阻止病毒中的脱壳、衣壳蛋白等和病毒中的 RNA 互作，还能阻止其与寄主的 RNA 进行互作，进而影响 RNA 之间的转录和翻译。除此之外，衣壳蛋白能够干扰病毒在细胞间的长距离传播。1995 年，美国的农业部批准在商业上应用转衣壳蛋白基因的南瓜品种（Freedom Ⅱ），这是病毒衣壳蛋白首次应用在商业中。它能够同时抵抗西葫芦的黄花叶病毒（ZYMV）和西瓜叶的花叶病毒（WMV Ⅱ）的病毒。值得注意的是，"Freedom"转基因的南瓜在生产的时候不需要直接使用杀虫剂消灭传播病毒的昆虫，就能够提高产量，同时还可以把成本降低。

（2）病毒复制酶基因

复制酶基因介导的抗性一般是由病毒编码的 RNA 而产生依赖性的 RNA 聚合酶介导而产生的。20 世纪 90 年代，出现了首例复制酶基因介导的抗性，而此次成果得益于 Golemobaski 等人的不懈努力。他们通过把烟草花叶病毒株系的非结构基因导入烟草从而得到了有效的工程植株，并且此工程植株对烟草花叶病毒存在免疫抗性。不过，并不是所有复制病毒基因的转化植株都能获得抗性，而且在一些方面，比如范围和抗性程度都不会一样。一般来说，复制酶基因介导和衣壳蛋白基因介导相比，前者比较复杂但更有效。而复杂的程度不仅是表现的复杂化，而且在抗性机理上也同样变得多样性，除此之外，也会包含很多相似之处。

（3）病毒运动蛋白基因

运动蛋白（MP）是一类更加复杂的蛋白质，它不仅需要通过病毒进行编码，而且会在病毒的作用下在植物体的内部进行有效时间的运转。而这样的运转一般受编码过的运动蛋白和植株的影响。而这种运动蛋白介导的抗性特点比较特殊，并不是植入之后就能显示出抗性，而是由转基因植株的表达形式决定。当植株表达的是失去功能的运动蛋白时，植株显示抗性；而一旦植株表达的是有功能的运动蛋白时，植株的感病性还会不降反增。正是由于这一点，早期，运动蛋白几乎不起作用，仅仅是对病毒的活动有一定影响，而到了中后期，抗性才逐渐显露出来。即便如此，运动蛋白仍拥有普适性。

（4）RNA 介导的抗性

RNA 介导的抗性包括卫星 RNA、缺陷干扰型 RNA 和反义 RNA 介导的抗性。辅助病毒就是携带卫星 RNA 的一类病毒，并且与卫星 RNA 具有无序列同源性。卫星 RNA 的优点比较明显。不仅不需要产生其他的异源蛋白，保证安全性，而且不会因为接种量过大而受影响。而缺陷干扰型 RNA 不同于卫星 RNA，它与病毒核酸具有同源性，且由于自身并不能够进行复制，会依赖于病毒。而反义 RNA 比较简单，通过在植株上导入互补于病毒的衣壳蛋白，来阻碍病毒复制，从而实现对病毒的抗性。

（5）来自植物的抗病毒基因

植物体内的抗病毒基因有 5 种，分别是植物抗病基因、核糖体失活蛋白基因、植物抗体基因、潜在自杀基因和病程相关蛋白。其中对核糖体失活蛋白基因研究较多。目前，植物来源的核糖体失活蛋白（RIP）基因用于植物抗病毒基因工程的研究主要是美洲商陆抗病毒蛋白（PAP），还有天花粉蛋白（Trichosanthin，TCS）等。随着植物基因组计划的实施，从植物自身分离的抗病毒基因会逐渐增多。

3. 抗真菌基因

（1）几丁质和3-葡聚糖基因

大多数病原真菌细胞壁一般由几丁质和3-葡聚糖构成。这两种物质的酶也分别具有降解它们本身的作用，可用于对抗植物的真菌病原。

（2）核糖体失活蛋白基因

核糖体失活蛋白基因是一种对病原真菌有很好抑制作用的植物基因。除此之外，它与前面提到的几丁质酶和3-葡聚糖酶同时使用，可以起到很好的协同作用，从而能够获得对真菌更强的抗性。

（3）植物防卫基因

植物抗病性的表达，一般是由于植物的抗性基因（R）和病毒的无毒基因之间的过敏反应而激发防卫基因表达而作用的。而这种过敏反应只存在于早期植物对病毒的识别反应中，并且通过诱发防卫基因的表达来达到产生抗性的目的。因此防卫基因的产物才是对病毒产生防卫作用的主要因素。所以为了提高植物的抗性，可以直接导入此植物的防卫基因。而防卫基因有很多类，如抗真菌肽基因、钝化病原物致病酶的蛋白基因、病程相关蛋白（PRP）基因与植物抗毒素（PA）基因等。植保素是植物抗毒素的另一种说法。植物抗毒素在植物的自我防卫中十分重要，是一种低分子化合物，在植物受到真菌侵染后立即出现。其含量主要是类黄酮与类萜化合物。植物防卫素是植物抗真菌肽的另一种说法。植物抗真菌肽是一种具有抗真菌普适性、产于植物种子的蛋白。植物抗真菌肽有很多种类，主要有脂质转移蛋白、荨麻的植物凝集素、大小麦的硫素以及萝卜抗真菌蛋白等。

4. 抗细菌基因

（1）杀菌肽基因

杀菌肽基因是一种非植物起源的、含30多个氨基酸残基的肽链，通过作用于植物可以让植物产生相应的抗性，并且杀菌范围广泛，抗性的对象甚至包含革兰阳性菌和革兰阴性菌。

（2）溶菌酶基因

通过让T4噬菌体溶菌酶作用在马铃薯块茎上，可以提高软腐病细菌的抗性。

（3）病原体自身的抗菌基因

对于植物来说由病原菌入侵而生产的致病毒素才是真正的元凶。而为了能够对抗甚至消除这个元凶，可以在病原菌上面分离出降解毒素的基因，并通过克隆导入植物，使之成功表达，以此来提高植物对此类病原菌的抗性。

（4）植物的抗细菌基因

植物也拥有抗细菌基因，如拟南芥 *col* 基因等。大麦 T 硫素基因的表达可大幅度提高转基因烟草对野火病原细菌和斑点病原菌的抗性。

5. 抗除草剂基因

第一个被农民接受并种植的抗除草剂基因是抗溴苯腈棉花（1995），即将抗草铵膦基因（*6ar*）导入作物中而成。抗草甘膦的转基因棉花于 1996 年被批准商品化种植，其后抗草甘膦作物成为种植面积最大的作物，所用的抗草甘膦基因包括 *CP*4 基因和 *gar* 基因等。

（五）转基因植物的应用途径

转基因作物的应用途径与常规作物一样，通过在田间种植，实现对病虫害的抗性，减轻病虫害的危害。为了减轻目标病虫害对转基因作物的抗性，种植转基因作物时，应适当种植一些常规作物，通过增加作物遗传多样性控制病虫害。例如种植玉米时，应种植 20% 以上的常规玉米。

第四章 有机旱作农业生物肥料对土壤的改良作用

第一节 有机旱作的生物肥料概述

当今世界，正面临着激烈的资源分配问题和环境的持续恶化问题，各国也在向着建立可持续发展的经济模式努力，其中食品的安全生产问题是发展问题的重中之重。在食品安全上，目前国际的大趋势主要是发展绿色食品，也就是采用更为洁净的方式来生产粮食和肉类等日常的必需品，并且，分析发现这种食品生产和加工方式，在市场上有着强大的竞争力，因此，更能满足人们的要求和日常的需要。分析发现在 21 世纪农业的生产将会以生态农业为主要方式，并且生态农业生产方式也会在食品中占据主导地位。生态食品中的绿色食品是一种洁净的无公害、无污染的优质食品，21 世纪初在北京举行的肥料研讨会，会议指出应当建立肥料科学，并且科学合理地进行肥料的使用，建立一套完整的食品安全体系，在这个过程中，必须注意环境的保护工作。因此，可以看出，合理地运用肥料是生态农业重要的一部分。在使用化肥时，必须将其控制在环境的许可范围内，不应当对环境产生污染和破坏，并且在使用中不能危及人类的生命健康。在绿色生产中，对非自然肥料的使用有着严格的限定，并且主要使用有机肥料对土壤进行补充，而这一部分内容在绿色农业中占据主要地位。

在我国的经济结构中，农业占据着基础地位，是一种多年来的基础性的产业形式。目前的农业，其发展过程主要是投入比较高的成本从而得到高产量的粮食，并且效率较以往的手工形式有了相当大的提高。在生产过程中，肥料的使用有着重要的位置，也是当今农业发展中离不开的基础性产业。在我国，人均对土地的占有量比较少，在世界中的农用土地占有率位于下游位置，并且调查显示，由于各种原因，农耕性的土地在以每年 500 万~700 万亩的速度迅速减少，同时耕地的质量也在不断地下降，所以导致人均占有量在减少。目前我国人均耕地面积也仅是国际人均水平的 40% 左右，而中下等的耕地占总面积的 70% 左右，这也就造成了我国田地的备用量严重不足。因此，当今形势下，必须大力提高单位面积产品的生成量，在使用农用土地时必须采用更高产而且稳定的生产方式，才能够养活日益增长的人口。在实行高产策略时，其中一个相对可以控制的因素就是营养元素的使用，而这一点与肥料的使用方式极为密切，施加的数量和方式以及质量和类别都需认真地考虑。综上可知，在当今的经济形势和国内、国际环境下，只有合理的技术才能实现产量的增加，同时保护环境和耕地的质量，因此有机废物利用是一个解决我国农业问题的重要方向，同时也符合我国的农业生产现状。

一、生物肥料的内涵

人类的祖先很早就在农业和食品等方面应用天然存在的微生物了。在古罗马时期，农民就发现在先前种过豆科植物的大田里种谷类作物时，产量有所提高。注意到细菌能增加农业土壤的营养。这些细菌的发现以及对这些细菌的研究促使美国纳特尔公司（Nitragin company）于1989年生产和销售了土壤细菌接种剂。

微生物肥料指的是包含有大量的细菌和真菌的生物肥料，通常也被称为菌肥和细菌肥料，常常用于植物的培养中。这些肥料中含有活跃的微生物，因此带有活性，可以起到化肥的作用，这种微生物在土壤中以其新陈代谢产物为植物的生长带来营养物质，以此将其应用于农耕中，可以起到肥料的作用，在生物肥料的使用中，微生物可以对氮元素进行固定，并且新陈代谢时可以分解有机物，进而使植物获得必需的矿物质元素，加强植物的根系生长，实现增产的目的。微生物肥料的生产原料为有机基质＋微生物菌种。从广义上来说，生物肥料是以生产和生活中的动植物残体以及排泄物作为基础，经过微生物的发酵作用，之后作为肥料直接施放于植物的根部土壤或者地面等部位，还可以进行一些处理，将其加工成肥料，进而提高其作用效果。这些生物化肥中含有农作物在其生长过程中必需的营养元素，并且这些微生物的生长和繁殖，会促进土壤的改善，因此，能够促进植物的生长和提高作物的产量，还可以改善农业产品的质量和优化环境。综上所述，该微生物肥料不仅可以为农作物提供矿物质元素和成长的必需营养，还可以优化土壤，进而使得对以往采用的化肥对土壤的破坏进行弥补。

1840年，德国农业化学家李比希创立了"植物的矿质营养学说"，提出植物在其生长的过程中，只能从土壤中得到其日常的矿物质元素，在经过日复一日的消耗中，当没有归还这部分矿物质时，就会导致土壤中的矿物质缺失，在长期的只有消耗而没有归还后，土壤的质量会迅速降低，就会变得日益不适应植物的生长。而目前所采用的更换培植作物的方式，也只会延缓这种结果的产生，并不能从根本上协调植物对土壤成分的利用功能。因此，为了提高土壤的质量，保持土地利用的可持续性，应当在进行种植时，将农作物从土壤中带走的营养元素以适当的形式对土壤进行归还。如果不进行补偿，就会导致土壤的持续贫瘠，而必须采用化肥。研究表明，化肥的使用，尤其是磷、钾元素化肥的使用，使得土壤中的重金属大量地累积，在长期的使用中，对生态造成了破坏，也对食品如蔬菜、水果的安全和品质造成了威胁。

微生物的作用不仅仅可以为植物提供必要的养料，还可以将土壤中的有机物进行降解，将其分解为腐殖质，这会大大地提高土壤保持水土和肥沃性的能力，也改良了土壤的结构，将使团粒结构增多并使得其中固化的养料被活化，这样也使得肥料的功效可以充分地发挥。微生物在进行新陈代谢时，其产物会排到土壤中，并且会分泌一些可以改善土壤的有益物质，如生成素、赤霉素和各种酶，以此将土壤中的各种养分转化，也有效地降低了这些成分在土壤中的积累，从而避免了某些靠土壤传播的疾病的产生，因此，可以达到净化土壤的目的。可以认为，微生物肥料是一种对农业增产最为合适的肥料，可以有效地保持农业的可持续发展。

通过以上的分析可以知道，微生物肥料与传统肥料有着明显的不同。在微生物的养料中，既有可以进行直接的供给养料的物质（这也和传统的肥料有着相似的地方），也含有传统肥料中没有的元素，比如促进生长和抗病的原生物等。而后者是微生物领域现阶段对其研究开发最为热门的方向之一。在我国，微生物的种类比较多，并且适用领域非常广泛，在进行微生物和有机/无机产品方面的研究领域进行得比较深入，在国际上处于领先地位，并且已经形成了比较大的产业规模。在微生物肥料应用方面的研究，也取得了比较大的突破，降低了化肥的应用量和使用率以及其对环境可能产生的危害，在使用微生物肥料的过程中，也大大地增加了化肥的利用率，因此微生物肥料的研制和开发有着广阔的应用前景。同时，必须深刻地意识到，我国和国际上同样面临着食品的危机，因此提高其利用效率和食品产业的稳定性依然是当今世界的重点话题。

微生物肥料是当今肥料产业的一个比较新的话题，对于其工作的原理以及相关的理论目前研究得还不是非常全面和透彻，但是基础的应用领域已经有了长足的发展，取得了较多的成果。作为一项新型的农业增产技术，已经显示出了其比较优秀的一面，对我国的农业的生产和环境的改善起到了积极的作用，但是就目前的水平来讲，在使用中，只能减少化学肥料的使用，而不能取代。当前，由于微生物肥料的使用还没有完全普及，许多人对其了解还停留在模糊的概念上，而有些不良厂家，通过违法手段，大肆骗取老百姓的血汗钱，而这也严重地影响了微生物肥料在农业中的应用。在生物的复合肥中，微生物成分为接种剂，可以迅速增多微生物的种类和数量，发挥规模效应，从而改善土壤中大的微生物成分，有益于土壤中的微生物进行繁殖，进而使得土壤对肥力的利用加大，因此微生物肥料的作用也就由微生物的数量和种类所体现。我国的某些地区，将由微生物和草木灰等的混合物、微生物和粪便等加以混合，经过简单的加工，当作基肥施加于农作物，现在把它们称为微生物肥料更易为广大农民所接受。

微生物肥料是一种活性肥料，作用主要靠它含有的大量有益微生物的生命活动来完成，具有提高农产品品质、抑制通过土壤传播的病害、增强作物抗逆性、促进作物早熟的作用。其主要特点：一是无污染、无公害，二是配方科学、养分齐全，三是活化土壤、增加肥效，四是低成本、高产出，五是提高产品品质、降低有害积累，六是有效提高耕地肥力、改善土壤供肥环境，七是抑制通过土壤传播的病害，八是促进作物早熟。

二、影响生物肥料有效性的因素

微生物肥料的作用主要体现在两个方面：①可以改良土壤的营养结构和数量。一部分微生物可以将土壤中植物不能直接吸收的物质转化为无机物，从而供给农作物，并且可以将氮气直接固化，具有降解磷、钾类化合物的能力，从而大大地增加农作物可吸收养分的量。②分泌激素性的物质，促进农作物的生长。有些微生物的新陈代谢和日常的生命活动会分泌一些可以促进植物生长的激素，有些细菌还可以分泌抗生素，大大地提高了植物的抗病能力，同时促进了根系的生长。微生物肥料的作用、效果如何，主要在于微生物的种类和数量。在进行微生物的选种时，应当选择性能和活力比较好的种类，其次是应当有足够产生规模效应的数量。研究发现，在每亩中应当施加的有益微生物含量应当在 1000 亿 ~ 3000 亿个。

微生物肥料是否有效的外部因素就是土壤是否适应微生物的生殖繁衍。当肥料施加后，土壤必须有一定的化解条件，微生物才能生长，如 pH 值和温度以及含有的氧气量。还需要明确微生物的种类以及是否符合土壤类型，如根瘤菌肥必须与相应的豆科植物种甚至品种接种才明显有效。因此，使用微生物肥料时必须选择高质量制剂和最佳使用方法、条件，以保证发挥微生物肥料的显著效果。

当今的农业发展中，微生物肥料已经是取代化学肥料的必由之路，也是当今农业发展中的一大趋势，而且微生物资源是一种可以再生的资源，可以大大地降低对不可再生的矿产资源的开发，同时也降低了环境的污染。在肥料的组成和结构上，微生物肥料含有植物所需的所有类型的元素和生长以及调节功能的基本激素物质，这些物质都可以促进植物对养料的有效吸收，在促进农业生产活动的同时还有利于环境的保护作用。因此，微生物肥料的使用，对农业的长远发展比较有利。而当今世界，积极重视可持续发展，尤其在农业的肥料产业上，微生物肥料有着远大的前景，并且有着高科技的支持。

三、发展生物肥料的重要意义

（一）有效地利用了大气中的氮素或土壤中的养分资源

据估计，全球生物固氮作用每年所固定的氮素大约为 $130 \times 10^9 kg$，而工业和大气每年的固氮量则少于 $50 \times 10^9 kg$，即依靠生物所固定的氮素是工业和大气每年固氮（如雷电对氮素的固定等）量之和的 2.6 倍，因此，开发和利用固氮生物资源，是充分利用空气中氮素的一个重要方面。

（二）提高磷、钾化肥的利用率，降低了生产成本

由于磷肥的特殊性，土壤对其有着较强的吸收性，但是农作物对其实际利用率普遍较低，大约在 20% 左右，钾肥的利用率一般也只在 40% 左右。因此，可以使用微生物肥料，以此来加强根部微生物的活动，通过这种方式也可以将磷肥的利用率提高，同时增强农作物对钾元素的吸收，提高化肥的利用效果。而遗留在土壤中的磷、钾类化肥的利用率，一直以来都是肥料行业研究人员研究的难点，微生物的使用，为行业研究提供了一个新方向。

微生物固氮，就是微生物在自己的日常生命活动中，在光的作用下，通过自身的新陈代谢将氮气转化为游离态的氨分子或者离子形式。这种方式，在一定程度上节约了额外的施加肥料和投资，效益是空前的。当前国际形势下，人们面临着粮食不足和环境能源问题，

生物固氮就是对其的一项非常有益的技术。微生物肥料可以增加土壤的肥力，提高植物对土壤中化肥元素的利用率，还可以改善土壤的抗病性能，微生物肥料的生产商还可以大大地减少城市垃圾，同时对农业废物充分地利用，展示了其对现代农业的不可替代作用。

（三）提高作物产量，改善了农产品品质

在化肥的使用过程中，常常会出现化肥过量使用的问题，这也导致了我国农产品的品质比发达国家偏低，例如，大豆类的品质比以往的品质下降等。对于我国，应当采取措施减少化肥的过量使用，可以提高微生物肥料的大量使用，这一点比增加化肥的效果更为有效，同时还可以对瓜果蔬菜的品质进行改善。研究发现，豆类中根系如果加根瘤菌，可以提高豆子的蛋白质含量。

（四）逐步减少环境污染，达到无公害生产

当前，由于过量使用化学肥料导致的环境污染问题已受到人们的关注。中国江河和湖泊等水体的富营养化污染主要来自农田肥料养分流失，其污染程度远远超过了工业污染，特别是氮磷营养的流失最为严重。而生物肥料由于其利用率高，并通过微生物的作用，提高了化肥的利用率，减少了化肥对农田环境的污染，从而保证了农田的生态环境，对农业的可持续发展起到了积极的作用。微生物肥料的广泛应用在农业环境保护和动植物安全生产中将发挥越来越重要的作用。

四、肥料中微生物的作用

在生物肥料中，微生物是其中最为关键的影响因素。微生物的日常新陈代谢，为植物提供了更多的营养元素，因此可以增加粮食和蔬菜的产量，同时在其活动中产生的生长激素可以刺激根系对矿物质等营养元素的吸收。在某些细菌中，还可以分泌一些物质，可以增加土壤的抗病能力，因此使得产量提高。在该种肥料中，微生物可以利用空气中和土壤中的氮气将其固定为氨分子或者铵离子形态，在完成自身的生命活动之外，还可以供给农作物吸收，形成植物中的有机氨物质。在微生物的活动中，还可以对土壤中的残渣和动植物遗体等成分进行降解，将其转化为农作物可以直接吸收的氮元素和各种必需物质，同时还可以使其达到生态的物质平衡。微生物在地球化学元素动态循环中起着非常重要的作用，可以在其生命活动中，加速土壤净化，并且将有机物分解产生无机物进行释放，可以供给农作物矿物质，因此可以作为大自然无公害的肥料生产制造。

植物的生长和土壤中的环境因素有着紧密的联系。环境因素是关乎营养物质和诸多可变的因素，其中微生物的影响主要在于其可以刺激或者抑制植物的根系吸收营养和生长，以及产生的激素可以促进某些细菌的生长。通常来说，微生物可以直接对氮气进行固化，使其转化为游离态的铵离子，同时还可以加强农作物对矿物质如铁、磷等的吸收，进而增加农作物分泌激素的能力。然而，其抑制作用主要体现为，某些微生物可能将土壤中的一些营养物质大量地消耗，或者其生命活动产生的一些物质对农作物的生长有害。

（一）微生物对土壤肥力的特殊作用

一般来说，微生物主要指的是人类肉眼不能分辨清楚的比较小的生物的总的定义。在土壤中，存活着多种多样的微生物群落，这些微生物在土壤中，对养料和腐殖质的转化起着非常大的作用，也肩负着能量传递的连续性等重任。在农作物和土壤组成的局部生态体系中，微生物在其中拥有重要的功能，不仅可以提高土壤的肥沃性，在分解有机物产生腐殖质的同时，还分解出多种养料，还可以将有机物直接分解为无机物，完成物质的循环利用。微生物对植物的功效主要有两个方面：第一，微生物本身含有一定量的碳、氮等构成生命的基本元素，可以对土壤的成分进行一定程度的调节；第二，微生物的生命过程使得土壤中的能量得以循环进行。

最为大家熟知的能使土壤肥力增加的微生物当数根瘤菌。把豆科植物连根拔起，常常可以看到这些植物的根上长着许多小疙瘩，这些小疙瘩就是由于植物根部被根瘤菌侵入后形成的"根瘤"。不过，这些"瘤状物"的存在不仅不会使植物生病，反而会不断地为植物提供营养。因为，根瘤菌侵入豆科植物根部形成"瘤状物"后，虽然在根瘤中它们是依靠植物提供的营养来生活的，但同时它们也把空气中游离的氮气固定下来，转变成植物可以吸收利用的氮。这样，一个个小疙瘩就像建在植物根部的一个个"小化肥厂"。根瘤菌固氮的最大优点是由于它们与植物根系的"亲密接触"，使得固定下来的氮几乎能百分之百地被植物吸收，而不会跑到土壤中造成环境污染。这些细菌对植物的作用包括：分泌能促进植物生长的物质、控制植物病害、促进植物出芽、促进豆科植物结瘤和某些根瘤菌的生长等。如果我们通过深入研究，人为地加入某些人工培养的细菌来控制各种重要的经济作物的根圈促生细菌的品种和数量，就能最大限度地使它们朝着有利于提高作物产量的方向发展。随着研究的深入，微生物肥料在21的世纪将会得到更广泛的应用。

（二）微生物在自然生态系统中的作用

在土壤中，微生物对矿物质的循环起着重要的作用，其在新陈代谢中将有机物分解为无机物等营养元素，这些营养元素也是土壤中不可或缺的基本成分，在有机物回归到无机物的过程中，发挥着重要的作用，可以说微生物是大自然中平衡世界的主要成员。如果缺少微生物，有机物和无机物的链接就会中断，世界上的动植物遗体和排泄物将会持续地堆积，生态系统将会崩溃，更不用说人类的生存和繁衍了。在土壤中，微生物的生存环境也处于稳定的动态平衡之中，微生物之间和其他种类之间也有着相互的依存和竞争，并且不断地进行着能量的交流和信息的传递。这些持续不断的行为，使得生态系统稳定而持续地运转。

（三）微生物既是土壤的制造者，也是土壤的改造者

对于岩石的风化，微生物对其功不可没。在一些岩石上，藻类和地衣等微生物的大量繁殖，使得岩石的风化速度更为迅速，还有一些微生物可以将沙土质转化为土壤结构。研究发现，酸性的土壤并不适合农业的发展，这也是在南方一些地域的农业难以发展的一个重要因素。同时这也和酸雨有着重要的关系。在世界范围内，酸雨等给农业以及人类的生

命健康带来了严重的危害，其还直接造成农耕土地的酸化效应，可以将土壤中的氯离子态的成分分离出来，严重地影响农作物根部的成长。因此，将酸性土壤进行改造，获得中性土壤是当下农业发展的一个重要方面。有关细菌吸收铝和中和酸性的机理以及它们是否受细菌基因支配等问题还需研究。

五、生物肥料与有机肥料、无机肥料（化肥）三者之间关系

目前，我国农业耕地约 80% 缺氮，50% 缺磷（土壤有效磷少于 10mg/kg 土壤），30% 缺钾，有些土壤有机质不足 1%，所以种地离不开施肥。肥料通常分为化学肥料、有机肥料和微生物肥料（也叫菌肥）三大类。化学肥料是利用化学工艺生产出的肥料，如尿素、碳铵、过磷酸钙、氯化钾等，种类较多。

有机肥俗称农家肥，是大自然中人畜生活中的"副产品"，含有有机质，特别是腐殖质，为植物提供各种养分。长期以来在肥料家族中只用有机肥和化学肥料两种。因为有机肥的不足，多年来人们只好施用化肥。近年来使用新型生物肥料已提上日程。微生物肥料与化学肥料作用机理是不同的。微生物肥料和化学肥料的作用途径存在着差异性，微生物的作用机理能够克服化学肥料作用过程中产生的缺陷，化学肥料在作用过程中，虽然给农作物提供了必需的养分，但是长期使用化学肥料势必会降低土壤的质量，而微生物肥料正好克服了这一缺陷。微生物肥料在作用过程中，和豆类作物的根部形成根瘤结构，这种根瘤结构能够独立完成有机物质的合成，依靠自身完成养料的供给，实现增产。化学肥料会进一步带来环境的污染。化肥的连施，腐殖质组成中胡敏酸下降，富里酸上升，腐殖质品质恶劣。

"庄稼一枝花，全靠肥当家。"肥料是农作物的养料，农作物在肥料的作用下大规模地增产，产出质量也会提高几个档次，肥料对于农作物的重要性是不言而喻的。三大类肥料之间的关系是相互补充的，不可替代的。这三类肥料有各自的特点，比如有机肥料，我国是农业大国，自古代起我国的农业规模就相对较大，肥料的应用范围大，主要是有机肥料，有机肥料的作用更侧重于改善土壤的质量，提高土壤的活力，改善土壤的性能，增强土壤的可持续性，保持农作物的持续耕种。但是有机肥料有一定的局限性。有机肥料不能大规模地提升农作物的产量和农作物的质量，单靠有机肥料的作用所生产的农作物，是满足不了我国日益增长的人口要求的。化学肥料可以作为有机肥料的补充。化学肥料中有大量的营养物质和能量可供农作物进行吸收。合理地使用化学肥料能够使农作物大量地增产，提升农作物的质量。生物肥料是利用微生物特征，提高土壤中养料的利用率，将效用进行最大化。微生物肥料的应用量一般不大，但是微生物可以降低化学肥料的成本，也在农业中被广泛应用。这三者是相互补充的，在农业领域中协调发挥作用。

生物肥料在作用的过程中需要提供一定的能量来进行生物反应，对能的需求是很大的，这也是生物肥料的局限性。生物肥料在作用的过程中充当辅助的角色，不能取代有机肥料和化学肥料，只有以上两者相互配合才能使农作物达到增产，提高农作物质量的目的。在生产中还应根据不同作物、不同时期配合使用追肥，平衡施肥，因土、因作物施肥在任何时期都是很重要的，长期单一施用某一种化肥是不行的，化肥和平衡施肥技术的出现是

第一次农业产业革命的重要标志。

我国是农业大国，约有18.26亿亩可耕土地，从1980年开始，我国化学肥料的使用量以一个稳定的速度进行增长，由于我国的广袤农业用地和世界第一位的人口数量，我国成为世界上最大的化学肥料生产国和消费国。我国化肥施用量在2016年为602万t，平均每公顷施用化肥531kg，已高出世界平均水平。在我国许多地方都存在着盲目过量施肥现象，使化肥利用率普遍低下。我国尿素氮利用率为20%~40%，碳铵利用率仅为15%~30%，普钙中磷的利用率为15%~30%，钾肥和磷肥相当。发达国家氮肥的利用率为50%~60%，磷、钾肥利用率可达35%。不仅其肥效没有得到充分发挥，造成严重的经济损失，提高了农产品的成本，而且还引起了农产品品质下降和环境污染。

据统计，目前我国传统化肥市场占有率为99%，新型生物肥、绿色有机肥的市场占有率仅为1%，而在一些农业较为现代化的国家，新生物化肥，以及绿色有机化肥的市场占有率占据很大的部分。据此可以推断，我国生物化肥以及绿色有机化肥的前景是非常可观的。绿色有机化肥以及新型生物化肥是绿色农业，会带来很多优点。比如，减少投入、减少环境污染、提高农产品品质等巨大的经济效益、社会效益和生态效益。

随着人均收入的增加，我国居民对健康越来越关注，对食品安全势必会提高要求。微生物肥料是绿色农业种植的基础。近年来化学肥料使用太多，微生物肥料使用较少，土壤中有益菌群日益减少，构成土壤胶体颗粒的有机质在逐步减少，新施入的有机质不能得到有效地矿化，造成土壤矿质元素、有机质、微生物的比例严重失调，土壤结构遭到严重破坏，植物产量逐年降低，而农民因产量降低又在加大化学肥料的投入，但是由于土壤本身的结构遭到破坏，大量的化学肥料没有发挥作用，增多的化学肥料又会加剧土壤的恶化，如此导致一个恶性循环，势必会产生一系列的生态问题，如土壤硬结、水污染、湖泊富营养化等。我国新型生物肥料以及有机肥料的市场占有率仍然很小，要发展可持续的绿色生态农业，必须采取一定的措施引导农民高效混合地使用多元化肥料。这些肥料相互补充，协调发挥作用，在为农民带来更多作物产出的同时又能保护土壤、保护环境，发展绿色农业。但是由于我国农民受教育程度普遍不高，知识水平有限，这就需要社会相关部门必须进行知识普及、政策引导，使农民科学合理地使用各种肥料。

有效肥料必须经过微生物的生物作用才能被农作物吸收，农作物吸收了合理数量的肥料，会增产提高作物的质量，土壤在经过微生物的生物作用后，结构会处于一个合理稳定的状态，这保证了农业的绿色可持续发展，从这个角度来讲，发展生物肥料和有机肥料是绿色农业必须采取的措施。生物肥料在我国传统的农业中就在使用。堆肥便是一种人工制造的生物肥料，它的生产原料容易获取，生产过程也相对简单，农民在掌握了原理后，自己便可以进行生物肥料的生产。这种肥料的原材料是农业废弃物，在经过微生物发酵后制成复合有机肥料，这种复合有机肥料生产简单，科技含量不高，是可以推广使用的。这种堆肥在经过规模生产后，会带来很多的优点，农作物在经过堆肥的作用后会增产，质量会提高，农业废弃物不必进行焚烧又会净化环境，同时堆肥的生产过程又会产生生物沼气，可替代天然气，可降低化石能源的消耗。

由于我国大量的人口和有限的土地资源，化学肥料是我国农业生产过程中不可或缺的生产资料，但是化学肥料的大规模使用并不符合我国目前生态的战略目标，不符合生态农业，不符合可持续发展的农业生产的要求。从化学肥料的生产角度来讲，化学肥料的原材料是不可再生的矿物资源。以单一或不适当的方式使用化肥不符合可持续发展的要求。从肥料利用率的角度看，在农业生产过程中，被投入的化学肥料的利用率较低，仅为30% ~ 50%。施用化学肥料会增加农民的经济负担，农民不科学地施用化学肥料现象广泛存在。过去几十年，农业革命始终贯穿"高投入、高产出"的技术理念，"从绿色革命开始，很多新品种都是靠化肥'堆'出来的"。农民发现增加化肥用量就能增加单产和收入，但在生产实践中并不是施肥越多产量就越高。化肥的使用对象是土壤，而土壤最大的特征就是差异性，所以说化肥的使用也是千差万别的，化肥的使用不像农药那样标准化，使用准确较为困难。另外，不了解土壤肥力，在化学肥料的使用过程中会存在大量的浪费行为，农民不知道具体的施肥量，会造成大量的资源浪费以及环境污染问题，会给生态环境带来巨大的负担。大量的化学物质进入空气后，会形成酸雨，破坏臭氧层。化学物质进入水体中，污染水源，严重地威胁人类的健康。与此同时，长期使用化学肥料，会严重影响土壤结构，大量的化学物质滞留，会导致土壤板结、沙化、地力下降；过量使用化学肥料，农作物的质量也会下降，农产品失去了原来的天然风味，化学元素含量的超标，严重危害人类的健康。由于我国过量地使用化学肥料，农产品中硝酸盐超标。在我国加入世界贸易组织后，对农产品的贸易条件进行了修改，增加了我国农产品的出口难度，农产品出口严重受阻。由于人类的健康受到严重的威胁，未来的农业发展势必是可持续发展的绿色生态农业，我国的化学肥料使用势必会越来越少，甚至最后完全消失。生产无污染、绿色有机农产品是未来的趋势，提升有机肥料以及生物肥料的适用范围，严格限制化学肥料的使用是未来农业发展的主要任务。

微生物肥料就其本身而言，既是各类有益微生物单独或综合组成者，又为农业提供必需的养分或其他有效成分。应该说，微生物肥料是提高植物农业产量的基础。国际上颇为成熟的通用生物肥料如固氮菌肥、根瘤菌肥、生物复合肥料等，为常规大农业生产作出了重要的贡献。

随着农业科学技术的发展，以化学肥料为主的传统农业模式将转向多功能生物肥料混合使用。中国科学家研发新兴技术，利用交变电生物工程技术，培育出能够固氮的微生物应用于农业领域。从世界范围来看，这种新型的微生物化肥也是具有领先性的。在农业的实际应用上，这种生物化肥显示出良好的功能，具体表现为固氮功效、环保、绿色化肥，是一种绿色的生态化肥。这种化肥也是未来的一种发展趋势。这种化肥取得了很显著的成绩，在国际上，美国允许进口该类生物化肥。我国在生物磷肥的研发过程中也取得了一定的成绩，河北省微生物研究所用两株优质解磷菌株制成生物磷肥，施于粮食作物增产10%以上，蔬菜增产30% ~ 50%。

我国由于人口的数量和土地资源的因素，化肥使用量居世界第一位，是世界上最大的化肥以及氮肥的生产国。由于我国的人口数量和土地资源不匹配的矛盾，导致了我国化肥的大量使用，以提高农产品的质量和数量，但是受农民的知识水平所限，不合理、不科学地使用化肥，造成了资源的大量浪费，与此同时随着我国人口的不断增加，土地资源在减少，所以对化肥的依赖程度越来越高，化肥在农业生产的过程中所扮演的角色也越来越重要，但是从长远的角度看，这是十分不可取的。我国目前也在发展绿色农业，正在解决这一严重问题。我国的化学肥料生产原料资源有限，比如说，我国钾矿原料不能自给，钾盐供应长期短缺，只得依赖进口，但是化学肥料的资源仍然落后于农业的发展，造成了化学肥料的价格上升，农民的负担加重。归根结底是因为化肥的使用存在大量的不合理、不科学的操作，造成大量的资源浪费。

21 世纪的中国化肥工业，将发生翻天覆地的变化，为了确保粮食的供应充足，将改变传统的生产模式，不再依靠化学肥料的投入，带来粮食的高产出，而是通过技术的更新，生产出高效、合理、科学的复合肥料，有机肥料、生物肥料将会是未来的主要肥料，未来的农业发展将不再单单是产量为第一目标，将会是协调农业产量和生态环境齐头并进的模式。今后的化学肥料，应该是高效、节能、复合型的肥料。氮肥：21 世纪的氮肥可能是那些具有不同释放速率的缓释或控制释放肥料。磷肥：其主要原料是磷灰石，大多是氟磷灰石，当与酸结合，产生氟化氢，植物叶片对氟有强烈的富集作用，会引起氟中毒症。在氟污染区，草食动物易患此症。在动物中蚕和蜜蜂最为敏感。当桑叶含氟量较多时，影响蚕丝的品质，严重时可使幼蚕致死。化学磷肥常含有镉，不仅污染土壤和植物，对人、畜也有很大的危害，易引起"骨痛病"等。由于过磷酸钙、重过磷酸钙、磷酸铵类肥料主要是水溶性磷肥，这些肥料生产所需要的原材料要求很高，必须是高质量的磷矿，由于其生产原料是不可再生资源，所以必须研发新的产品去替代这种消耗不可再生资源来进行生产的化学肥料。未来，这种需要高品质磷矿生产的磷肥势必会被取代。

第二节　微生物菌肥的制备与施用

一、微生物菌肥的生产制备

由于微生物肥料不仅为作物提供营养元素，更重要的是其中的微生物生物作用过后，会产生对农作物有用的营养物质，改善土壤环境，提高作物的产量和作物质量，除此之外，有的生物作用甚至能够起到灭虫的作用，生物肥料是全球未来的研发方向。

（一）微生物菌肥的生产流程

微生物肥料由于其本身的生物特征，可能会存在危害农作物的情况，所以微生物的生产需要严格的工艺过程、严格的生产条件。微生物肥料的生产，首先，要有优良菌种。在选择菌种的过程中，必须在实验室进行严格实验，确保菌种的准确性，防止其他菌种产生不良的影响，在对作用机理及特性比较清楚的基础上经过反复田间验证，选择被证明无毒、符合生产要求、肥效作用好的优良菌种。第二，在生物菌种的培养过程中，要严格按照标准的生物工艺过程，对实验设备的选择，生物菌种的培养步骤，生物菌种的培养条件必须严格遵守。第三，吸附剂的选择和灭菌。在使用吸附剂前，为了防止其他菌种对农业生物菌种的培养产生不良的影响，或者是干扰生物菌种的培养，必须进行灭菌处理。然后生物菌种会在吸附剂上进行繁殖。能够作为吸附剂的材料很多，但必须具备下列性状：高持水量和保水性、加入水时不发热、化学和物理性状均一、可以被降解而无污染、有利于菌剂生长和存活，还要考虑来源充足和成本核算。吸附剂是决定菌剂质量的重要因素之一，当然也将影响应用效果。最常用的吸附剂有草木灰和土壤及添加物；植物材料，包括谷壳粉、蔗渣、玉米穗轴粉、腐熟堆肥等；惰性无机和有机材料，如蛭石；还有一些物质如高岭土、膨润土掺草粉、蔗渣可作为替代物。

微生物菌肥发酵通常采用液体发酵和固体发酵，或液、固结合的两步发酵法，其流程简单介绍如图 4-1 所示。

在根瘤菌肥料的生产过程中，很多菌种都可以进行生物作用，发挥生产作用。通常学术界根据根瘤菌肥料的生产时间对这些菌种进行分类，分为快生根瘤菌和慢生根瘤菌。快生根瘤菌繁殖一代的时间为 3 ~ 4 h，慢生根瘤菌需 8 ~ 10 h，所以，对于无菌条件的要求更为严格。由于根瘤菌的生产过程中要求菌种种类的单一性，所以对于根瘤菌的生产环境要求很高。

斜面菌种培养培养基配方：

①蔗糖 1%、磷酸氢二钾 0.05%、硫酸镁 0.02%、氯化钠 0.02%、碳酸钙 0.5%、酵母膏 0.1%、微量元素（0.01% 钼酸钠加 0.5% 硼酸）混合液 0.4%、水 100%、琼脂 2%。

②黄豆芽汁 100%，加蔗糖 1%、碳酸钙 0.5%、琼脂 2%（黄豆汁制法：黄豆芽 250 ~ 500 g，加水 500 mL，煮沸 30 ~ 50 min，纱布过滤，加水至 1000 mL 即成）。

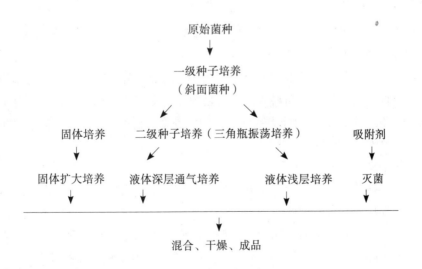

图 4-1　微生物菌肥发酵流程

吸附剂配方一般采用泥炭（或风化煤）70%、肥土 20%、煤渣灰或烟灰 10%。其优点是含有机质丰富，吸湿性大，疏松通气，有利于拌入菌体的存活。泥炭一般偏酸性，应加些熟石灰或细炉灰，使其呈中性。在缺乏泥炭的地方，用菜园土或塘泥，加些细炉灰，使其疏松易散，也可代替泥炭。由于泥炭和肥土中都含有大量微生物，经晒干、粉碎、过筛后，尚需灭菌，以免拌成菌肥后，大量杂菌继续生长繁殖，抑制根瘤菌的生长和发育，不能保证菌肥的质量。拌菌时加水达到吸附剂最大持水量的 35% ~ 50%，拌菌量为固体料的 12% ~ 15%。合格菌肥应湿润疏松，不结成团块，含水量在 30% 左右，每克菌剂中的根瘤菌数应不少于 2 亿 ~ 3 亿个，杂菌数量应控制在 3% ~ 5%。菌肥贮存的温度，最好在 12℃ 以下。

（二）微生物肥料的剂型

在实践过程中，通常使用的菌肥制剂有 8 种：琼脂菌剂、液体菌剂、滑石粉冻干菌剂、油干菌剂、浓缩冷冻液体菌剂、固体菌剂、颗粒接种剂和真空渗透接种剂。还有多孔石膏颗粒、聚丙烯酰胺等颗粒接种剂等。

1. 优质剂型应具有的特点

（1）菌体载体必须能够生产出大量的所需菌种，在实验过程中，很多材料都可以作载体，但大量的实验数据表明，最好的载体是草木灰。

（2）具有良好的保护性，以及可持续性，在对菌种的保存时间上至少要求 1 年，菌种在这个时期内数量也要保持稳定，不能有大面积的死亡现象。

（3）菌株的存活率要高。这就要求实验室对菌株的保存温度进行严格的控制，确保温度的变化幅度不大，保证菌株的生存环境不会发生大的变化，使菌株能够大量地存活下来。

2. 微生物肥料的剂型

微生物肥料的剂型较多，根据其生产条件和实际应用，主要分为以下五种：

（1）固体粉状草木灰剂型

固体粉状草木灰剂型以湿润草木灰菌剂为主。将发酵好的菌液按一定的菌液浓度和湿度与细草木灰拌匀后，封存于塑料袋内。这是国际上常用的一种菌剂，要求草木灰的细度在 80 目以上，细度越大，吸附能力越强。它的优点是运输方便、含菌量高、微生物存活时间相对较长，增产效果明显。

（2）液体剂型

液体剂型是把菌种投放到无菌罐中进行工业深层发酵而成的，有用发酵液直接分装的，也有分装后上部用矿物油封面的，用于实验室和扩大培养接种，或直接施用。此剂型含菌量高且纯度高，但凡以活菌起作用的液体剂型都应在尽可能短的时间内用完。它的含菌量直接影响在农作物的应用效果，所以，人们常选用含菌量高的菌株作种子。

（3）颗粒接种菌剂

颗粒接种菌剂是为了避免粉状剂型拌种时与杀菌剂、化学肥料直接接触或者为提高微生物肥料的接种效果而采用的。采用 20 ~ 50 目过筛的草木灰制备的颗粒与高浓度菌液混合，使草木灰的含水量从原来的 7% ~ 8% 上升到 32% ~ 34%。其用量较粉状剂型大得多，具体情况下采用的量需要具体分析。

（4）浓缩冷冻液体菌剂

浓缩冷冻液体菌剂是用高浓度的浓缩菌液（每毫升 1012 个）分装，突然快冻，并借助干冰将其保存在冰冻状态下。这种剂型在 0℃ 以下，至少可保存 9 个月。使用时，需在 24 h 内一次融化。

（5）琼脂剂型

琼脂剂型为早期使用的一种剂型，即菌体的琼脂培养物。

微生物肥料不管是哪种剂型，都不能长时间暴露在阳光下，以免紫外线杀死肥料中的微生物。有些产品不宜与化肥混用，更不能与杀菌剂混用。

（三）自制简单的液体型生物肥料的方法

取干鸡粪 5 kg，麦麸 2 kg，豆饼粉 1.8 kg，红糖 0.5 kg，淀粉 0.2 kg，水 30 kg，微生物复合菌种 1 kg。充分混匀后置于普通水缸类容器或小型水泥池内，上覆遮阳网或草苫遮阳即可。注意每天搅拌 1 ~ 2 次以增氧。气温 25℃ 时，经 10 d 即可使用。使用方法：将菌液过滤，兑入清水用于喷施：大棚菜 300 倍，速成蔬菜 200 倍，果树 150 倍，其他作物 120 倍左右，草坪花卉等 120 倍。

（四）生物肥料的主要性状

（1）主要营养成分为氮、五氧化二磷 5% ~ 6%、氧化钾 5%。

（2）在生态生物肥中有菌的芽孢或孢子存活。

（3）有机质（主要为腐殖质形态）在 35% 以上，有机氮达到 9% 左右。

（4）水分控制在 20% ~ 30%。

菌种是核心，正如 S.M.Martin 所说，一个国家的微生物技术水平，决定于其所掌握的菌种数量。

微生物肥料的生产技术是高新技术，而不仅仅是简单的发酵过程。从菌种选育、复壮、更新甚至基因重组以及不同菌种的有效组合，都包含高新技术，还包括发酵设备配套、工艺合理、生产性能稳定以及微生物进入土壤后的定殖竞争生态学研究等。

二、微生物肥料的施用

微生物肥料作为一种生物制剂具有以下特点：①不破坏土壤结构、保护生态、不污染环境，对人、畜和植物无毒无害；②肥效持久；③提高作物产量和改进作物产品品质；④成本低廉；⑤有些种类的生物肥料对作物具有选择性；⑥其效果往往受到土壤条件（如养分、有机质、水分和酸碱度等）和环境因素（如温度、通气、光照等）的制约；⑦一般不能与杀虫剂、杀菌剂（杀真菌或杀细菌）混用；⑧易受紫外线的影响，不能长期暴露于阳光下照射。所以在使用过程中需注意下列方法和事项。

（一）微生物肥料的施用方法

1. 拌种

加入适量的清水将微生物肥料调成水糊状，将种子放入，充分搅拌，使每粒种子粘满肥粉（必要时加一些米汤增加黏度），拌匀后放在阴凉干燥处阴干，然后播种。

2. 作种肥

在播种之前和其他种肥混匀播下。

3. 作基肥

和其他化肥如有机肥、复合化肥、土杂肥混匀后撒施（不可在正午进行，避免阳光直射），随即翻耕入土以备播种混匀，施入土中作基肥。

4. 蘸根

大部分在苗床上施用。苗根不带营养土的秧苗移栽时，将秧苗放入用适量清水调成水糊状的微生物肥料中蘸根，使其根部粘上菌肥，然后移栽，覆土浇水。当苗根带营养土或营养钵的秧苗移栽时，可进行穴施。把微生物肥料施入每个苗穴中，然后将秧苗栽入，覆土浇水。

5. 追肥

（1）沟施法：在作物种植行的一侧开沟，距植株茎基部15cm，沟宽10cm，沟深10cm，每亩用菌肥约2kg，可单独或与追肥用的其他肥料混匀施入沟中，覆土浇水。

（2）穴施法：在距作物植株茎基部15 cm处开一个深10 cm的小穴，可单独或与追肥用的其他肥料混匀施入穴中，覆土浇水。

（3）灌根法：每亩用菌肥1 ~ 2 kg，兑水50倍搅匀后灌到作物的茎基部即可。此法适用于移苗和定植后浇定根水。

（4）冲施法：每亩使用菌肥3 ~ 5 kg，随浇水均匀冲施。

（二）微生物肥料的施用过程中的注意事项

1. 要选择质量有保证的产品

要选择质量有保障的产品，产品必须是得到农业农村部认证的微生物肥料。购买肥料时一定要仔细检查，看是否有产品合格证和必要检查过程。

2. 要注意产品的有效期

产品保存时间越长，其所含微生物的数量越少。当产品所含微生物的数量过少时，产品失效。所以，即使微生物肥料保质期为1~2年，为保证质量还是选择第一年的产品，应尽快使用，避免拆封后长期不用。如果拆封后长期不用，一些其他微生物就会侵入产品内，这会改变产品内的微生物菌群，严重影响其使用效果，甚至失效。不要使用那些有效活菌数不达标的微生物肥料，国家明确规定：微生物肥料菌剂内的有效菌数必须不低于2亿个/g。

3. 避免阳光直晒肥料

要防止紫外线杀死肥料中的微生物，保证微生物在适宜温度范围内生长繁殖。产品贮存环境温度以15 ~ 28℃为最佳。避免在高温干旱条件下使用，尽量在阴天结合盖土盖粪、浇水等措施使用肥料，或者晴天的傍晚时分，总之要尽可能避免肥料受阳光直射或水分不足。

4. 禁止与土壤杀菌剂或种衣剂混合使用

在果菜作物的整个生长期内，应尽量避免使用土壤杀菌剂。在种子播种前就应该完成杀毒消菌，尽量不要用带种衣剂的种子进行播种。

5. 保持土壤的良好状态

为了保证土壤中的能源物质和营养供应充足，并保持其良好的通气状态（耕作层疏松、湿润），可以通过合理使用农业技术措施，改善土壤温度、湿度和酸碱度等环境条件，促使有益微生物的大量繁殖和旺盛代谢，从而发挥良好的增产增效作用。

6. 严格按使用说明施用

无论是作追肥施用、拌种还是基肥，都必须严格按照使用说明书上的要求去执行。比如在中性微碱性土壤环境下根瘤菌肥拌种比较合适。具体来说就是每亩的用量为15 ~ 25 g并加适量水均匀混合后进行拌种。当进行拌种时要尽量避免阳光直射，并且在拌种后即刻覆土。将多出来的种子保存在阴凉的地方并进行密封。如果是使用农药来对种子进行消毒，应提前2~3周完成。一定不要用拌过杀虫剂、杀菌剂的种子搅拌微生物肥料使用。有机肥应该与基肥配合使用，并且施用之后应立即覆土。叶菜类适合使用固氮菌肥。给拌种肥加入适量水混匀后，再与种子混合拌匀，便可进行播种。应该注意，磷细菌肥的拌种量为1 kg种子加菌肥0.5 g和水0.4 g，并且不能和农药及过酸或过碱肥料混合施用，它在拌种时是随拌随拌的。基肥用量为每亩1.5 ~ 5 kg，追肥比较适合在作物开花前就加以施用。钾细菌肥是作为基肥使用的，拌种时需要加适量水制成悬液，然后喷在种子上并拌匀，可以与有机肥混合均匀使用，施后覆土，大概每亩的用量为10 ~ 20 kg。蘸根时尽量避免阳光直射，1 kg的菌肥配5 kg的清水，蘸后应立即进行栽植。

7. 不同作物应采用不同施用方法

对瓜菜类、甘蓝类、茄果类蔬菜的施肥时，有两种方式可以选择：第一，可用 2 kg/ 亩的微生物菌剂与肥料混合作底肥或追肥；第二，可用微生物菌剂 2 kg 与 1 亩地育苗床土混匀后播种育苗。对西瓜、西红柿、辣椒等一些需育苗移栽的蔬菜施肥时，也有两种方式：第一，可与有机肥、化学肥料搭配施用，施用时避免与植株直接接触；第二，可用复合微生物肥料穴施，深度 10 ~ 15 cm，每亩施入 100 kg。另外在苗期、花期、果实膨大期这三个重要时期，进行适当施加氮肥和钾肥。对于芹菜、小白菜等叶菜类，可将复合微生物肥料与种子一起撒播，施后及时浇水。

8. 不同作物施用生物肥料的量和方法

不同作物施用生物肥料的量和方法见表 4-1。

表4-1　几种不同作物施用生物肥料的量和方法

作物种类	作物名称	推荐的生物肥料（固氮肥料）	施用方法	用量（kg/hm²）	施用时间
1. 豆类	鹰嘴豆、豌豆、花生、大豆、菜豆	根瘤菌生物肥料	种子处理	1 ~ 2	播种时
	小扁豆、苜蓿、豇豆、黑豆、野豌豆和瓜果豆等	根瘤菌生物肥料	种子处理	0.4 ~ 0.6	播种时
2. 禾本类	小麦/燕麦	自生固氮菌生物肥料	种子处理	1 ~ 2	播种时
	大麦	固氮螺菌生物肥料	秧苗处理	2 ~ 3	移栽时
	水稻	蓝细菌生物肥料	撒施	10	移栽时
	满江红	满江红/鱼腥藻	撒施	500 ~ 1000	移栽后一周
3. 油料作物	芝麻、亚麻子	生物肥料	种子处理	0.2	播种时
	向日葵、蓖麻	自生固氮菌生物肥料	种子处理	0.5 ~ 0.8	播种时
4. 谷子类作物	玉米、高粱	自生固氮菌生物肥料	种子处理	0.4 ~ 0.6	播种时
5. 饲料作物和牧草业	苏丹草	自生固氮菌生物肥料	种子处理	0.8 ~ 1	播种时

作物种类	作物名称	推荐的生物肥料（固氮肥料）	施用方法	用量（kg/hm²）	施用时间
6. 纤维作物	棉花	自生固氮菌生物肥料	种子处理	0.6 ~ 1	播种时
	黄麻	根瘤菌生物肥料	种子处理	0.8 ~ 1	播种时
	太阳麻	根瘤菌生物肥料	种子处理	0.8 ~ 1	播种时
7. 糖料作物	甘蔗	醋杆菌/自生固氮菌生物肥料/固氮螺菌生物肥料	土壤/定点处理	4 ~ 5	播种时
	甜菜	自生固氮菌生物肥料	种子处理	2 ~ 3	播种时

（三）几种常用微生物肥料的施用技术

1. 根瘤菌肥料施用方法

根瘤菌肥料通常用于拌种，加一定量的水混合均匀，在避免阳光直射的环境下随拌随播。如果施肥时间超过两天，将不起作用，需要重新拌种。如果发现长出苗的作物结瘤效果不好时，可以在幼苗附近施加兑水的根瘤菌肥。如果用的是已经经过农药消毒的种子，则需要在根瘤菌拌肥前的 2 ~ 3 周就消毒。每亩使用剂量为 30 ~ 40 g。

必须满足互接种族关系：一种豆科类植物的根部可以结一种或者几种瘤；相反，一种或几种豆科植物只可以有一种根瘤菌结瘤。为保证质量合格，需仔细检查外包装是否有破损，检查有无结块、长霉等现象，以及出厂日期是否合格，包括质量说明书、合格证书等。同时，还要防止与杀菌剂和速效氮肥混合使用。在合适的地区增加磷肥、钾肥的使用量，并配合微量元素（钼、锌、钴等）肥料使用。

2. 固氮菌类肥料

固氮菌类肥料可作种肥、追肥和基肥，多施用于禾本科作物，部分肥料还可用在蔬菜上。将种肥加适量水混合均匀之后与种子混合搅拌，稍微风干便可以进行播种；追肥时，先用水将其调成稀浆，施用后马上用土覆盖；基肥必须和有机肥配合施用，施用后马上用土覆盖。

固氮菌肥的保质期一般为 1 ~ 3 个月，保存时一定要防止暴晒，在阴凉干燥处保存，并且在施用时，切忌与酸碱过度的肥料混合施用，以及一些有杀菌性能的农药混合施用。氮肥施用后，在 10 d 左右后再次施加，剂量为 100 mL/ 亩液体菌剂、固体菌剂每亩 200 ~ 500 g，冻干菌剂 500 亿 ~ 1000 亿活菌 / 亩。

3. 解磷微生物肥料

（1）剂型

剂型包括固体吸附剂、芽孢粉剂（易使用、保存长）两种剂型。

（2）施用方法

解磷微生物肥料可用于基肥、拌种、蘸根以及追肥。拌种时随拌随用，播后覆土；不能与农药、生理酸性肥料同时施用；也不能与石灰、过磷酸钙及碳酸铵混合施用；可与厩肥、堆肥等有机肥料配合施用。

（3）注意事项

在缺磷而有机质丰富的土壤上施用效果较好，与不同类型的解磷菌（互不拮抗）复合使用效果较好，与磷矿粉合用效果较好，结合堆肥使用效果较好。

4. 抗生菌肥料

（1）化学剂型

粉剂。

（2）适用的作物品种

甘薯、高粱、玉米、棉花、小麦和油菜等。

（3）肥料的使用方法

抗生菌肥料主要用于浸种、拌种和追肥。种肥用药 7.5 kg 的 "5406" 加入 2.5 ~ 5 kg 的饼粉，500 ~ 1000 kg 的碎土，5 kg 的过磷酸钙。在地头搅拌均匀并覆盖在种子上。施用时必须配施有机肥料和化学肥料。注意不要与硫酸铵、硝酸铵混用，但可以交叉施用。

（4）使用剂量

浸种或拌种用量每亩 0.5 kg。

（5）注意事项

不能与杀菌剂混合拌种，配合施用有机肥料和化学肥料效果较好，不能与硫酸铵、硝酸铵等混合施用，可与杀虫剂混用。

5. 生物钾肥

生物钾肥可以用来拌种、蘸根、作为种肥和追肥等。大田作物播种前，可用生物钾肥拌种，每亩用量 500 ~ 1000 g。首先取 500 g 的生物钾肥，将其溶于 250 g 的水中，施于田中，将每颗种子都粘上菌剂并在阴凉的地方晾干，然后就可以用于播种。

有一些甘薯、瓜类和西红柿、茄子、辣椒等作物需要通过育苗移栽。在移栽过程中，只需将生物钾肥施加在坑穴中即可，注意与土壤混合均匀。具体来说就是先用 500 g 生物钾肥兑水 15 kg，然后化开后蘸根。生物钾肥施于果树上的效果也很明显。在秋季或者早春的时候，树冠大小不同，操作方式也不同。在距离树干 2 m 左右的地方，围绕果树挖一条宽、深各 15 cm 的沟。用 1.5 ~ 2 kg 的生物钾肥掺和 15 ~ 20 kg 的有机肥，施入沟内同时覆土掩埋。

6. 复合微生物肥料

复合微生物肥料比较适合果树蔬菜类、经济作物类、大田作物类等施用。

沟施穴施：幼树采取环状沟施，每棵用 200 g，成年树采取放射状沟施，每棵用 500 ~ 1000 g，可拌肥施，也可拌土施。

基肥追肥：每亩用复合微生物肥料 1000 ~ 2000 g，与农家肥、化肥或细土混匀后沟施、穴施、撒施均可。

蘸根灌根：每亩用本品 1000 ~ 2000 g，兑水 3 ~ 4 倍，移栽时蘸根或于栽后其他时期灌于根部。

园林盆栽：花卉草坪，用复合微生物肥料 10 ~ 15 g/kg 盆土追肥或作基肥。

拌苗床土：每平方米苗床土用复合微生物肥料 200 ~ 300 g 与之混匀后播种。

冲施：根据不同作物用复合微生物肥料每亩 1000 ~ 2000 g 与化肥混合，再用适量水稀释后灌溉时随水冲施。

第三节　微生物菌肥的推广应用

一、微生物肥料应用的主要特点

微生物肥料的应用，无论是与化学肥料还是有机肥相比，根本区别在于其发挥功效的核心是活体微生物，通过功能性微生物的生命活动及其大量的代谢物质来发挥功效，而不再是依赖化学成分，也就是取决于功能微生物的特征表现。微生物肥料有效性的基础是功能微生物的种类、新陈代谢旺盛。在旺盛的生长繁殖和新陈代谢下，大多数的功能微生物不断地形成有益代谢产物，并完成物质间的转化。传统肥料一般是以氮、磷、钾和中微量元素等无机养分的形式和多少作为功能基础。微生物肥料中含有大量的活体有效菌，其肥效与多个条件相关，主要包括微生物所处的环境、群落、数量。其中环境条件包括土壤酸碱度、气候温度、水分以及与原有微生物间的相互作用等。所以在实际应用过程中，微生物肥料呈现出不同于传统肥料的特点。

（一）产品繁多，各具特点

目前，用于微生物肥料的有效菌有 150 多种，涉及十几个方面的功能效果，加之多菌株复合的菌剂，形成的产品名目繁多。从销售市场来看，微生物肥料产品种类繁多，名称极其繁杂；含相同有效菌的产品被赋予功能各异的名称，这种现象非常普遍。因而，有必要深入了解微生物肥料种类及其产品特点。

（二）多重功效，特色鲜明

多重功效是微生物肥料的一个鲜明特点。微生物肥料中的功能微生物，通过其生命活动能活化土壤中缓效态的养分，提高养分的供应水平，促进作物增产，改善果实及种子的品质，表现出化学肥料和有机肥所具有的一般功效。同时，在繁殖过程中会产生植物的生长素类似物，刺激植物的生长发育，表现出植物生长调节剂的功效；并且，产生一些抗生素类物质，拮抗某些病原菌，起到防治病虫害的作用，尤其是对土传病害，如线虫病害、青枯病、枯萎病等，表现出一定的生物防护作用。例如，5406抗生菌剂兼具农药及生长刺激素双重功用。另外，有的菌剂可降解有机污染物、农药等，起到土壤修复剂的作用；还有的菌剂能克服土壤次生盐渍化，起到土壤调理剂的作用；另有一些菌剂能加速作物秸秆的腐熟和促进有机废弃物的发酵等。因而，微生物肥料突破了传统肥料的缺点，具有新的功能特点。

按功能特点来划分，微生物肥料可分为降解农药为主型、混合营养为主型、土壤改良为主型、促生为主型、抗病为主型，也可以是多重功能型。在实际应用过程中，每种微生物肥料的表现各具特色，作用并不完全一致。然而，在推广应用过程中，受传统肥料的影响，往往忽视这些特点。因此，在推广应用一种新型产品之前，应广泛开展其功能效果试验，充分了解和发掘其功能特色，以便找出其功效的"亮点"，展现给广大的农民用户，充分发挥其特色鲜明的作用。

（三）作用独特，优势明显

同传统肥料相比，微生物肥料具有一些独特的作用。特别是同化学肥料相比，微生物在食物链中不积累，无毒、无害、无污染，能切实保障食品安全和环境安全；有效微生物能自我迅速繁殖，用量较小、成本低廉；用于防治病虫时，目标生物很难产生抗药性，绿色环保。因此，在推动农业可持续发展的进程中发挥着特殊的作用。

1.提高化肥利用效率，减施化学肥料和农药

微生物肥料的应用是化学肥料和农药减施增效的主要抓手。随着化学肥料的长期大量施用，其养分利用率在不断地锐减。土壤中残留大量未被利用的化合态磷、钾养分。微生物肥料提供有效微生物，用于固氮、解磷、解钾等。在植物根部这些微生物就能生存、繁殖。这些微生物的活动有很多作用：可以固定并转化空气中不能利用的单质态氮为化合态氮，可以将土壤中不能利用的化合态磷、钾解析为可利用态的磷、钾，并可解析土壤中的10多种中微量营养元素。

通过使用微生物肥料，土壤环境改善了，土壤板结程度降低了，化学肥料使用量下降了，土壤资源自我恢复能力提高了，从而提高了作物的品质。比如，常春藤复合微生物肥具有缓释增效作用，当把常春藤复合微生物肥和化学肥料一起施用时，可减少化学肥料用

量30%。另外也无须使用一些微量元素肥料，减少环境污染，使作物增产、增收，具有显著的社会和经济效益。同时，它可激活植物潜能，增强作物抗性，促进根系发育，既能保证增产，又能减少化学肥料和农药使用，降低施肥成本，同时还可改善品质、改良土壤，有效降低环境污染。

2. 推动绿色食品发展，切实保障食品安全

微生物肥料是农业生产绿色食品的理想肥料。绿色食品的生产过程要求较高，首先，尽可能地减少化学肥料和农药的使用量，其次，不能影响周围的生态环境，并且不积累有害物质。可以说微生物肥料已经符合这些要求。最近几年我国在微生物肥料的研究中取得了令人瞩目的成就，通过使用特殊功能的微生物肥料，既提高了农产品的质量，又保护了周围的环境。

3. 推进废弃物资源化高效利用

有机物料腐熟剂在农业废弃物资源化高效利用方面发挥着重要作用。微生物有着特殊的能力，大量的废弃物如农作物秸秆、畜禽粪便等可以通过微生物的这种特定的能力，转化为对农业有益的肥料，可推动农业走上良性循环发展的道路。近年来，有机物料腐熟剂被列入中央财政补贴项目的支持范畴。通过政府采购补贴，大力推动农作物秸秆腐熟还田，有力地推动了秸秆的肥料化高效利用。数据显示，我国年产农作物秸秆 9×10^8 亿 t 左右，目前资源化利用率已达 80%。

4. 改善土壤结构性能，促进土壤修复改良

在微生物肥料中，有效菌可以产生如糖类物质的一些次级代谢产物，土壤中这些代谢产物含量很少，而且这些物质能够与矿物胚体、植物的黏液和有机胶体相结合。这样一来，土壤的结构得到了改善，有助于土壤的矿物质含量的保存。甚至还可以形成腐殖质。因此说微生物肥料是一种土壤的净化剂。

（四）效果不稳，众说纷纭

微生物肥料应用效果一直是人们的关注热点。微生物肥料发挥作用的核心是有效微生物，而不是提供矿物质养分。微生物肥料作用的大小，容易受到光照、温度、水分、酸碱度、有机质等生存环境和应用条件的严重影响，通常表现出效果不稳定，属于正常现象。

目前，在应用微生物肥料行业中，我国已涉及 30 多种作物。据统计，应用微生物肥料最少的是烟草、糖料作物、茶树、药材和牧草等；应用微生物肥料最多的是禾谷类作物，其次是油料和纤维类作物，但不同作物因不同的生理特点、环境条件和农业措施，应用效果差异较大。例如，菌根菌类肥料的菌丝可以帮助吸收水分和养分，所以有助于防洪抗旱，因此，菌根菌类肥料在林业生产上效果很好。当把微生物肥料施用于糖料作物时，其增产效果最好，茶树次之，纤维类、薯类、油料作物的增产百分比分别为 17.1%、17.8% 和

15.0%，蔬果的增产达 25.4%，牧草类的增产达 26.1%。

实际应用中，至今仍存在"有效""无效"的争议；仍存在盲目夸大肥效，认为可以"取代化肥"的错误认识。在我国这样一个土壤类型、气候条件、作物品种及施肥水平差异很大的条件下，注意试验先行、因地制宜更为重要。

（五）用法、用量缺乏试验支撑，研发滞后

目前，我国微生物肥料企业受技术力量的限制尚难以开展大规模的试验示范。其产品标准的用法用量一般来自于传统经验，缺乏科学试验数据支撑，在推广应用中应引起高度注意，应结合实地开展深入的实践探索。

（六）优劣难分，真假难辨

传统肥料的质量主要取决于养分或有机质及其含量，购买时有一些简易的鉴别方法。然而，微生物肥料的质量主要取决于所含的有效菌及其有效活菌数。人们无法用肉眼直接观察有效菌，所以微生物肥料的真假、优劣难以简单判别，只能通过分析测定或试验鉴别。并且，微生物肥料的应用属高新技术领域，而一般技术人员难以掌握这些高新技术，包括发酵设备配套、工艺、生产性能和菌种选育、复壮、更新；还包括微生物进入土壤后的定殖竞争生态学研究和不同菌种的有效组合及其基因重组等。

目前，微生物肥料品牌繁杂，个别产品打着"高科技"的幌子，压榨农民的利益，甚至一些奸商把只要存在活微生物的肥料都称为"微生物肥料"，而肥料是否经过正规工艺提纯、是否含有所必需的功能菌却不得而知。还有人干脆直接把有机肥称为"生物肥"，违反国家相关规定，随意在包装袋上标注活菌数。因此选购微生物肥料，应按国家标准规定的要求仔细检查。如果对检查内容不熟悉，应求助于专家帮助鉴别，避免上当受骗。

鉴别微生物肥料产品，应把握几项关键技术指标：一是有效活菌数，二是杂菌率，三是 pH 值、水分、细度和外观等检测指标，四是有效养分含量，五是粪大肠菌群值，六是蛔虫卵死亡率，七是砷、镉、铅、铬和汞等重金属元素含量。

二、微生物肥料示范推广的要领

（一）正确认识微生物肥料有无效果

1. 避免作片面结论

长期以来，对微生物肥料有无效果，一直有不同看法，甚至反差强烈。有人根本不了解微生物肥料的作用特点，认为土壤中已有大量的微生物，没必要再施。有人则根据自己所做实验全盘否定微生物肥料，但并未对试验条件、施用作物是否适宜、施用方法是否正确、有无配伍禁忌等进行深入分析，便轻易得出结论：一是认为微生物肥料没有效果。因

为微生物肥料主要是通过有效菌固氮、活化养分或拮抗病原菌等发挥作用，如果供试土壤本身所含速效养分足以满足作物需要，或伴随施用大量速效肥料、杀菌剂等，有效菌的功效已被充足的速效养分供给掩盖，或受杀菌剂抑制难以发挥作用，即便再好的微生物肥料也难以呈现出显著的效果。因此，会得出微生物肥料无效的结论。然而，并不能以此全盘否定它的作用。二是认为微生物肥料效果不稳。微生物肥料主要靠有效菌发挥作用，土壤酸碱度、温度、湿度等制约因素不同，会对有效菌的活性产生较大影响，从而使作用效果的表现差别较大。即便同一种微生物肥料产品，施到制约因素差异较大的地块，也会表现出一定的效果差异，但并非其作用效果不稳定。例如，关于某种微生物菌剂在湖北省的田间试验，分析了在 66 个不同地块 7 种作物上的应用试验结果，有增、有减，有的有效，有的无效，可惜这类报道太少。购买者应深入了解微生物肥料的特性，避免作出效果不稳定的片面结论。

2. 避免盲目夸大

有人盲目夸大微生物肥料的效果，甚至宣传施用微生物肥料即可不再施化肥或其他肥料。提出这样的看法，往往既没有植物营养的科学依据，也没有规范的田间试验证明。以小麦为例，一般每生产 100 kg 小麦，需要供给 1.0 ~ 1.3 kg 氮、2.0 ~ 3.0 kg 五氧化二磷、2.8 kg 钾。从氮素的供给来看，每 667 m² 接种 90 kg 优质固氮菌剂，假定固氮菌能有效存活 300 d，按其固氮峰值计算，累积固氮量仅为 3.59 kg。只有固定的氮全部被作物吸收，方能满足每 667 m² 产量 350 kg 的氮需求。实际上，既要固氮菌全程处于固氮高峰，又要保证固定的氮被全部吸收，是根本不可能的。从磷、钾的供给来看，施用解磷、解钾的微生物菌剂，主要通过有效菌活化土壤中缓效态磷、钾供作物吸收。由于土壤自身磷、钾容量有限，如果不再施化肥或其他肥料，那么满足作物连年高产所需的磷、钾养分，靠什么来补充呢？凭什么说"不用再施化肥"呢？科学地讲，应该是施用微生物肥料可减施化学肥料。

3. 避免试验缺陷

依据国家农业行业标准《微生物肥料田间试验技术规程及肥效评价指南》（NY/T 1536–2007）要求，开展微生物肥料效果试验，必须在严格田间试验条件下，按照科学的试验规则，设计试验处理和田间布置方案。

在符合试验各个要求的前提下，才可以进行试验的处理，注意试验的次数，排列形式以及统计的方式，等等。只有如此，最后获取的试验结果才是真实可信的。背道而驰，忽略试验的过程，试验处理不科学，未设基质对照，仅与空白对照比较，结果显示的数据，往往让人无法信服。例如，有关报道，有人曾经在辣椒上使用过某种生物菌，产生了1 ：2280 ~ 1 ：3075 的超高经济效益。通常情况之下，有关这类的微生物肥料，所应用的面积范围比较大，但开展规范的田间试验研究却很少。

（二）全面认识微生物肥料的功能效果

1. 全面展开试验

目前，对微生物肥料的功能效果尚缺乏全面的认识。受对常规肥料效应认知的影响，对微生物肥料功效的观察，往往施用后注重作物长势、观察生物学性状变化和增产效果，忽视克服连作障碍、提高抗性、减少病害、改善品质等方面的作用效果。迄今，微生物肥料产品在农业农村部登记的种类较多，不同类型的产品功能各异，涉及试验设计、效果评价的参数指标必然多样。必须全面认识不同类型产品的功效，按不同类型设计试验和评价指标，才能全面评价不同产品的功效，得出正确的认识。

2. 注意全面观测

微生物肥料在不同作物上的应用效果不同，应注意全面观测，以便发现突出特点。例如，有效菌为巨大芽孢杆菌和胶冻样芽孢杆菌的微生物菌剂，经大量田间试验证实，可降低草莓死苗率73.6%；可使西红柿早开花结实7 d左右，降低畸形果率28.5%；可降低西瓜裂瓜率30%以上；可提高黄瓜根量31.8%，降低硝酸盐含量35.8%；可显著提高甜瓜、西瓜、葡萄的甜度，改善适口性。在田间试验过程中，必须全面考察微生物肥料的功效，才能发现这样突出的表现，防止得出片面的结论。

3. 全面综合评价

根据国家和农业行业标准的要求，微生物肥料分为农用微生物菌剂、生物有机肥和复合微生物肥料三大类。农用微生物菌剂的种类有：光合菌剂、硅酸盐菌剂、固氮菌剂、有机物料腐熟剂、溶磷菌剂、复合菌剂、微生物产气剂、农药残留降解菌剂、水体净化菌剂和土壤生物改良剂（生物修复剂）。按照不同类型的功能特点，应从促生增产、改善品质、增强抗性、促进腐熟和改善修复土壤等方面，全面认识其功能效果，各有侧重地开展试验评价。一是促生增产，除统计增产效果外，应注意株高、叶片数量、根长和根量、花期变化、坐果率、单果重等生物学性状指标的观测统计；二是改善品质，应注意农产品畸形率、色泽、光洁度、口感、蛋白质含量、氨基酸含量、维生素含量和糖分含量等外观指标和内在品质指标的观测统计；三是增强抗性，应注意降低死苗率、倒伏率、发病率、防早衰、抗倒及抗旱等反映，克服连作障碍、病虫害发生等抗性指标的观测统计；四是促进腐熟，应注意纤维素含量、木质素含量、蛋白质含量、养分含量、堆腐温度、腐熟所需时间、粪大肠菌群数和蛔虫卵死亡率等反映腐熟质量指标的观测统计；五是改善修复土壤，注意土壤中硝酸盐和重金属等无机污染物吸收量、有机污染物降解量、土壤微生物种群与数量、有机质含量、速效养分含量、盐分含量、pH值、土壤容重及微团聚体含量等反映修复污染和改良土壤指标的观测统计。

（三）准确把握微生物肥料的应用要领

1. 技术成熟

技术成熟是微生物肥料应用的先决条件。在实践中，首先必须把握技术的成熟性，避免盲目应用造成损失。众所周知，非豆科植物结瘤固氮的研究取得了举世瞩目的突破。固氮放线菌在马桑、桤木、杨梅等非豆科树木和根瘤菌在木麻黄上结瘤固氮，在国际上取得了成功的经验。迄今为止，虽然用植物激素、酶解等方法可把固氮微生物导入非豆科作物，取得了重大进展，但至少侵染识别、固氮能量供应和控氧机制"三大关"在禾本科作物上并未突破，在全世界尚处于研究探索阶段，并不具备产业化的成熟技术，距离实际应用相差甚远。判断技术成熟的标志是经得起实践检验，已获得农业农村部肥料登记。

2. 科学选用

科学选用是充分发挥有效菌功效的前提。目前，微生物肥料有效菌，种类繁多，功能和原理各异。例如，固氮菌剂主要靠接种根瘤菌结瘤固氮供作物吸收；硅酸盐菌剂主要通过硅酸盐细菌活化土壤中的钾、磷、硅、镁、铁等养分发挥作用；农药残留降解菌剂主要是用高效降解菌来降解有机农药成分；土壤生物修复剂多数是利用生防菌拮抗病原菌，从而克服连作障碍，等等。可见，施用微生物肥料，首先要弄清其有效菌究竟是什么、主要功效如何、怎么发挥作用，方能针对使用目的科学地选择对路的产品，充分发挥其功效。否则，盲目选用很难达到理想效果。

3. 试验先行

试验先行的关键环节就是推广应用以及如何应用微生物肥料。现如今，在市面所售的各种生物肥料方面的产品，无一例外都是有说明书的，但往往是依据一两种作物和有限的试验数据结合传统经验制订的，缺乏充分的田间试验证据。产品说明书标注施用的适宜范围、用量、时期和方法，可信度较差。在实际推广应用中，经常会遇到许多新情况、新问题，需开展广泛的田间试验来解决和完善。回顾微生物肥料的发展史，在我国曾出现过"三起三落"。尽管导致这种现象的原因是多方面的，但缺乏广泛试验和深入研究，应该是最为重要的原因。因此，微生物肥料的推广应用，必须坚持试验先行，试验、示范、推广相结合，用广泛试验引领示范推广，避免凭传统经验一哄而起，造成不良后果而失信于用户。

4. 因地制宜

因地制宜是发挥微生物肥料功效的保障。微生物肥料有效菌发挥功效受到土壤条件的严重制约。要保证充分发挥其功效，存在"测土施肥"的问题。首先，通过测试土壤了解其养分供给力、障碍因子、污染因子以及理化性状等，才能制订施用微生物肥料的科学方案，取得理想的功效。例如，在养分丰富的肥沃地块，主要施用高效活化磷、钾的微生物菌剂（或称生物磷钾肥）；但如果土壤速效养分含量足以满足作物需要，视其是否存在连作障碍、土传病害或污染因子等，应选用相应的土壤生物修复剂，而不再是生物磷钾肥。在中等肥力的地块，应多施一些生物有机肥，发挥其兼具微生物肥料和有机肥功效的作用，在保证养分供给的同时，不断培肥改土、增强地力。在低肥力的地块，应发挥复合微生物肥料含有效菌、氮磷钾养分和有机质的特点，协调肥料养分的速效与长效供给能力。

（四）注意了解微生物肥料的应用要求

1. 注意产品质量

（1）要获得国家肥料登记

根据我国有关规定，微生物肥料合格的前提是，检验必须是在农业农村部指定的单位，而实验也必须是在正规田去进行，在效益、有无毒得到肯定的证明之后，对于登记需要经由农业农村部工作者的批准，在批准之后再发放临时的登记证，接下来实际应用检验经过3年的时间，可靠之后正式的登记证才会发放下去。5年这是正式登记证的有效时间。所以，某些微生物肥料没有获得农业农村部的登记证的，无法保证其质量如何，因此，推广以及应用相对不适合大面积。

（2）有效活菌数要达标

国家标准分别对农用微生物菌剂、复合微生物肥料和生物有机肥的有效活菌数提出了明确要求。首先，查清产品包装标识上的有效菌种的名称、有效活菌数的含量，看与登记证上规定的是否一致。有效菌种名称不一致或有效活菌数达不到要求的，说明质量存在问题，不能推广应用。同时，对符合要求的产品，应分别根据其有效活菌数技术指标的要求选用，而且与按产品标注技术指标折算的有效活菌数量相比应该有40%的超出量。

（3）选择有信誉的名牌产品

正规厂家生产的正规产品，一般质量有保障，应该是购买使用的优选对象。俗话说"好事不出门，坏事传千里"，一些负面报道多的企业，肯定事出有因，其质量稳定性、厂商信誉、宣传推广等方面可能存在问题。虽然不一定完全是产品的问题，但应慎重选择，最好避免选用。

（4）过期的产品不宜使用

有效活菌数量随保存时间、保存条件的变化逐步减少。当下，技术水平还没达到一定程度，我们国家的微生物肥料，有效菌存活时间普遍都在一年以内，很少有超过一年的存活期，所以在选购产品时，要看日期，当年的产品是第一首选。并且，最好随时购买随时使用，过期的产品肥效难以保证，要放弃霉变或过期的产品。

（5）正确储存运输

在适宜范围内，为保证微生物正常存活，产品应储存在阴凉干燥的场所。储存的环境温度以 15 ~ 28℃为宜；避免阳光直射和雨淋，防止紫外线杀死肥料中的有效微生物。在储运的过程，所处的环境条件一定要注意控制。伴随着温度的不断升高，微生物在产品中所存活的数量会呈现递减的趋势。当温度过高时，产品中的微生物数量急剧减少，导致活性降低甚至失去活性；而水分的含量超过标准时，霉菌就会滋生出来，随后使得芽孢萌发失活；产品中的活菌数量会因为产品冻融或反复冻融而减小。

2. 注意应用条件

微生物肥料需要一定的应用条件。

微生物肥料的应用取决于作物种类、土壤条件、气候条件及耕作方式，应根据以上条件去选择合适的微生物肥料产品。有效菌施入土壤后，土壤必须提供充分的营养源。换句话说，微生物肥料要求土壤肥沃，有足够可利用的营养成分来保证有效菌繁殖生长所需的碳源、氮源，才能使其发育成优势群落，并保证有效菌有可活化供作物吸收的养分。因此，有效菌需经历一个培养繁殖、生长发育的过程，才能充分发挥它应有的功效。因而，施于土壤后需要 15 ~ 20 d 才能发挥肥效。多数菌剂需在氮营养作用下才能复苏，在施微生物肥料时配施适量的氮肥，可发挥稳、匀、足、适的肥效。微生物肥料在土壤含水量 30% 以上、土壤温度 10 ~ 40℃、pH 值为 5.5 ~ 8.5 的土壤条件下均可施用，适宜的土壤含水量为50% ~ 70%。

3. 注意施用方法

微生物肥料施用方法须适宜。施用的基本原则有三点：第一，有利于有效微生物与土壤环境相适应；第二，有利于有效微生物与农作物亲和；第三，有利于有效微生物生长、繁殖及其功能发挥。

（1）液体菌剂的施用

拌种：首先将液体菌剂配成 20 倍溶液，然后按每 667 m² 施 300 mL 的量，将种子与稀释后的菌液均匀地搅拌，或者就是菌液在稀释之后，喷洒在种子上，然后等到种子彻底阴干继而去播种。

浸种：第一步将液体菌剂配成 20 倍溶液，然后按每 667 m² 施 500 mL 的量，菌液稀释之后，把将种子放进去大概 4 ~ 12 h，捞出放在阴凉处阴干，观察种子有些露白时，就可以拿去播种。

蘸根：将菌剂稀释 10 ~ 20 倍，幼苗移栽前将根部（穴盘）浸入液体，蘸湿后立即取出即可；当幼苗很多时，可将 10 ~ 20 倍稀释液放入喷筒中喷湿根部。

灌根：将菌剂稀释 40 ~ 50 倍，按种植行灌根或灌溉果树根部周围。

冲施：如果采用灌溉施肥，挖沟灌溉的在出水口将菌剂随水倒入；管道灌溉则将菌剂摇匀倒入施肥器，随水灌溉施入。

喷施：按说明要求的倍数将菌剂稀释之后，天气最好是阴天，或者是天气晴朗的下午3 点后，慢慢地喷洒在叶片的背面，而喷洒过程一定要均匀，每片叶子都要喷洒到。注意避免暴晒，防止紫外线杀死菌种。

（2）固体菌剂的施用

拌种：播种之前，首先要用清水或者小米汤把种子喷湿，再把固态菌拌入并充分搅拌均匀，直到每粒种子都包裹了一层固态微生物肥料为止，就可直接播种了。

浸种：将固态菌剂浸泡 1 ~ 2 h 后，用浸出液浸种。

蘸根：将固态菌剂稀释 10 ~ 20 倍，幼苗移栽前把根部（穴盘）浸入稀释液中蘸湿后立即取出即可。

混播（混施）：将种子和菌剂两者充分搅拌之后进行播种，或者就是把菌剂与一些细沙土、有机肥混合之后再拿去施用。例如，将固态菌剂与充分腐熟的有机肥按一定比例混合均匀后施用，可作基肥、追肥和育苗肥用。在作物育苗时，按一定比例掺入营养土中，充分混匀制作营养钵；也可在果树等苗木移栽前，混入稀泥浆中蘸根。

（3）有机物料腐熟剂的施用

将菌剂按一定比例均匀拌入待腐熟物料中，调节物料的水分、碳氮比等，堆置发酵并适时翻堆。

（4）生物有机肥、复合微生物肥料的施用

基肥：一般与农家肥、化肥或细土混匀后沟施、穴施或撒施。在播种、定植前结合整地，边撒施边耕翻。大田作物每 667 m² 施用 40 ~ 120 kg，在春、秋时节整地时和农家肥一起施入；经济作物和设施栽培作物根据当地种植习惯可酌情增加用量。

种肥：将肥料施于种子附近，或与种子混播。对于复合微生物肥料，应避免与种子直接接触。

追肥：一般沟施或穴施覆土，离根系越近越好，注意及时浇水。与化肥相比，生物有机肥的营养全、肥效长，但生物有机肥的肥效比化肥要慢。因此，使用生物有机肥作追肥时应比化肥提前 7 ~ 10 d，用量可按化肥作追肥等值投入。

4. 注意事项

微生物肥料应用需注意一些禁忌。在高温干旱条件下避免使用，以防芽孢萌发后因缺水失活；避免表施（一般深施 7 ~ 10 cm），以免受强烈阳光照射，抑制有效菌繁殖生长，难以充分发挥肥效；作种肥时施于种子正下方 2 ~ 3 cm 处；避免与高浓度化学肥料混施，特别是与强酸、强碱肥料混施，因为高浓度养分、强酸或强碱会抑制有效菌繁殖生长，甚至杀死有效菌，同时速效养分会掩盖微生物肥效；避免与未腐熟的农家肥混用，以防腐熟高温降低有效菌活性；避免混合使用或伴随使用杀菌剂、杀虫剂，避免用拌过杀虫剂、杀菌剂的容器装微生物肥料，防止抑菌物影响肥效。另外，微生物肥料储存过程中避免暴晒，微生物肥料应存放在阴凉干燥处。微生物肥料不宜久放，拆包后应及时施用。因为拆包后杂菌容易侵入，使菌群发生改变，同时易萌发并缺水失活，影响其施用效果。

三、微生物肥料推广的有效途径

现在，我国在微生物肥料生产方面还存在很多不足，也相继产生了一些问题，比如成本和价格与其他国家相比还是偏高，还有产品活菌数低、品种少、效果不稳定等。除此之外，该产业中存在大量鱼龙混杂、参差不齐和知识产权受侵害等现象，在一定程度上影响了微生物肥料产业化进程，影响了种植户施用微生物肥料的积极性。从战略高度来看，发展微生物肥料是发展可持续农业、生态农业的要求，也是我国确保粮食安全、食品安全的现实需要，更是减施化肥和农药、降低环境污染、切实保障生态安全的必然选择。应积极探索切实可行的推广应用途径，推动微生物肥料的大规模应用，走出过分依赖化学肥料和农药的农业困境。

（一）推进微生物肥料科学普及

针对微生物肥料的推广应用，开展多种多样的科普活动和技术培训，将微生物肥料的内容，融入职业农民培训、科技下乡等多种科技活动的课堂；在全国乡镇、村庄和社区，以各种涉农服务组织为载体，大力开展微生物肥料施肥知识讲座和技术培训，加速微生物肥料知识的推广普及，不断提升农民对微生物肥料的认识和应用技术水平，切实将其肥料的推广应用与农业生产、农民生活紧密结合起来，让农民真正看得懂、学得会、买得起、用得上，加快微生物肥料的推广应用。

（二）推进协同创新试验示范

目前，我国微生物肥料生产企业有上千家，但企业规模尚小、技术力量薄弱，试验示范相对滞后，尚缺乏大规模的示范样板，引导微生物肥料的推广应用。应抢抓国家大力扶持生物产业的发展机遇，立足现代农业的发展需求，整合科研、教学、推广、企业力量，大力推进农科教、产学研的协同创新团队建设，追踪国际前沿技术，开展联合攻关。一是加强技术研发。组建一批产学研推相结合的研发平台，以推进微生物肥料应用为核心，重点开展功能菌株选育、新产品及其配套高效施肥技术的研发与示范。二是加快新产品推广。开展微生物菌剂、生物有机肥、复合微生物肥料等新型产品的协同创新应用试验示范，创立微生物肥料应用的先导性样板，引导农民的大规模应用，不断提高肥料利用率，推动肥料产业转型升级。

（三）推进化学肥料和农药减施增效

目前，我国正在实施化学肥料和农药减施增效专项行动，将微生物肥料的推广应用作为其重要抓手，创新服务方式，推进农企对接，积极探索公益性服务与经营性服务结合、政府购买服务的有效模式，支持发展微生物肥料应用的专业化、社会化服务组织。大力推进微生物肥料产品研发与推广，重点研发肥药兼用、多功能复合，可促生增产、克服土传病害兼具培肥改土等功能的微生物肥料，集成推广机械施肥、灌溉施肥与化肥配施等高效施肥技术，不断提高肥料利用率，实现化学肥料和农药施用的零增长。

（四）推进传统施肥方式转变

充分发挥种粮大户、家庭农场、专业合作社等新型经营主体的示范带头作用，强化技术培训和指导服务，大力推广微生物肥料先进适用技术，加速向现代施肥方式转变。一是推进机械施肥，改表施、撒施为机械深施。按照"农艺农机融合、微生物肥与传统肥料配施、基肥追肥统筹"的原则，加快施肥机械研发，因地制宜推进肥料机械深施、机械追肥、种肥同播等技术，减少养分挥发和流失。二是推广水肥一体化。结合高效节水灌溉技术，优选适宜的微生物肥料剂型，示范推广滴灌施肥、喷灌施肥等技术，大幅度提高肥料和水资源利用效率。三是研发推广微生物肥料的适期施肥技术。合理确定基肥施用比例，推广因地、因苗、因水、因时分期施肥技术，因地制宜推广拌种、蘸根、灌根、沟施和穴施等高效施肥技术。

（五）推进废弃物资源化循环利用

适应现代农业发展和我国农业经营体制特点，以中央财政补贴项目支持腐熟剂应用为契机，积极探索农业废弃物资源化循环利用的有效模式，鼓励引导农民增施有机肥。一是推进养殖废弃物资源化利用。支持规模化养殖企业利用畜禽粪便生产生物有机肥，推广"规模化养殖＋沼气＋社会化出渣运肥"模式，支持企业生产微生物肥料，支持农民积造农家肥，施用商品有机肥和微生物肥料。二是推进农作物秸秆养分还田利用。推广秸秆粉碎还田、快速腐熟还田、过腹还田等技术，研发具有秸秆粉碎、腐熟剂施用、土壤翻耕及土地平整等功能的复式作业机具，使秸秆取之于田、用之于田。三是因地制宜种植绿肥。充分利用南方冬闲田和果茶园土、肥、水、光、热资源，在种植绿肥还田时利用腐熟剂快速腐熟。在有条件的地区，引导农民施用根瘤菌剂，促进花生、大豆和苜蓿等豆科作物固氮肥田。

第五章　有机旱作农业病虫害的生物防治

第一节　有机旱作农业的主要灾害

一、旱作地区主要非生物灾害

（一）季节性干旱

　　盆地由于地势低，相对于山地，盆地的降水量充足，但是和平原相比，盆地由于地势的不均匀，导致降水量也是不均匀的，由于蓄水饮水的难度大，所以大部分盆地农民仍然靠天吃饭。若出现旱灾天气，将会给农民带来持续性、大范围的干旱。春、夏、秋、冬各季节均有不同程度出现，在有些年份甚至出现多个季节干旱连续出现的情况，常会给庄稼带来毁灭性的打击，致使大范围地减产甚至颗粒无收，自然灾害造成的损失最严重情况如图 5-1 所示。

图 5-1　我国某地干旱造成的农作物大面积绝收

利用各地区近 50 年的干旱统计结果，分析各年代季节性干旱的变化情况。春旱的变化特征是 20 世纪 60 年代偏少，70 年代、80 年代和 90 年代基本接近，21 世纪前 10 年有所增加，总体上看，50 年来北部地区的春旱呈现增加的趋势。夏旱的变化特征是 60 年代偏多，占 50 年总夏旱的 24.5%，70 年代至 80 年代偏少，与 60 年代相比呈现减少趋势，90 年代又接近 60 年代的水平，占 50 年总夏旱的 23.8%，21 世纪前 10 年占 50 年总夏旱的 19.2%，总体上看各年代间差异较小。伏旱的变化特征是 60 年代和 70 年代偏多，分别为 23% 和 26.7%，80 年代和 90 年代偏少，分别为 10.4% 和 17%，21 世纪前 10 年偏多，为 23%，具有增加的趋势。秋旱的变化特征是 60 年代偏少，几乎没有秋旱，70 年代至 21 世纪前 10 年具有一多一少交替变化的趋势。冬旱的变化特征是 60 年代至 80 年代偏多，占 50 年总冬旱的 20% 以上，90 年代至 21 世纪前 10 年相对偏少，在 20% 以下。

（二）洪涝水渍

我国大多数旱作地区在夏季多出现强降水天气，常产生涝渍灾害，冲毁沿江河两岸的农田或坡下的旱地作物，造成产量的损失（见图 5-2）。淹水后，缺乏氧气充足的环境，无法进行生物作用，导致作物死亡。

图 5-2　我国某地洪涝灾害后的农作物

在土壤环境良好的土地上，农作物在生长过程中根系和微生物进行生物作用是需要氧气参与的，如果没有氧气，生物作用就无法进行，生物作用耗氧量大概为 5 ~ 29 $g/m^2 \cdot d$。根系的生物作用和微生物的生物作用所消耗的氧气含量各占一半。若降水量过大，农作物的根系受到淹水，水会对氧气起到隔绝作用，所以土壤和大气进行气体交换受到限制，农作物和微生物的供氧量便会大大减少。土壤中氧气的消耗速度大于土壤和空气进行气体交换的速度，那么在土壤中氧气耗尽时，农作物将会受到严重的损坏，甚至是死亡。大致当土壤中的氧气压降至 0.125 ~ 0.205 Pa 大气压时，植物开始显示氧气衰竭征象，当氧气压降至 0.03 ~ 0.05 Pa 大气压时，乙烯产物开始在体内积累产生危害。

科学数据表明，当根部的氧气体积分数降到大气的一半时，根部的生物作用开始减慢。根部结构对氧气的敏感程度是从根系的端部到尾部依次递减的。根的尾部消耗氧气的速度最慢，细胞的排列相对宽松，间隙较大。当发生淹水时土壤由于被水隔断了和大气进行气体交换的过程，导致根部缺乏氧气，根系细胞将会缺乏生物作用和细胞有丝分裂所需要的能量，根系向植物传输能量也会受到阻碍，会对植物产生大量的危害。淹水情况下植物气孔的关闭与以下原因有关：①细胞中钾离子的含量和气孔的关闭程度呈线性关系，气孔关闭程度越大，钾离子的含量越小。钾离子的含量是生物进行生物作用必不可少的物质，由于气孔的关闭，生物体内压力环境发生变化，势必会导致钾离子的缺失，生物质量受到影响，甚至是死亡。②淹水 12 ~ 18 h 后叶内的落脱酸（ABA）含量可急剧增加到高峰值，它会破坏保卫细胞的钾离子吸收与淀粉的分解，促进气孔关闭。③还有一些植物在淹水环境中，植物会自发地产生大量的烯类物质，该类物质会加速钾离子和水分的排出，二氧化碳的浓度也会增加，加速气孔的关闭。

（三）阴雨寡照

阴雨寡照天气主要指连续多日降水、少日照的天气过程，一年四季都会出现，不同季节对农业生产的影响不同（见图 5-3）。夏季（6 —8 月）连阴雨主要影响大田作物的抽穗扬花、授粉、结果，同时连续的阴雨寡照造成作物病害的滋生、蔓延。我们以连续 3 d 或以上日雨量 > 0.1mm，日照时数 < 3 h 为一次一般性连阴雨天气过程，以连续 5 d 或以上日雨量 > 0.1mm，日照时数 < 3 h 为一次严重连阴雨天气过程；秋季（9 —11 月）以连续 7 d 日雨量 > 0.1mm 称为一个秋绵雨过程。秋绵雨带来的阴雨、低温、寡照天气常常给大春作物的收获、晚秋作物的生长发育、小春作物的备耕播种造成严重的不利影响。

图 5-3　阴雨寡照气候

二、旱作地区主要生物灾害

（一）主要生物灾害概况

农业生物灾害是自然灾害中重要的一类，它是指有害生物对农业生物造成的危害，通常指由农业病毒、细菌、菌物、有害植物、有害动物引起的威胁或危害农业生产、农业生态环境和人类经济活动的灾害。郑大玮等人指出，农业生物灾害是由于一个地区的生物种类发生结构性的变化后，生物群落的生态链发生了不平衡的变化，从而造成农作物的大规模损害，给农业带来严重的经济损失。主要包括农作物病、虫、草、鼠害等。

农业生物灾害具有种类多、突发性强、危害大、难防控等特点。我国是世界上农作物病、虫、草、鼠等生物灾害发生严重的国家之一，据统计，全国农作物有害生物有 2300 多种，其中病害 750 多种、害虫 850 多种、杂草 700 多种、害鼠 30 多种。可造成严重危害的超过 100 种，其中重大流行性、迁飞性病虫害有 20 多种。

1. 农业生物灾害的类别

农业生物灾害可按有害生物类别、有害生物种类、作物对象、作物部位等进行分类。

（1）按有害生物的类别，农业生物灾害可分为病害、虫害、草害、鼠害等。

（2）按有害生物在分类学上的科属进行分类，农业生物灾害有玉米病害分为纹枯病、大斑病、茎腐病、细菌性条斑病等，玉米虫害分为螟虫、蚜虫、小地老虎等。

（3）按有害生物危害的作物对象，农业生物灾害可分为小麦、玉米、油菜、马铃薯、甘薯、大豆、果树、蔬菜、茶叶等生物灾害。

（4）按作物生育期或发病部位不同再进行细分，农业生物危害还有如玉米镰刀菌在根部、茎干和穗子分别引起根腐病、茎腐病、穗腐病，小麦锈病分为条锈病、叶锈病、秆锈病三种。

2. 旱作农业的主要病虫害种类

（1）小麦：主要病害包括锈病、赤霉病、白粉病、纹枯病等。主要虫害包括麦蚜、吸浆虫、麦蜘蛛等。

（2）玉米：主要病害包括大斑病、小斑病、圆斑病、灰斑病、纹枯病、穗腐病、茎腐病、病毒病、丝黑穗病等。主要虫害包括玉米螟、桃蛀螟、蚜虫、小地老虎、黏虫、红蜘蛛等。

（3）油菜：主要病害包括根肿病、菌核病、霜霉病、根腐病、猝倒病和病毒病，其中以根肿病和菌核病对油菜的危害最为严重。主要虫害有菜缢管蚜（*Lipaphis Erysimi Pseudobrassicae*）、桃蚜（*Myzus Persicae*）和甘蓝蚜（*Brevicoryne Brassicae*）三种，三种蚜虫均是成蚜和若蚜吸取嫩头和嫩叶的汁液。

（4）薯类：主要病害包括马铃薯晚疫病、马铃薯病毒病、甘薯黑斑病等。主要虫害有二十八星瓢虫（*Henosepilachna Vigintioctopunctata*）、蚜虫（*Aphid*）、块茎蛾（*Tuberworm*）、地老虎（*Cutworm*）、蛴螬（*Grub*）、蝼蛄（*Gryllotalpa*）、金针虫（*Elateridae*）等。

（5）大豆：主要病害包括有斑枯病、灰斑病、霜霉病、锈病、疫腐病、菌核病、炭疽病、紫斑病和黑点病等。主要虫害包括食心虫、蚜虫等。

（6）蔬菜：主要病害包括病毒病、根肿病、疫病、霜霉病、枯萎病、青枯病、软腐病、菌核病、白粉病。主要害虫有小菜蛾、甘蓝夜蛾、斜纹夜蛾、甜菜夜蛾、棉铃虫、黏虫、蚜虫、飞虱类、蓟马类、螨类、蝉类、叶蝇类、蝇类、蚊类、甲虫类、蟋蟀类、蝼蛄类等。

（7）果树：主要病害包括柑橘炭疽病、柑橘疮痂病、桃褐腐病、桃细菌性穿孔病、枇杷炭疽病、枇杷灰斑病、枇杷烟霉病、葡萄霜霉病、葡萄炭疽病、葡萄白粉病、葡萄灰霉病、猕猴桃溃疡病、猕猴桃褐斑病、猕猴桃炭疽病。主要虫害包括柑橘红蜘蛛、柑橘粉虱、柑橘潜叶蛾、梨小食心虫、桃蛀野螟（*Dichocrocis Punctiferalis*）、桃蚜、枇杷黄毛虫（*Melanographia Flexilineata*）、枇杷红蜘蛛（*Oligonychus Biharen*）、葡萄斑叶蝉（*Erythroneura Apicalis*）、葡萄透翅蛾（*Paranthrene Regalis*）、铜绿丽金龟子（*Anomala Corpulenta*）、白盾蚧等。

（二）生物灾害的危害

1.给农业生产造成严重损失

农业生物灾害问题是一个重大的问题。农业生物灾害严重影响了生物的生态环境、经济发展及社会的稳定。据联合国粮食及农业组织（FAO）估计，世界粮食生产因虫害常年损失14%，因病害损失10%，因草害损失11%，因鼠害损失20%；全世界每年因有害生物造成的经济损失高达1200亿美元。由于有害生物的危害，造成全球玉米、水稻、马铃薯的产量损失分别为31%、37%、40%，大豆、小麦和棉花的产量损失可能为26% ~ 29%。

我国自然灾害发生频繁，尤其是农作物病、虫、草、鼠等生物灾害种类多、发生范围广、危害程度重，长期以来制约着农产品产量和品质的提高，如不加以防治，每年可造成农作物产量损失15% ~ 30%，局部地区可达50%以上。病、虫、草、鼠害所致的损失率大约在30%，高于发达国家的21.3%，低于发展中国家平均的37.2%。近年来，我国农业病虫害进入高发期，每年大力防治后仍损失粮食超过15×10^4t、棉花3×10^5t、油料1×10^6t、水果3×10^6t、牧草6.875×10^7t。在有害生物暴发年份，给农业生产造成了巨大损失。1990年小麦条锈病出现近30年来罕见的全国性大流行，发生面积660多万hm^2，损失小麦2.6×10^9kg。1991年稻飞虱特大爆发，面积达到2320多万hm^2，损失稻谷2.5×10^9kg。1992年棉铃虫特大暴发，发生危害面积400万hm^2，损失棉花1.5×10^6t。1993年南方稻区稻瘟病大流行，为害面积达到600万hm^2，损失稻谷1.5×10^{10}kg。1993年和1995年黄萎病大流行，全国因黄萎病成灾导致棉花损失分别逾7.5×10^4t、1.5×10^5t。1994年后小麦蚜虫（*Macrosiphum Avenae*）连年大发生，每年发生面积超过1300多万hm^2。1997年玉米螟大暴发，仅玉米主产区吉林省就发生160多万公顷，占全省种植面积的70%以上，损失粮食1×10^6t；1998年小麦赤霉病和纹枯病大流行，发病面积分别达到530多万hm^2和1000万hm^2。由于全球二氧化碳排放量过多，全球气候变暖问题严重，我国病虫灾害发生了变化，跨国境、跨区域的物种也带来更多的灾害，严重制约我国粮食持续丰收。据统计，我国农作物病虫害呈多发重发态势，每年发生面积近70亿亩次，因防控能力不足每年造成粮食损

168

失近 $2.5 \times 10^{10}kg$、经济作物损失超过 $1.75 \times 10^{10}kg$。

2. 生物灾害发生的趋势

随着现代植保科技的发展，毁灭性的生物灾害已得到较好的控制，但是病、虫、草、鼠等有害生物对农业生产的威胁有增无减。农业生物危害的趋势呈现加重态势。

一是农业病虫害发生种类不断更迭。20 世纪 50 年代小麦病虫以吸浆虫、黏虫、锈病为主；棉花病虫以棉蚜、红铃虫、黄矮病为主。60 年代小麦病虫害也发生了很大变化，吸浆虫得到了有效控制，前期黏虫减弱，后期回升，锈病得到一定程度的控制。棉花病虫中棉蚜趋减，红铃虫得到控制。70 年代小麦黏虫大暴发频率上升，麦类赤霉病成为重要病害，锈病再度频频流行。80 年代小麦黏虫大发生趋势减弱，麦蚜成为重要害虫，吸浆虫回升，小麦红蜘蛛猖獗，麦类赤霉病、锈病、丛矮病成为三大主要病害。棉花害虫中棉铃虫、棉蚜、红铃虫、红蜘蛛四大害虫严重威胁棉花生产。90 年代以来，小麦吸浆虫、麦蚜、麦红蜘蛛、蝗虫、麦类赤霉病、锈病、白粉病、玉米螟、棉铃虫、棉蚜等成为严重影响我国农业生产的重大病虫害。

二是大暴发种类逐年增加，全国年发生面积在 333.3 万 hm^2 以上的农业有害生物种类，20 世纪 50 年代，每年只有 10 余种，80 年代为 14 种，90 年代为 18 种，2000 年以来，每年暴发的有害生物增加到 30 多种（夏敬源，2008）。

三是检疫性有害生物种类大肆侵入。21 世纪以来，随着贸易量的剧增，每年都有新的检疫性有害生物种类发现，并以每年 1 ~ 2 种的速度增加。

四是发生面积逐年增长。1988—2010 年期间我国农业病虫害发生呈显著上升趋势，病虫害发生面积约以 852.1 万 hm^2 次 / 年的速度增长，病虫害发生面积率（当年病虫害发生面积 / 当年农作物种植面积）以每年 0.05% 的速度增长。90 年代以来病虫害进入高发期，全国农作物主要病虫害发生面积每年都在 3 亿 hm^2 次以上。

3. 生物灾害逐年加重的原因

生物灾害危害加重的原因有自然的因素，也有人为的因素。

一是频繁出现灾害性气候条件有利于有害生物繁殖，导致为害加重。在农业生态系统处于相对平衡和稳定时，有害生物处于"常年发生"状态。但在人类活动的不断干扰和其他因素干扰的情况下，尤其是在异常天气气候条件的影响下，农田生态系统的相对平衡和稳定状态受到破坏，并向不良方向发展。农田有害生物常发生灾变，形成暴发性灾害，给农业生产带来严重经济损失。我国北方多年发生旱灾，南方时而干旱，时而雨涝或干旱与雨涝并存，干旱对东亚飞蝗、棉铃虫、麦蚜等灾害发生十分有利，雨涝造成稻、麦、玉米纹枯病、稻瘟病、麦类赤霉病、玉米大小斑病等大流行。1990 年夏、冬两季我国褐飞虱主要虫源基地越南等国家出现雨季少雨、旱季不旱的异常天气，引起当地褐飞虱大暴发，大量虫源随季风侵入我国。1993 年 7 月东亚地区北部出现异常低温，持续时间较长，使我国稻瘟病和棉花黄姜病大流行。北方气温升高，使甜菜夜蛾等适于南方发生的害虫在北方大发生。

二是农业生态系统生物多样性日趋单一化。在农业生产实践中，往往把"单一化"作为一项备受人们推崇的农业增产重要措施，诸如农业区域化布局、产业带形成、各类基地、农业科技园区以及专业化、集约化、规模化和设施农业等，并看成是传统农业向现代农业转化的重要标志。然而，正当人们满足并陶醉于现代农业的高新技术、先进生产方式和高农业生产力，而漠视"单一化"所致的诸多问题和潜伏的隐患之时，农业危机却已悄然而至：生物多样性和生态平衡遭到破坏；病、虫、草、鼠害频发且逐年加重；农业环境和农产品质量的安全问题突现；农业可持续发展受到空前严重的威胁和挑战。郑大玮认为，由于为数不多的农作物品种替代了自然生态系统中的多样性，使生态系统结构在很大范围内呈现简单化，如大面积种植的单一水稻田、小麦田、玉米田等，破坏自然植被的多样性，导致有害生物的危害日趋严重。有时因为大面积种植了作物感病品种，一旦防护不力就会引发病害的暴发和蔓延。

三是一些轻简化土壤耕作技术的应用。在向农业现代化推进的过程中，一些轻简化耕作技术得到重视并逐步推广扩大。如机械化高茬收割、少免耕、直播等，大大提高了病虫越冬、越夏的有效虫（病）源，也加重了草害的发生。

四是不合理的种植制度加重了生物灾害的危害。不同种植制度直接影响农田生物群落结构，使目标作物、有害生物、天敌生物、中性生物等之间的关系发生变化，其相生相克关系发生改变（高东，2011）。因此，不合理的种植制度常加重病虫害的发生与危害。如复种指数的提高，会导致越来越严重的土传病害；早、中、晚稻，单、双季稻混杂种植，使南方水稻螟虫食料充足，虫源田串联在一起，利于其不断扩大种群，对水稻的危害日趋严重；小麦套种玉米使有些地区小麦丛矮病、赤霉病的发生概率加大；黄淮地区各滨湖蝗区由于退田还湖后未及时种草覆盖，形成撂荒地，提高了东亚飞蝗发生的概率。

五是栽培管理方式的改变。栽培管理方式的改变对有害生物的生长、发育、繁殖及其发生、发展、危害提供了有利条件，其结果不仅导致了病、虫、草等有害生物的危害加重，而且会出现一些新的病虫害，或者一些次要病虫害上升为主要病虫害。如高产晚熟品种面积扩大，延长了全年病虫灾害发生、危害时间；不合理增加作物种植密度，导致田间荫蔽，为病虫害发生发展创造了条件；高肥水管理，特别是增加氮肥用量，使作物生长速度加快，往往降低作物的抗性。设施农业的快速发展及其形成的高温、高湿、弱光照等特殊小气候条件，不仅导致病虫繁殖速度加快和土传病害发生并加重，而且还为一些害虫提供了合适的越冬场所；菜灰霉病在通风、干燥的环境条件下，少有发生，而由于设施生产环境改变，现已成为涉及西红柿、茄子、辣椒、黄瓜等多种蔬菜作物的主要病害。

六是长期施用化学农药致使有害生物抗药性增强。化学药剂防治仍是我国当前农业生产的主要减灾手段之一。随着病虫害问题日益严重，农药施用量越来越大，抗药性问题日益突出。监测表明，全国有 500 种以上的有害生物对常用农药产生了不同程度的抗性。在南方稻区，稻褐飞虱对吡虫啉产生了中、高度抗性；在安徽等地，有 2% ~ 7% 的赤霉菌菌株对多菌灵产生了抗性；在部分棉区，棉铃虫对 Bt 棉的抗性等位基因比率由 0.6% 上升至 2% ~ 8%，有潜在抗性暴发风险；草地螟对常用药剂也产生了不同程度的抗性。

七是生物技术的应用带来了病虫害的演替，农业贸易、种子调运等加速了病虫害的传播。由于转基因植物只是对少数性状的定向改良，往往忽略了其他重要性状，常给生产带来新的问题。如随着抗虫棉的推广，棉铃虫等钻蛀类害虫被有效地控制，但棉盲蝽等刺吸类的发生却逐年扩大，已成为棉花生产上的重要问题之一。

第二节　有机旱作农业病虫害的生物防治方法

旱作农区农作物生物灾害种类多、发生范围广、危害程度重，长期以来制约着农产品产量和品质的提高，如不加以防治，每年可造成农作物产量损失 15% ~ 30%，局部地区超过 50%。因此，抓好有害生物的防治工作，对保护农业生产至关重要。随着异常气候的影响、农业生态环境的变化以及有害生物灾变因子的复杂化，防治工作将面临新的挑战。

一、监测预警

农业生物灾害监测预警是指根据有害生物的发生流行规律，利用灯诱、性诱和田间抽样调查技术，遥感（Remote Sensing，RS）、地理信息系统（Geography Information System，GIS）和全球定位系统（Global Positioning System，GPS）3S 技术、计算机信息技术、人工智能技术、数理统计建模技术、大区域宏观分析技术等，对有害生物的发生、流行和危害进行监测，开展有害生物发生发展趋势的评估、预测和防治决策制订，以指导农业生产防治。

农业生物灾害监测预警是生物灾害治理的基础和前提。采用系统调查与普查相结合、定点观测与定位调查相结合的方式，对主要农作物上的有害生物种类进行全面调查和鉴定。根据病虫害发生情况，结合天气和苗情，综合病虫害发生条件，对病虫害发生、流行、为害做出准确测报，做到防"早"、防"小"。根据准确的测报，可以及早做好各项防控准备工作，以便更有效地采用合适的防控技术，提高防控效果和效益。根据预测时期，农业生物灾害预测可分为长期预测（下一个作物生长季节或下一年有害生物的发生情况）、中期预测（在一个季节内或数十天后的发生情况）和短期预测（未来几天的发生情况）；根据预测内容可分为发生量预测、发生期预测、发生面积预测、分布范围预测、发生程度和危害损失预测等。

近年来，高新技术不断地应用于农业生物灾害监测预警。在遥感监测方面，将地面高光谱遥感与 GPS 等技术结合，用于监测作物有害生物发生和为害动态。遥感是一项无损监测技术，在不破坏作物结构的基础上，对作物的生长状况进行实时监测。当作物受到生物灾害为害时，植株出现颜色的改变、外观形态改变等。

二、物理措施

物理防治是利用各种物理因素如光、热、电、温度、湿度和放射能、声波以及利用机械、人力等防治有害生物的措施。物理措施对作物、农产品、环境等安全、无污染，同时，还兼有松土、保墒、培土、追肥等有益作用。

（一）病害

1. 干热处理法

干热处理法主要用于蔬菜种子，对种子传播的病毒病、细菌和真菌都有防治效果，如黄瓜种子经70℃干热处理2~3d，可使绿斑驳花叶病毒（CGMMV）失活。不同植物的种子耐热性有差异，处理不当会降低萌发率。豆科作物种子耐热性弱，不宜干热处理。

2. 温汤浸种

用热水处理种子和无性繁殖材料，可杀死在种子表面和种子内部潜伏的病原物。采用开水处理技术，根据病原体的耐热性能不同，选择相应的温度下进行除菌。

3. 人工机械防治

在进行播种前期，将种子进行筛选，通过风力或者浸泡的方式将带有病菌的种子筛选出来，从而减少病虫的危险。

（二）虫害

1. 灯光诱杀

利用害虫趋光特性，安装频振杀虫灯诱杀，同时，实行分段开灯策略，尽量降低杀虫灯对自然天敌的杀伤力。

2. 黄板诱杀

利用害虫趋色特性，悬挂黄板诱杀，对蚜虫类，粉虱类等同翅目害虫成虫进行诱杀。

3. 性诱剂诱杀

综合性诱剂、色板、频振杀虫灯的"三诱"技术配套使用。席亚东、彭化贤等人与西充、乐至农业局合作于2014年在两地进行了该技术在辣椒上的应用，结果表明，使用黄板示范区，能够减少70%以上的蚜虫量，进而减少病毒病的发生，因此提高了辣椒产量，并能减少农药施药次数2次。使用性诱剂示范区烟青虫虫株率为4.93%，虫果率为5.07%；对照区（未使用性诱）虫株率为19.76%，虫果率为17.71%；防治效果分别为75.0%（按虫株率计算），71.3%（按虫果率计算）。减少3次用药，节约防治成本（含人工）158元/亩。在麦蚜发生初期，每亩均匀插挂15~30块黄板，高度高出小麦20~30cm；当黄板上黏虫面积达板表面积的60%以上时更换，悬挂方面以板面向东西方向为宜。

4. 阻隔法

果园果实套袋，可以阻止多种食心虫在果实上产卵。利用适宜孔径的防虫网能够阻隔害虫，并能减少病毒病的发生。

5. 辐射法

利用适当剂量放射性同位素衰变产生的 α 粒子、β 粒子、γ 射线、X 射线处理昆虫，可以造成昆虫雌性或者雄性不育。

（三）草害

除草机械包括中耕除草机、除草施药机以及用于耕翻兼有除草效果的耕翻机械。人力是通过人工拔除、切割、锄草等措施来除草。物理方法包括火焰、高温、电力、辐射等。

（四）鼠害

物理灭鼠技术包括从简单的鼠夹、鼠笼、粘鼠板到现代的电子捕鼠器和超声波灭鼠仪。大部分捕鼠器械是按照力学原理设计，支起时暂时处于不稳定的平衡状态，鼠在吃诱饵或通过时，触动击发点，借助器械复原的力量，鼠即被捕获或杀死。一般捕鼠器械的制作原料易得、成本低廉、构造简单、经济安全，可就地取材、灵活应用，可在不同季节、环境、场所灭鼠。但这类方法一般比较费工，用于消灭残余鼠和零星发生的害鼠比较合适。下面介绍两种较先进的物理灭鼠技术。

其一是电子灭鼠器。电子灭鼠器俗称"电猫"，是一种特制的高压电杀鼠工具，其原理是使用变压器把低流量交流电升至 160 ~ 220V 的高压，连接离地的裸露电缆，当鼠体触动电缆时，电缆 – 鼠 – 大地形成回路，电流通过鼠体将鼠击昏或击死，捕鼠器同时发出声、光信号，人可及时将鼠取下。这种装置适用于防治粮仓或商品库房鼠害，但必须注意安全。合格的电子捕鼠器应具有下列性能：高压回路限流功能，其短路电流应小于 60mA；延时自动切断电源；高压电输出采用与市电电网绝缘的悬浮输出；机壳与机内带电部位绝缘良好，机壳附有接地接线柱。

其二是超声波驱鼠器。超声波在物理学上指频率大于 15kHz 的声波，能引起鼠大脑和视觉神经紊乱、恐惧和瘙痒、食欲不振、眼红发炎、疼痛抽筋、乱闯乱蹦、自相践踏等现象。长时间作用能致使鼠肾激素下降，破坏生殖器官，直至死亡。正在哺乳的母鼠受超声波干扰后，乳汁枯竭，影响幼鼠的成活。对褐家鼠的试验表明，对其行为、进食、体重有一定的影响，但影响时间短暂，随着超声波刺激时间的延长，褐家鼠能够逐渐适应。这与Meeham（1976）和汪诚信（1990）的观点基本一致。在试验开始 1 ~ 2 d 内，鼠行为明显异常；第三天起异常反应越来越不明显；3 d 后，其行为基本恢复正常。

三、生物防治

生物防治是指利用有益生物及其产物控制有害生物的防治措施。随着科学技术的发展，人们已从直接利用活体生物发展到利用生物产物，甚至将生物产物进行人工改造，合成类似产物，用来防治有害生物。生物防治的方式主要包括保护利用有益生物、引进有益生物、人工繁殖和释放有益生物、生物产物的开发利用等。生物防治是有害生物绿色防控的重要措施之一，具有人畜安全、农产品安全、环境安全的显著特点，同时，有害生物不易产生抗药性。

（一）病害

生物防治可用于防治土传病害，也可用于防治叶部病害和收获后病害。有益微生物已被制成多种类型的生防制剂大量生产和应用，如木霉、芽孢杆菌、Bt、ZSB 系列种衣剂等，这些制剂主要以有益微生物及其代谢物为活性成分，通过拮抗作用和竞争作用达到防治病虫害的目的。如哈茨木霉可以寄生立枯丝核菌，可以用来防治玉米纹枯病。国内生产的生物型种衣剂 ZSB 对玉米茎腐病和纹枯病苗期与成株期的防治均有一定效果，田间试验表明，1∶40 的种子包衣量为最佳，粉锈宁与 ZSB 混用比单用粉锈宁拌种防治茎腐病的效果好。

（二）虫害

对于虫害一是保护害虫天敌以虫治虫控制害虫。常见害虫天敌有捕食性昆虫瓢虫、步甲、食蚜蝇、捕食螨等，寄生性昆虫有姬蜂、茧蜂、小蜂等。如利用赤眼蜂（*Trichogrammatid*）寄生玉米螟卵的方法防治玉米螟。在实践中，将工厂化生产赤眼蜂卵置于玉米叶片下，赤眼蜂孵化后寻找玉米螟卵进行寄生，杀死玉米螟卵，起到防治的作用。

二是细菌和真菌以菌治虫控制害虫。细菌中用于防治鳞翅目、双翅目和鞘翅目害虫的 Bt 可以防治土壤中蛴螬的乳状芽孢杆菌；真菌中的白僵菌、绿僵菌、多毛菌等可以防治鳞翅目、同翅目、直翅目和鞘翅目害虫。

三是有益生物产物的利用。主要包括植物次生化合物和信号化合物、微生物抗生素和毒素、昆虫的激素和外激素。如可选用阿维菌素、浏阳霉素、苦参等生物制剂防治蛾类、蚜虫等害虫以及红蜘蛛等害螨类。

（三）草害

杂草生物防治已有 100 多年的历史，通常利用不利于杂草生长的生物天敌，如某些昆虫、病原真菌、细菌、病毒、线虫、食草动物或其他高等植物来控制杂草的发生、生长蔓延和危害。以虫治草的成功实践有空心莲子草叶甲（*Agasicleshygrophila*）防治空心莲子草、泽兰实蝇（*Procecidochares Utilis*）防治紫茎泽兰、尖翅小卷蛾（*Bactra Furfurana*）防治莎草科杂草（香附子和扁秆荸草）等；以菌治草的成功实践有鲁保 1 号防治大豆菟丝子、尖角突脐孢（*Exserohilum Monoceras*）、稗草、链格孢（*Alternaria Nees*）菌防治紫茎泽兰等。杂草生物防治虽研究广泛，但真正成功商品化的生物除草剂屈指可数，杂草生物防治任重而道远。

（四）鼠害

生物防治是利用鼠类的天敌捕食鼠类或利用有致病力的病原微生物消灭或控制鼠类的方法。目前主要措施有：一是利用天敌灭鼠。鼠类在自然界的天敌很多，它们大都是陆生肉食动物如猛禽、猛兽和蛇等，如黄鼬、猫、蛇、狐类等食肉的小兽；鹰、猫头鹰等鸟类中的猛禽；家养的猫和狗也可以捕食鼠类。二是利用对人、畜无毒而对鼠有致病力的病原微生物灭鼠，如肉毒素、毒饵，不过其安全性较差。三是引入不同遗传基因，使之因不适应环境或丧失种群调节功能而达到灭鼠目的。

第三节 有机旱作农业生物防治的新技术

近年来，随着科学技术的发展以及人们对生物防治的重视，生物防治出现了一些新的前沿领域，主要体现在生态调控技术、行为调控技术、生理调控技术、分子调控技术、协同调控技术等方面。

一、生态调控技术

（一）有害生物生态调控原理

在没有人工干预的生态系统中，各种动植物之间以及和环境之间的相互竞争和合作，会使多数物种的数量和密度维持在一定的范围内，并在波动中保持平衡，我们将其称作自然的影响作用。研究发现，97% 的物种在纯自然的影响下回到平衡。这种调节作用就是自然调节，这是一个各种因素相互制约的结果。在调节中，有生物和非生物调节之分，非生物调节使得种群呈现无规律的迅速变化，而生物密度制约因子使种群围绕着平衡密度而波动。

农业种植主要任务就是增加农产品的产量和简易化的管理，因此，目前主要在一块地中种植比较单一的农作物，而这也导致农田生态系统单一化。其环境比较脆弱，如果某一种昆虫适应于该种环境，就会导致昆虫的大量繁殖。在其数量超过了经济性的种群密度要求范围内时，我们就称之为害虫。目前，对于这些害虫的管理，主要通过各种方法将其数量降到影响农作物经济水平之下，让其在数量平衡位置波动。

目前，在农业生产中主要是采取外在的措施来对害虫进行控制，即一般所说的打农药方式，也就是非生物的方式来将害虫的数量进行大规模的调节，这种方式更容易使害虫再次地爆发。

害虫的生物防治的重点之一就是对害虫开展调控，在本书中，注重进行生态环境的自动调节，在这种调控中主要分为两部分：一部分为调节，一部分为控制。其中调节环节就是根据生物之间的关系，发挥生物链的影响力自行调节，使得害虫的密度在一种比较低的状态下持续波动，使得各种因素之间相互制约，在这种状态下，达到制约害虫数量的目的。

文中所讲的控制，就是采用该生态系统的外在因素，引入对植物有利而对害虫有害的因素，包括生物和非生物因素，以及一些选择性的杀虫剂等。这些因素能够改变害虫所在的生态系统，进而将其数量降到不危害农作物的密度之下。

调节和控制缺一不可，二者的作用也是相互依存的。假如没有控制的作用，害虫仅仅依靠调节作用不能快速地降到影响经济作物的数量之下；而且，假如没有调节的作用，种群的数量和生态系统的稳定性将难以保证，其数量也不能在低位波动。两者的结合下，同时考虑到系统内部的和外部的因素。如果在害虫的防治中，只是一味地将控制的作用夸大，就可能造成害虫的突然暴发；一味地将调节的作用夸大，害虫的密度可能会在比较大的区间内，造成农作物产量的严重下降。在害虫的生态调节中，主要是基于局部的小型生态系统的结构和各部分的功能来发挥调节作用。在调节中也需要遵循一定的基本规律。在调节害虫的数量时，需要有一定的目标函数作为理论指导，有确定的添加要求和基本的应对策略作为指导。在调节过程中，需要采用系统考虑整体作用效果的方法，设计综合性的方案，在分析后确定措施。在执行的过程中，需要研究土壤和农作物的详细质料以及着重地研究害虫和天敌等之间的联系，对方案进行重新预估和评价，最终确定所要实行的行动方案（见图 5-4）。

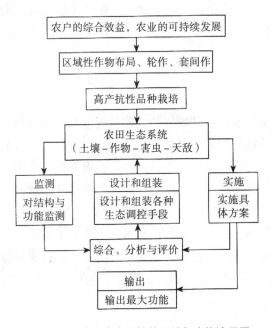

图 5-4　害虫生态调控的设计与实施流程图

（二）利用生物多样性控制病虫害

1. 概述

生物多样性的保护利用在生物防治中有着至关重要的作用。研究发现，在农业生态系统中，天敌对害虫的防治起到直观重要的作用，其效果达到 50%，农作物自身的抗性和系统的调节占 40%（Pimentel 等，1993；戈峰和李典谟，1997）。因此国际上非常强调保护与利用农业生物多样性，发挥天敌与抗性作物等自然因素对害虫的生态调控作用。

在采用生物防治害虫和疾病时，其主要原理是建立一种对害虫的天敌更为有利的生态系统，并让这些天敌在这种环境下快速地繁衍，以此来减少害虫的密度和数量，其中植物多样性的利用最为重要。植物多样性不但对其食物链的上一层害虫的多样性有着很大的影响，并且对害虫的天敌也有着巨大的影响。研究表明，在进行农业耕种时，种植多样化的农作物种类，对于控制害虫更加有利。20 世纪中叶，Root 认为，根据资源和天敌的密度理论，可以解释这种平衡现象。资源的密度理论指出，在某种植物种植密度比较大时，专门食用该种植物的害虫最有可能聚集于此。天敌理论指出，当植物的种类多样化时，在这种环境下，能够使天敌处于更为有利的环境中，因此可以利用的资源比较多，则天敌的种类和数量比较大，到有害虫时，可以进行更好的防治。

然而，Andow（1991）考察了大量有关作物多样性对昆虫数量影响的研究报告后发现，在多样化程度高的系统中，数量减少的植食性昆虫和数量增加的天敌只占各试验所涉及昆虫的 52% ～ 53%。戈峰和丁岩钦（1997）研究发现，间套种麦棉保护天敌效果较好，但控制害虫的作用较差。事实上，有的试验结果表明，作物多样化对昆虫种群影响不大或者导致植食性昆虫数量的增加（Kareiva，1987）。因此作物多样性与害虫、天敌多样性及其功能的关系仍然是一个非常值得探讨的问题。

2. 主要措施

在采用天敌进行害虫控制时，其发挥效应的基础就是需要有相对有利的生存环境，而且其种类的多样性也是关键的因素。因此，在进行生物防治时，其关键的环节就是采取综合的措施，使得天敌的生存环境更加优越，从而使其得到大量繁殖，从而保护天敌，进而控制害虫。研究表明，在进行除草时，将枯草进行保留，可以对害虫的天敌起到很好的保护作用。假如没有比较好的生存条件，生物的防治效果就肯定无法体现出来。

对于大多数农作物来讲，可能对其造成危害的害虫并不止一种，当对其中的一种害虫进行控制之后可能另一种害虫又会发生。在这种状况下，天敌的多样性就显示出其更加有利的地方。当天敌的多样性被破坏了之后，天敌也可能成为害虫，因此需要进行预防。

3. 生物多样性控害保益的应用

在用生物防治害虫时，对害虫的处理并不是将其彻底地清除，而是通过其天敌将其控制在一定的数量范围内，并且对其进行控制。在自然界中害虫的繁殖速度很快，但其死亡率也非常高。在一定条件下，当其死亡率有了稍微的减小，它们的数量就会产生急剧的增大。但在生物防治中，由于多种多样的天敌以及其他的生物的存在，它们之间相互竞争和依存。当农作物的多样性减少时，尤其大面积的土壤采用单一的作物覆盖时，微生物和动物的种类就会逐渐趋于单一，这就会强力地加大种群密度的变化，有可能造成害虫的暴发。

当种植面积比较小时，周边系统的生物进入会使得该系统的稳定性逐渐地增大。当大面积的单一农作物进行种植时这种稳定作用就会逐渐消失。因此，可以采用多种的措施，增加其稳定性，比如挑选比较抗虫抗病的种类，采用轮作制等。

随着有关农业的科技的发展，目前已经能够采用多种方式和技术短时间内应对害虫，但是，害虫也在根据外部环境以及采用的各种农药进行着进化，因此，采用的有些技术却又导致了害虫的多次危害，甚至可能暴发的趋势。目前的技术对于生物多样性的维持存在较大程度的忽视。目前采用的方式还是有很大的改善空间，例如大面积地种植一种作物，用农药时连同天敌一起消灭，没有选择性等（张广学等，2004）。

对于农业生产，在进行控制害虫的同时，将多样性考虑在内的也有许多的实例，说明了多样性的重要。在云南等地进行的通过多样性来进行农作物病虫害的研究，在21世纪初就取得了比较大的进展（Zhu等，2000）。朱有勇在生物多样性领域的研究进行了多年，并且采用这种理论进行了病虫害的控制和治疗，取得了比较大的突破，比较系统地展示了多样性控制病虫害的基本理论，系统地创建了水稻通过遗传多样性来抵抗稻瘟病的基本原理和关键性技术，攻克了采用生物多样性理论控制和预防农作物产生病虫害的关键性方法，并且在国内外进行了长期的推广，目前已经在上万亩的田地中得到了验证，受到了广泛的关注。

4. 发展趋势

生物多样性与农业害虫综合治理密切相关（Altieri，1999）。目前国际上农业生物多样性的保护与利用主要有以下三个途径：①保护种质资源；②合理利用作物多样性和景观多样性的配置，增加生态系统的多样性；③组建种植抗虫品种、免耕、使用化学通信信息物质、保育天敌等技术体系，将现代生物技术与传统技术有机结合起来（Firbank和Forcella，2000；Watkinson等，2000），如非洲采取的种植诱集作物和排斥作物的防治玉米害虫的"推拉"策略。

自20世纪80年代以来，我国已对主要类型的农田生物群落组成与结构多样性进行了研究，并分析了不同的农业措施和农田景观对农田生物群落多样性的影响。结果显示，利用农业生物多样性控制病虫害，具有广阔的发展前景和重大的研究利用价值。如利用水稻品种防治稻瘟病所取得的成绩，备受国际同行的关注。这充分证明，我国丰富的农业生物多样性为相关的理论研究和实践应用提供了得天独厚的物质基础，只要深入开展科学研究，就一定能取得影响巨大的成绩。

（三）害虫区域性生态调控

1. 害虫区域性生态调控的原理

在农田中，农作物和土壤以及其中的动物组成了比较完善的生态系统，其中农作物和害虫以及天敌之间进行着制约，它们相互竞争最终达到平衡，并形成一个有机的整体。农作物在其中不仅仅直接和害虫之间产生作用，还是天敌的栖息地同时发挥对害虫的引诱作用，强化了天敌的作用，因此，农作物的多样性和数量在生长期的波动变化对害虫以及天敌的影响非常大。研究发现，在进行大面积区域内的单一农作物种植时，生态系统非常脆弱，因此，害虫的暴发率非常大。20 世纪末期国外学者 Andow 在通过对实际生产中的大面积的多区域的农业种植情况进行了大量的调查数据统计，研究后发现，52% 的农作物种类比较多的地方，其害虫产生危害的情况比较少。此后，戈峰等人对国内的棉花种植情况进行了长期的调查研究，分析发现，采用多样化的种植形式，可以有效地减少棉田害虫的产生。并且戈峰等人对害虫的天敌进行了统计，认为多样化的种植可更好地保护天敌。

近几年，我国的农业制度和技术正在进行着诸多的改革，这也使得农业的生产和农业园的生态环境较以往产生了很大的改变。已经有许多的生产者充分地意识到套作、间作的形式更加有利于农田的生产，已经不再是之前单一的形式。华北有一个大型的种植场，已经形成了小麦和棉花间种玉米的形式，一般的害虫对其农作物的取食并没有单一的指向性，但是大多数可以吃食多种农作物，比如棉铃虫可以食用多达 60 种农作物。因此在多样化的农作物之中，这些害虫会在多种作物上轮流地造成损失，而在单一的农作物耕种中，比较难以解释这种多样性的种植区域内害虫和其天敌的数量和种类发生了什么样的变化，以及其规律所在。在这种情况下，必须从景观生态理论的角度出发，分析在空间上对害虫的扩散和多样化的农作物之间的关系，同时也应当关注天敌的数量和密度以及其扩散的速度和密度变化；从时间上，分析不同害虫和天敌的生长阶段在作物上的进展情况，这可以为生物防治提供技术上的支持，并且为综合的防治工作提供参考。在研究过程中，目前普遍采用生态系统的能量流动理论进行分析考察，采用量化的手段研究农作物和天敌以及害虫之间的关系问题，并对其中的调节作用进行着重的考察，进而得到不同的时间段和区域内农作物进行提高生产所能采取的措施。

2. 害虫区域性生态调控的指导思想

（1）系统观

所谓系统观，即从区域性农田生态系统整体功能出发，从作物、害虫和天敌相互作用系统来考虑，把有利于抑制害虫发生的各个因素（如作物、天敌）调节至最适状态，将害虫危害控制在经济允许水平之下，使整个农田生态系统获得最大的功能效益。

（2）综合观

所谓综合观，即综合使用系统内外一切可以利用的功能，如作物的耐害补偿与抗性功能、天敌的控制能力等以生物因素为主的多项有效措施，变对抗为利用，变控制为调节，化害为利，为系统的整体功能服务。

（3）区域观

所谓区域观，即从单一农田生态系统扩展到区域性农田景观生态系统，充分考虑农田景观结构的异质性，从整体上研究害虫及其天敌发生和害虫治理的过程，提高害虫防治的整体性水平。

（4）可持续观

所谓可持续观，即针对当前害虫抗药性增强、化学农药杀伤天敌和污染环境等问题，从农业可持续发展的战略角度出发，尽可能少用化学农药，将害虫持续调控在低平衡密度，减少环境的生态风险性，造福子孙后代。

3. 害虫区域性生态调控的方法论

（1）景观生态学方法

自 20 世纪 80 年代以来，以研究景观结构、功能及其动态的景观生态学已成为生态学的一个重要分支。它可将景观尺度中各相对独立的生态系统（如棉田、麦田、玉米田）作为斑块（Patch），应用图论、地统计学、地理信息系统（GIS）和景观个体行为模型来研究景观区域内景观要素（如作物、害虫、天敌、生态系统）及其功能（能流、物流）在各板块之间的转移变化规律，探明物种在景观范围内的时空动态。应用景观生态学已在分析灰蝶（*Gossamer-winged Butterfly*）、云杉卷叶蛾（*Choristoneura Burnijerana*）等害虫发生动态中取得了很好的结果，也为在大尺度和空间异质上分析害虫发生规律及进行区域性生态设计提供了一种重要手段。

（2）以生态能学为基础的系统分析方法

在进行生物调控农业生态系统害虫数量时，应当首先研究景观生态系统的结构组成以及各部分的运行和功能进展情况，正确地分析农作物和产生的害虫以及其天敌的种类、数量和密度之间的关系。在以往的研究中，通常从害虫以及天敌的数量多少及其变化出发，分析其中的局部性的系统因素，但是这种方式不能将三者之间的联系表达出来，更不能解释外界环境对三者的影响变化规律。

在能量法中，有统一的单位，因此可以将局部生态系统的所有环节联系起来，构成一个可以解释内部因素和相互作用的系统，以此分析各个调节因子对系统的贡献大小以及该因素的灵敏度研究。在综合研究不同的因素之后，根据各个因素的功能，进而对其进行模拟研究，为系统调节提供依据。

（3）以生态设计为主的害虫区域性生态调控的技术体系

根据以上的研究方法和基础理论成果，采用系统工程理论，通过对区域内的农作物进行优化的布局和多样性的种植，结合套间作和选择抗病的作物进行有效的种植，在防治病虫方面，采用生物调节控制技术，同时建立完善的害虫监控和调节策略，在发生病虫害时能够实时地监控，并第一时间采取措施，从系统角度出发进行病虫和各个系统的调控（见图 5-5）。

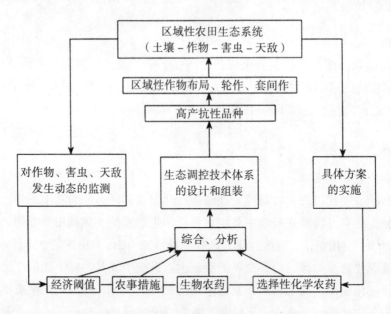

图 5-5　害虫区域性生态调控技术的构建

4. 趋势

　　国外对区域性生态调控技术也开展了一些研究。其中有关农田景观格局对昆虫影响的研究比较深入，研究对象包括农田、草地、林地等多种景观类型，研究内容涉及种类丧失、生物入侵、扩散特性、种间关系等。其中农田景观格局对害虫的控制和保护利用天敌的机理研究得比较多。已有研究表明，农田景观内的植物多样性直接影响农业生态系统内的害虫种类及数量，并进一步影响天敌的多样性及其控害保益功能的发挥（Andow，1991）。结构复杂的农田景观比结构单一的农田景观中的寄生天敌的丰富度更大，作物的受害率更低（Thies 和 Tscharntke，1999）。农田景观中，天敌多样性及其生态学功能不仅受其栖息环境因素影响，同时还受大尺度的景观特性影响，因此在未来的农田物种多样性保护和生物防治中，应当重视大尺度的景观格局的作用。

　　大量的研究表明，农业多样化措施（农田景观休闲地、作物套间作、免耕措施等）有利于减少害虫的发生。一方面，通过寄主植物的"吸引"和"拒避"害虫，发挥害虫生物防治中的"推拉"作用。另一方面，农田景观格局不仅影响植食性昆虫，而且对于食物链中高营养位的天敌可能有更明显的影响（Kruess，2003）。因此，如何合理控制作物布局、运用景观生态学的方法，从不同层次研究景观格局对植物、害虫和天敌的影响，开展区域性害虫生态调控，将是今后生物防治研究的重点领域。

二、行为调控技术

（一）天敌与害虫互作

就像植物和依靠其生存的害虫之间的关系一样，在寄生物的选择进化下，害虫向着更加与环境色调和谐和在外界看来不再显眼的方向进行着进化，而寄生生物向越来越有效地去寻找寄主方面发展（Vinson，1976）。在部分害虫进化中，已经可以对一般的寄生生物进行抵御或者可以抵御它们的寻找，并且已经成功地进化出相应的免疫和防御系统。在大部分的专门性的寄生生物中，它们也相应地进化出了可以绕过或者免疫寄主的防御系统的功能，并且将寄主进化为自己的生存场所。以食用植物为生的昆虫与植物的最终关系一般达到和谐；而拟寄生物最终将会导致寄主的死亡。因此，对于拟寄生生物来讲，其对害虫的生存带来的压力更大，它们尽管一直朝着比较隐蔽的方向不断地进化和发展，但是它们必须进行一般的生命活动，如进食和对其他物种进行信息和能量的交换等，因此，难以达到完全的隐蔽。对于害虫来讲，在其进化中，逐渐产生更少的使得拟寄生生物识别的遗留线索，同样拟寄生生物向着其相反的功能方向进化。如果从长期的时间上来考虑，这种进化的产生对害虫来讲没有直接的作用。

多寄主型天敌因此对环境的适应能力更强，更容易在自然界维持其种群的生存。统计结果也表明，多寄主型天敌的生物防治效果往往比专食性天敌更高。

在当前的生物性的控制害虫的实际应用中，常常采用人工繁殖的方式进行培养寄生生物，之后再将其在农田进行放生操作。这种形式可能会难以控制其发展，并且效果一般不够理想。通常天敌对害虫的各种生活习惯的适应和喜好才是对害虫防治的关键因素。

当天敌是一种寄生性的生物时，其对害虫的生活适应性是进行害虫控制和防治的关键性因素，这其中涉及寄生性生物自身的特性，比如属于寄生中的哪一类，是多寄主还是专门针对特定的害虫，还有寄主的生活习性，免疫的特性和大小以及处于何种发育阶段更为有利等（王小艺等，2010）。

1. 寄主相关的种群分化

在寄生生物的不断进化中，逐渐形成了专门的寄生生物和不同的寄生生物都可以进行存活的种类，这也是它们根据环境和自然选择的需求而进化出的特性。对主要以取食植物为主的昆虫来讲，它们在进化中逐渐形成了对食物的需求不同和分化作用，使得以它们为生的寄生生物也出现了不同程度的分化。21世纪初，Consoli研究了短翅蜂针对寄主产生的一系列的进化措施。为适应新的寄主，它们在不同的寄主环境下进化出了两种形态的翅膀——长翅和短翅。在大盘绒茧蜂的进化中，在肯尼亚根据寄主的不同自然选择下，产生了有毒和无毒两种类型，其中无毒性的主要寄生在夜蛾的体内，由于该种寄主的免疫系统并不能对大盘绒茧蜂进行有效的免疫，因此其可以采用毒液中的物质将寄主的免疫系统攻破，并最终将其杀死。在有些寄生类生物中，其进化出来的不同类型，可以采用不同的方式跟踪和追寻到寄主。因此，由于方式的不同，其种类的分化也会存在较大差异。

2. 天敌昆虫的学习行为

天敌的外部环境比较复杂，且变化相对比较大。20 世纪 80 年代，Papaj 研究发现，在天敌的生命活动中，主要依靠自身的学习来进行适应。并且这些学习的可以随着经历的改变而进行改变。在行为的进化中，主要是害虫和植物之间的各种关系的影响，这也会是天敌进化的主要原因。

天敌在学习时，其行为会发生适当的改变，并且在学习中，获得的经验可能会被遗忘，但是它们的行为反应会有一个渐进程度。

对昆虫学习的研究，在 20 世纪末才开始。在对蜜蜂的研究中发现了昆虫的行为是可以改变的，这些行为改变和学习主要受到遗传因素和生理发育的影响。

（1）先天反应与学习反应

在遭遇不同的天敌时，生物的本能反应不同，因此其做出的策略也不同，这也是在长期的环境影响下的进化结果。对于外部环境产生的刺激，当生物的反应比较弱时，其后天进化的空间也就比较大。但是一些比较强的反应对于刺激的改变一般都比较小，也难以针对环境有较大的变化。在研究中，采用实验的方式，测试生物对寄主和环境以及食物的刺激下的反应发现，这些本能的反应可以在之后的训练中改变，而对于那些本能反应比较强的行为来讲，其在训练的状态下基本没有改变。

（2）可信性与可检测性问题

通常来讲，在对害虫的防治中，需要解决可信性和可检测模型的问题。目前的研究中，一般采用三种方式：第一，通过对寄主的研究，根据不同的阶段产生的不同特点及其附带的化学物质，释放与寄主发育阶段不同的特殊试剂；第二，根据寄主的特点，释放诱导类的互益素；第三，在研究中，将可检测性、可信性比较高的踪迹进行连接。当刺激的种类和来源不同时，应当进行不同阶段和深度的学习。寄主发出或遗留的信息通常来讲其信息量比较大且比较准确，拟寄生物对这些信息反应比较准确，而且通常比较强，因此，在这种状况下，可以改变的程度比较小，难以进行学习。对寄主在农作物上遗留的信息进行收索时，其反应比较慢，而且相对来讲比较弱，可以通过学习进行训练，当拟寄生物经历过繁殖和捕食之后就可以将这些不同的信息进行学习和链接，使得它们的反应可以快速地提高，并将这些学到的信息作为寻找害虫的重要线索。

（3）经历对拟寄生生物寻主行为的影响

在对拟寄生物进行模拟训练后，可以对其产生多方面的影响。

①拟寄生生物进行学习，可以针对没有特别作用的刺激做出比较强烈的反应，因此可以增加其产生反应刺激类别。

②在拟寄生物的训练学习中，可以将其一开始认为有价值的刺激类型改变，而改变的经历可以是有回报或者没有的。研究表明，在有回报的前提下，可以将拟寄生物应对某种刺激的反应训练得更为激烈。但对无回报经历对先天反应的影响知道得较少。

③在训练中，可以通过对其训练改变其对某些刺激的偏好。在这种状况下，其对寄主的要求会更加趋向于这种偏好程度。20世纪末，Papaj 和 Vet 经过在试验田中的研究表明，在经过训练之后，雌蜂可以迅速根据相关的信息找到寄主。

④经历变化后，其对行为的反应也是会改变的。对刺激产生行为反应的大小和这种行为能够变化的可能性之间的关系是负相关的，因此可以通过一些行为的训练来加强这一行为对于刺激的作用。

拟寄生生物在还没有长成虫的发育期内，其主要的学习来源是其在寄主内的发育经历。其中的新陈代谢情况和寄主环境的变化会使得寄生环境改变，从而使寄生生物可以经过学习进行必要的反应，为之后的生活活动提供参考。在进行羽化的过程中，害虫可以根据之后生命活动的偏好进行学习。一般来说，羽化经历对成虫阶段的寄主选择行为影响较小。

3. 天敌与寄主种类

在寄生类的昆虫中，对于寄生的位置和环境的适应性对它们的发育和生产影响最大。对于寄生蜂，它们主要的任务就是寻找适合自己产卵的寄主，并且可以保障后代的发育营养。Hemy 等在21世纪初研究发现，这些寄生类中，主要依靠寄主散发的气味来寻找寄主，并且这种限制早在其基因中就已经确定。在多寄主型寄生性天敌昆虫中，能够在人工的干预下进行驯化它们寻找寄主的行为。

4. 寄主发育阶段

很多寄生蜂对寄主的不同龄期也有明显的选择性。如桨角蚜小蜂（*Erelmocerus Hayati*）偏好寄生 2 ~ 3 龄的烟粉虱（*Bemisia Tabaci*）若虫。

5. 寄主个体大小

在寄生中，寄主的形态和发育会严重地影响寄生的质量，而且，它们的外皮厚度也会影响寄生生物的后代发育。

6. 寄主营养

在自然条件下，不同的寄主之间有着较大的差异，在寄生蜂的选择中，也会有很大的适应结构。资料显示，它们可以改变寄主的生理和发育状况，以此来增加后代的成长质量。

7. 害虫的免疫反应和逃避反应

寄生类的免疫系统会对寄生物的生长产生影响，而寄生蜂的免疫系统甚至会使寄生蜂的生理极限发生重要的改变。在寄生蜂的各个发育阶段会产生不同的物质或者激素，以此来影响寄主的生理反应和免疫作用。寄主在寄生生物的影响下，会做出自身的调整，同时根据生理作用释放必要的免疫物质。2000年，Volkl 和 Mackauer 研究发现这也是蚜茧蜂类寄生虫的进化非常关键的原因。肉食类昆虫的捕食有着明显的偏好性，这是受到寄主产生的化学避害性物质和寄主行为的影响所致，同时也会受到食物是否符合口味的影响。

8. 寄生性天敌共生微生物对寄生的促进作用

在一些共生类的生物中，一些微生物对寄生蜂的日常生理有着很大的改变。在多角体衍生病毒（PDV）的影响下，一些蜂类寄生昆虫会将其导入到寄主，因此这类病毒会严重地抑制寄主的免疫和正常的生长作用，并会深入地参与到寄主的生理活动等行为中。

9. 寄生性天敌与非适应性寄主之间的互作关系

在自然界中，有许多的生物都可以在不同种类的寄主之间选择性地寄生，但是，在不同的寄主中不一定可以繁殖。在某些寄主体内，当寄生蜂可以在其中生存并且可以繁衍时，那么这种寄主就是适应性的寄主，反之就是非适应性的。在寻找寄主时，寄生蜂主要通过寄主产生的化学物质进行追踪，并且还会对寄主的类别和性别进行检查，以此来判断是否可以进行寄生生活。一般来讲，即使寄生生存活动开始，并且进行了繁殖，但是后代的质量和存活个数也不能保证。

在非适应性寄主体内，寄生因子不能充分发挥作用。有些寄生蜂的卵不能孵化或在孵化前就被包囊，有些蜂卵孵化后不能取食寄主的营养，发育停止，最后被寄主血细胞包囊杀死。例如，毁侧沟茧蜂（*Microplitis Demolitor*）可以寄生它的非适应性寄主草地夜蛾，并致其表现出一系列被寄生的症状，比如取食减少、体重增加缓慢，但是蜂卵的胚胎在该寄主体内不能发育，在寄生后 24 h 内蜂卵死亡。在寄生后 3 d 内，多分 DNA 病毒基因大量表达，这时寄主血细胞丧失延展能力，但 4 d 后基因表达急剧减弱，寄主血细胞恢复延展能力并对蜂卵进行包囊（Trudeau 和 Strand，1998）。Cui 等研究了索诺齿唇姬蜂（*Campoletis Sonorensis*）寄生的 6 种蛾是适应性寄主，甜菜夜蛾、小地老虎和烟草天蛾为非适应性寄主。

寄生蜂释放的寄生性物质与寄主的免疫系统进行着长期的博弈，在漫长的自然进化过程中，一直进行着竞争，逐渐趋于平衡。寄生蜂为了生存，必须进行寄生和产卵，以此不断地加强自己的突破能力，从而介入寄主的免疫系统，使其不能发挥作用；寄主为了自己正常的生长和发育，也就不断地加强自身的免疫力。

（二）行为调控

在以植物为生的害虫中，作为寄主，对其的选择方式和理论的研究也在不断地开展，并取得了较大的成功，因此，通过生物的调控行为进行害虫的防治技术进展也比较快。对于早期的研究，主要集中在对寄主的行为进行了解性的认识，在农业的应用中主要有设置驱避植物或者引诱性的植物，后期发展到采用不同的色调和模型等，以此来影响害虫的行为。目前，对于这方面的研究比较深入，主要采用人工合成的化学物质来刺激害虫，对其行为进行调控。

1. 天然植物资源

（1）驱避植物

有的植物能释放出一些特殊的气味，对某些害虫能产生明显的驱避作用。植物驱避作用的应用已有 2000 多年历史，迄今研究、应用最多的是植物的驱蚊作用（吴刚等，2004）。对于植食性害虫也有一些报道，如西红柿对小菜蛾成虫有很好的驱避作用，结球甘蓝地间作西红柿可有效地减轻其产生。蔬菜地中胡萝卜茎蝇（*Psila Rosae*）、葱蝇（*Delia Antigua Meigen*）、马铃薯甲虫可分别通过种植洋葱、胡萝卜、豌豆和蓖麻来进行驱避防治。另外，蚕豆地间作罗勒或香薄荷能明显减少甜菜蝇成虫的侵入。

（2）诱集植物

部分害虫对于特定的植物种类有着明显的嗜好。在一些农业应用中，可以适当地种植这类诱集植物，以此来保护农作物。在这方面，很久之前就得到了应用，并且其研究在农药的应用之前就开始进行了，如利用苘麻来诱集棉花、大豆田的烟粉虱成虫等。

（3）诱集枝把

诱集枝把在基本原理上和诱集植物相似，主要都是根据昆虫自身对不同嗜好的反应，其中不一样的地方在于这里运用的是植物整体。在这方面的研究目前已经很多，也得到了大量的应用，如采用稻草把诱集黏虫产卵等。

2. 物理模拟材料

（1）诱集色

基于昆虫对个别颜色的偏好性，发展形成了黏性色板诱杀技术。如烟粉虱对黄色光具有很强的趋性，因此生产上利用黄色黏虫板来诱杀、监测烟粉虱。同时，色板诱集技术还在温室白粉虱等多种翅目害虫的防治中广泛应用，发挥了很好的防治效果。

（2）驱避色

一些特定的颜色对某些昆虫有明显的驱避效应，这一特征在害虫行为调控中也有应用。最具代表性的就是银光避蚜效应。20 世纪中叶，国外就开始利用铝箔来驱避蚜虫，随后我国开发了银色薄膜避蚜技术。这些措施对农作物蚜害以及蚜传病害的防治效果比较理想，当前在园林植物、烟草等生产上还广为应用。

（3）诱集模型

一些昆虫会对寄生植物的形状有着明显的不同要求和嗜好。如苹绕实蝇在进行产卵前，会选择在一些果实上进行寄生，而且要求果实为圆形，这也是长期进化的结果。研究发现，它们主要对直径在 8cm 左右的果实更加青睐。因此，目前根据这些嗜好，采用黏性的球作为诱捕技术进行防治。

3. 人工合成物质

（1）引诱剂

害虫根据自身的生活习性去选择寄主，在选择中，依照植物散发出的挥发性物质进行识别和选择。在工程应用中，常常采用人工合成的方法，合成相关的刺激物，从而诱导害虫，以此消灭。

目前，在产卵引诱方面的研究比较深入，并在蝇类上虫类防御的应用已经比较成功。20世纪末期，Prokopy研究了苹绕实蝇，它们在寄主的果实上进行产卵，学者从果实中提取丁醇己酸酯，用这种方式诱导其在涂有这些物质的球上进行产卵，从而避免害虫食用果实。

（2）驱避剂

某些特定的非寄生农作物，会释放一种可以对害虫的行为产生影响，导致其无法定向移动到农作物或者使其趋向性受到改变的物质，以此可以避免其对农作物的危害。目前，已经有相关方面的应用实例，以此合成相关的挥发性化学合成剂，成功地使农作物避免了害虫的入侵。Fettig等人通过观察和研究认为，非寄生植物产生的某些挥发性化学物质，可以和马鞭烯酮进行混合，以此来对大小蠹进行诱导。21世纪初，Erbilgin通过研究指出，乙酮对于蠹有着非常强的行为干扰性，但是对比发现，其对于天敌的诱导性比较小。Charleston指出，楝类植物可以制作成农药，以此可以对于菜蛾类进行驱赶，防止其在蔬菜上繁殖。Seljasen研究指出，印楝素和其种子在经过水的溶解后，可以提取出对甘蓝夜蛾繁殖有明显抑制作用的物质。

（3）刺激剂

昆虫在寻找到寄主之后，会对寄主体内含有的刺激素是否符合自身的寄生条件进行检查。刺激素的含量会使害虫考虑是否继续停留在这个植物上。这些刺激害虫逗留的物质主要为其基本的营养元素，如蛋白和脂肪等。目前已经有相应的应用，通过采用人工合成的刺激剂来引诱害虫，同时在其中混合杀虫剂，进而将害虫消灭。

一些植物，含有一些吸引害虫产卵的物质，目前，在这方面运用得比较少。20世纪末期Unnith等采用高粱中的合成物，用来刺激秆蝇在其他寄主上产卵，进而保护高粱免受危害。

（4）抑制剂

一些植物在一些新陈代谢中，会产生一些特殊的物质，这些物质对于害虫的取食和产卵等有着明显的抑制作用。在昆虫的行为中，某些物质可以对害虫的取食进行抑制，这些抑制剂目前有着比较成功的应用。印楝素就是其中发现的最为成功的抑制进食剂，可以有效地使害虫无法进食，同时可以有效地对多种害虫进行抑制，比如亚洲玉米螟、斜纹夜蛾等多种害虫的拒食活性很强。

4.展望

近几十年来，国内和国际上普遍地大量采用化学农药进行杀虫，而其危害也比较大，导致的害虫抗药性和人身安全以及环境问题也日渐严重，因此，如何在可持续发展的大环境下实行病虫的防治也就成了农业的关注重点。在对昆虫的行为研究分析中，科学家发现，可以根据其行为进行干扰，以此来防治害虫。通过对病虫的生理机能和行为理论的研究发现，可以根据其某种行为特点和刺激，以此影响害虫的行为，从而使农作物免于受到威胁。

这种防治工作针对性比较强。研究发现这种方式的效果也比较明显，其不良作用几乎没有，因此，这种方式得到了越来越多关注。

食用植物的害虫寄主在进行寄生时，有着很强的选择性行为，这也是当今科学在昆虫行为上的研究重点。目前的诸多研究，对于农业领域的害虫已经进行了长期的研究，有了一些比较大的突破。但是由于这种行为比较复杂，同时其影响因素和涉及的原理和规则比较多，所以解释清楚影响这些行为的因素非常难。而在这方面，如果原理研究不够深入，其技术就无法开展，也得不到比较理想的结果。因此，目前来讲，在寄主选择行为上的应用工程实际中，比较大的应用很少，且成功的实例更不多见，所以，这方面的研究是当今的薄弱环节，还需要加大力度。目前，分子技术在昆虫研究中得到了许多的验证，在这方面又提供了一条新的途径。

在害虫的行为研究中发现，它们可以根据环境的变化和自身的发展发育阶段的不同，采取不同的行为。研究发现，害虫有着对驱避源的学习能力，在其经历中和实验室中有着比较好的验证。因此，在对害虫的行为进行控制和诱导中，使用的技术应当着重考虑它们的学习能力以及相关联的因素，经过这些处理，才能使得调控技术更加可靠，在实际应用中得到更好的普及。而且，研究认为，这些学习行为，还可以使得调控效果更为显著，因此对调控昆虫行为的研究有着比较好的现实意义。

在对害虫行为进行调控研究时，应当逐步发挥先进技术的作用，并且还可以和转基因技术以及其他的高新理论和科技方面进行广泛的合作。而且，在此基础上，在行为调控中，可以将多种行为一起进行调控，采用有效的组合技术，采用诱集＋抑制等方式同时进行，可以取得更好的效果。这方面还可以进行深入的研究、探索。

三、生理调控技术

（一）昆虫发育调控

1.寄生蜂对寄主昆虫的生理调控

昆虫领域的研究发现，寄生蜂的寄主都有着比较完备的有效的抗寄生免疫系统，寄生蜂在进行寄生行为时，也有着比较大的难度。首先，寄生蜂需要对害虫的免疫系统进行麻醉或者产生一些物质以绕过它们的免疫排查，才可以使得蜂的繁殖在寄主体内不受过大的影响，不能让害虫的免疫进行识别和其他的物质包围起来，并且需要控制寄主的生长阶段的变化，以此可以给自己的幼虫和卵提供一个完美的生长发育空间。其次，寄生蜂对于寄主的控制也不能超过一定的限制，因为，它们释放的物质可能将寄主杀死，那么寄生在其中的幼虫和卵也就没有办法进行发育和生长到可以离开。因此，寄生蜂在长期的进化中，形成了多种系统和行为机制来适应各种寄生情况：一方面，使得寄主在自身的控制之下；另一方面，使得寄主的生长发育得到控制，不能让寄主死得太早，以此来构造出更加适合于自身发育的环境。在寄生行为发生之后，寄生蜂可以根据身体的各种行为方式影响寄主的行为和发育过程，如寄主新陈代谢和营养方面，这些影响的来源一般都来自寄生因子。

寄生蜂雌蜂在向寄主体内产卵的同时将包含多分 DNA 病毒（PDV）的多种对害虫具有毒性的物质释放到寄生主中，这些物质可以使得其幼虫和卵在寄主体内得到比较完整的发育期，有充足的时间进行生长。在寄生期间，为了生存和避免寄主免疫，它们必须对寄主身体内的环境进行小范围的改造，以此可以适应自身的生长需求，比如，在其生长中，它们使得寄主的免疫系统得到了抑制，发育的环节和营养的取得和运用都发生了比较大的改变。很多学者的研究表明，寄主体内的这些生理变化都与寄生蜂分泌的萼液相关。

（1）携带因子

在目前的研究中发现，寄生蜂会将自身产生的毒液释放到寄主在体内，这些毒液就是由其毒腺进行分泌的，毒腺、毒囊和毒液管组成了寄生蜂毒液器官，其中这些结构分布范围也比较广泛，主要分布在外胚层，腹部的背面和输卵管上。毒液所起到的作用也不一样，大部分的抑性寄生蜂在进行繁殖时，会将毒液释放到寄主体内，从而使得寄主免疫系统麻痹或永久性麻醉。在一些寄生蜂中这些毒液直接使得寄主死亡；一般来讲，容性寄生蜂寄生过程会在寄主体内进行繁殖，但是，还会使得寄主存活一段时间，等到自身的成长可以适应外部环境之后，再让寄主死亡。

寄生蜂的毒液的成分比较复杂，一般都含有大比例的多肽等成分，这使得这些成分可以进入寄主，并且进入它们的细胞内部，因此对于寄主有着很强的致病作用，从而大力控制寄主的免疫系统，进而直接控制寄主的日常生命活动，最终实现对幼虫和卵的保护。

多分 DNA 病毒（PDV）是一类很独特的病毒，分为姬蜂病毒属和茧蜂病毒属。多分 DNA 病毒的最大特点是其基因组成熟后被释放到萼区，与萼区其他成分组成萼液（Calyxfluid）。寄生蜂在产卵过程中，萼液随同卵一起被注射入寄主体内。多分 DNA 病毒以原病毒（Provirus）的方式垂直传播给后代，一旦进入寄主体内，就会侵染寄主的血细胞和其他组织，病毒基因就开始表达。病毒基因可能在寄生蜂、寄主或在两者中都能表达。基因表达的水平由顺式作用调节元件（Cis-acting Regulatory Element）和基因拷贝数来决定。多分 DNA 病毒某些基因在寄主内只瞬间表达，但有些是长期表达的。多分 DNA 病毒与寄生蜂之间存在互惠关系，病毒的传播依赖于寄生蜂的存活，而寄生蜂的存活也依赖于寄主昆虫被多分 DNA 病毒侵染的程度。由于多分 DNA 病毒在寄主体内并不复制，因此研究多分 DNA 病毒基因产物对昆虫的免疫抑制显得十分重要。

目前对多分 DNA 病毒的研究，除了生理现象的解析外，主要集中在两个方面：多分 DNA 病毒基因组结构以及所包含基因的表达和功能。随着对多分 DNA 病毒基因的表达和功能研究的逐步深入，不仅在姬蜂病毒属（IV）基因组中发现了 *Cysmotif*、*Rep*、*Vinnexin*、*Ankyrin* 和在茧蜂病毒属（BV）基因组中发现了 *EGF*、*Glc*、*PTP*、*CTL*、*Cysteinerich* 这些与已知基因有明显同源性的基因家族，还发现了很多与已知基因无显著同源性的新基因。

（2）畸形细胞

畸形细胞（teratocyte）是一类由寄生蜂幼虫产生的、可影响寄主的特殊细胞，是内寄生蜂在胚胎发育时由滋养羊膜分离所形成的，在卵孵化之时或之后释放进入寄主的血液中。拥有畸形细胞的寄生蜂群主要在茧蜂科（几个亚科）以及广腹细蜂科、缘腹细蜂科中。刚释放到寄主血液中的畸形细胞，大小与寄主血细胞相近，呈球形，然后体积迅速增大，染色体可增加许多倍，体积可增大 10 ~ 20 倍。一个寄生蜂胚胎所产生的畸形细胞数目为 8 ~ 800 个。畸形细胞的超微结构有几个值得注意的特征，包括多分支并增大的细胞核、膨胀（Swollen）且延展的内质网、结构组织化的高尔基体、类髓鞘质（Myelin-like）的结构，特别是细胞表面含有大量致密的微纤毛和丰富的细胞外突，表明畸形细胞具有活跃的蛋白质合成和分泌的功能。因此畸形细胞，可作为寄生蜂幼虫直接的营养来源，而且在调节寄主生理代谢保证蜂幼虫发育中发挥重要作用。

（3）结瘤作用

结瘤作用指昆虫血细胞先形成聚集体，然后包裹类似细菌的颗粒物质形成瘤状物。

在寄生蜂对寄主的免疫进行抑制的过程中，主要有体液和细胞两种免疫形式。前者指的是血浆中的免疫系统，可以分泌一些凝集素和体内的部分免疫球蛋白等大分子物质，以及一些抗毒抗菌类的肽组成的有机物质和一些起着强氧化作用的酶类。在细胞免疫中，有比较原始的吞噬和结瘤免疫功能。吞噬主要可以对直径小于 10 mm 生物微小离子型物质进行吞并，进而由血细胞消化。结瘤就是根据侵入物质，进行聚集保卫，之后使颗粒形成瘤状的物质，并且最终融于血细胞内，进行处理。

对于寄主比较复杂的免疫反应能力，寄生蜂在长期的进化中，也已进化出一些克服机制，以此来继续寄生生存能力。这些进化出的相应的对策有被动和主动两种。被动对策中，一般来讲常常出现在寄主的免疫反应比较弱的时期，因此，寄生蜂在其中可以进行产卵并且能够对寄主的免疫进行抑制或限制寄主的一部分免疫。在主动免疫策略中，寄生蜂会主动向昆虫体内释放毒素物质，以此来麻痹害虫整个免疫系统。多分 DNA 病毒在昆虫体内，可以对其全身的组织进行损伤。在没有这种物质时，毒液的作用能否使得寄生蜂正常地寄生在昆虫体内，这其中最为关键的因素就是多分 DNA 病毒的作用，这种物质在毒液的帮助下，可以使功能加强。

（4）发育调控

寄生蜂对寄主的发育调控反映在内分泌系统紊乱、寄生血淋巴生化成分的改变和寄主新陈代谢的紊乱等一些生理失常上。

寄生蜂在寄生生长发育过程中，需要对寄主的生长和各个发育阶段进行同步的控制，这也是其寄生生存方式的要求，以获得更加适合其自身发育的外部环境。其在寄主内部存活时，还需要对寄主的各个发育阶段进行适应，同时也需要应对寄主生长和生命活动以及必要的新陈代谢等对其自身产生的许多威胁。当然，这些调节不包含最终将寄主杀死。而且，寄主形态的改变也会对寄生蜂有着巨大的威胁。例如，在蛹的时机进行寄生生存和在幼虫时期进行寄生活动，这其中两者的结构都会发生很大的改变，因此，在寄生初期进行发育时，寄生蜂的幼虫需要在后期做出很大的努力以适应寄主形态的巨大变化。研究还发现，对于蛹来说，其表皮对于寄生蜂来讲太过于坚硬，比较难以突破。

在寄生蜂的寄生生存中，其繁殖的卵可以在多种不同形态的寄主环境下生存，但是研究发现，一般来讲，更大比例的寄生蜂只能在一种类型下的寄主环境中存活，并完成生长和发育成年。因此，在应用中，寄生蜂必须提高对不同环境下的适应性，因此需要具有一些调节寄主体内环境的能力，同时根据自身的生长调节寄主的生理和发育，来使寄主和自身的发育阶段同步，这样才会更加适合幼虫和卵以及自身的生长。研究发现，幼虫到蛹形态的转变是在某些激素的分泌下进行的，因此，可以认为，大多数的蜂可以实现对寄主的激素调节系统进行影响，并控制部分的激素分泌。

寄生蜂在其生长发育中，会对寄主的生命活动进行调节：在寄主中进行寄生行为之后，寄主明显的变化就是其生长和发育出现停滞现象，并一直处于幼虫状态，直到死亡。其中，部分原因是寄生蜂的寄生活动严重地对寄主生长所需的营养进行了阻断，使得营养的流动方向朝向了寄生蜂体内，从而使得寄生蜂有更多的营养可以进行生长、发育和繁殖活动。研究统计表明，寄主在被寄生过之后，其免疫系统的各部分的淋巴密度和脂肪作用的功能下降，尤其是血蛋白的含量。其中的芳基主要作用就是为变形过程储存足够的蛋白，在进行变形态前，系统才能够由血液中收集这些蛋白储存于此。在有寄生活动产生于体内时，寄主就会产生早熟形态，因此会使芳基蛋白在体内进行大量的存储，保持高浓度。但是，有些寄生蜂会对寄主储存蛋白能力进行大范围的变弱，如黏虫等。20 世纪末期 Shelby 研究了此类现象，采用当时比较成熟的印迹法和系统外翻译等多种试验技术，经过大量的研究证明了这些现象。寄生蜂在进入蛾幼虫体内后，寄生活动会使得其中的芳基蛋白含量大幅度地降低，其中的主要原因就是该种蛋白在翻译成型时期，有些环节被寄生生物的一些分泌物打断了，但是在转录时该种现象并没有出现。

寄生蜂对寄主激素的调控，根据寄生蜂对激素的依赖程度和对寄主激素水平的调控能力，可分为下述两种类型。

①在生理上与寄主同步。这类寄生蜂并不会对寄主的激素分泌进行控制，但是在其生长发育中，可以利用寄主的激素，以此来进行自身的调节功能，从而和寄主的生理发育相吻合，这种类型通常不对寄主有致命的行为，并保持寄主一部分的发育和形态变化。

②对寄主的生理生命活动进行调节。这种类型的寄生蜂，在开始进行寄生生存活动时，会分泌一些激素，以此来调节寄主的生命活动，使得寄主的生长停止在适应自身发育的有利环境下。

对于寄生中采用何种方式来控制激素的含量和种类，研究中发现，其中比较关键的因素就是通过蜕皮素的分泌控制新陈代谢。在实验室中发现，寄生蜂在其自身进行形态变化中，并不需要蜕皮素，因此也就不在这种激素上依赖于寄主的分泌，并且，在缺少蜕皮素时寄生蜂依然能够实现蜕皮。在相关的研究中，可以看到，毒素、多分 DNA 等病毒性物质对促前胸腺激素作用的发挥起到了多重抑制作用，并且降低了靶器官对激素的活性，使得脱皮素不能正常起作用。如索诺姬蜂，Pennacchio 和 Vinson 在 20 世纪末期研究发现，在夜蛾幼虫中的寄生，其寄生活动导致了前胸腺功能不能开展，使得其细胞产生降解，因此就无法分泌蜕皮素。在最近的研究中可以看到，寄生蜂分泌的物质抑制了寄主的神经系统和内分泌系统的功能，根据对其免疫系统的化学成分和免疫吸附的分析可知，烟草天蛾在茧蜂寄生开始后，其脑和神经部分吸附了多种抑制神经起作用的神经肽。

从目前的技术上说，在寄生发生后，寄主的发育和生命活动受到了寄生的限制，这部分的原理和基本影响模式在当下已经分析得比较透彻，一般都认为是由于寄生蜂分泌的多种毒液或者激素等物质使得寄主的免疫不起作用或者受到强烈的抑制。寄生蜂在寄生的发育和生长过程中通过调节寄主的神经来使寄主体内的环境适于自身的发展，并影响寄主的激素平衡和生长，从而更加适于自身的生命发展。

2. 沃尔巴克氏体共生菌对寄生蜂生殖功能的调控

沃尔巴克氏体是 *Proteo bacteria* 的立克次体，是一类以昆虫、螨类等节肢动物及线虫等为宿主的革兰氏阴性、细胞质共生细菌，一般呈不规则杆状和球孢状两种形态。此菌首先是由 Hertig 和 Wolbach 于 1924 年在淡色库蚊的生殖组织中发现的，并由此得名。分析表明，沃尔巴克氏体共生菌可分成 A、B、C 和 D 共 4 个群。A 群和 B 群共生于昆虫、螨类和甲壳动物体内，C 群和 D 群共生于丝状线虫体内。A 群中有 Me、AlbA、Mors、Riv、Uni、Haw、Pap 和 Aus 共 8 个亚群，B 群中有 Con、Dei、Pip 和 CauB 共 4 个亚群。沃尔巴克氏体共生菌一般存在宿主卵巢和精巢等生殖组织的细胞质中，有时也在马氏管、邻近体腔的肌肉组织、血细胞和血淋巴等非生殖组织中发现。在逃避寄主免疫反应的同时，通过引起宿主胞质不亲和、诱导孤雌生殖、雌性化、杀雄等方式对昆虫宿主的生殖起调控作用。引起宿主胞质不亲和是指由于此菌的存在，造成不同地区同种的宿主种群产生由细胞质因子引起的雌雄生殖不亲和。诱导孤雌生殖是指由于其只能通过细胞质传递给卵细胞，所以诱导宿主进行产雌孤雌生殖，其宿主产后卵细胞的第一次减数分裂或有丝分裂初期，将发生染色体不向两极分离而融合形成双倍体，由此未交配的昆虫宿主可以产生雌性后代。雌性化是指某些宿主在性别分化时，此菌造成昆虫宿主体内造雄腺不能正常分泌雄激素，从而导致精巢不能正常发育而成为卵巢的现象。

（二）诱导抗性

在实际的自然环境组成的生态系统中，食用植物的昆虫和植物之间的关系比较多变，它们之间有着相互的进化和共存。20 世纪末，21 世纪初，国内学者钦俊德、王深柱认为，在不断竞争和进化的过程下，昆虫逐渐形成了只食用一种或者某几种植物，并且植物也产生了相应的防御昆虫食用的功能。这也就形成了一种相互对抗的形式。19 世纪，国外就展开了植物抗性现象的相关研究。19 世纪早期，Riley 调查发现，高粱和蚱蜢之间有着明显的抗性，并且高粱的抗性更加强烈。20 世纪早期，Biffen 在对小麦进行研究时发现，抗黄锈病有典型的抗性现象。在 20 世纪中叶，Pamell 在南非的试验，采用一种叶蝉单一选择的方式，使得棉花对蝉具有抗性。

植物的抗性主要指的是植物在进化过程中，产生的对外部环境和威胁的适应能力，不仅仅对于病虫，还可以适用于一些不利的环境因素和化学变化，这种现象还可以进一步遗传给下一代。这些现象可以进行大致的分类：驱斥性、抗生性和耐害性。按照来源可以进一步简单分为组成和诱导两种形式抗性。前者主要是遇到进攻时的保护行为。后者是一种在受到昆虫和病菌入侵时的分泌活动和物理变化。

诱导抗性对植物的保护有着特殊的意义，因为这种代价对于植物来讲是比较低的。早在 20 世纪中叶，已经有学者对这种诱导抗性进行了大量的研究，并且有了比较系统的证明，即诱导抗性可以为植物提供和食用其生物共同存活的生态系统，并且有利于提高自身的适应环境的能力。而且，近些年以来，已经有不少的相关成果在大型报纸杂志上发表。因此，对诱导抗性的研究有着更加合理的框架和客观的需要，是解开植物和其食用者的关系的关键所在。

1. 诱导方式

目前已知的诱导植物产生抗性的方法主要有机械损伤、幼虫取食及化学诱导物（如水杨酸、茉莉酸类化合物等）。但由于机械损伤诱导植物产生的反应不明显，而虫害处理难以定量，目前最常用的方法是利用化学诱导物来诱导植物产生抗性。

（1）昆虫取食诱导

植物抗虫性是指植食者取食植物后引起植物体内产生的生化反应，能够反过来影响植食者的产卵选择、发育、被寄生蜂寄生的概率。如菜青虫取食野生萝卜后，诱导萝卜体内芥子油苷含量显著增加，叶表的毛刺体密度增加。而田间调查发现，与健康植株相比，诱导后植物的叶片损失显著减少，害虫数量显著降低。

（2）外源茉莉酸和茉莉酸甲酯诱导

抗虫性外源茉莉酸和茉莉酸甲酯诱导植物产生抗虫性的主要表现为：诱导植物体产生对害虫有毒、抗营养和抗消化的化合物，如蛋白酶抑制素、多酚氧化酶等；诱导植物产生对害虫有驱避作用的化合物，达到直接防御的目的；诱导植物释放特异性挥发物吸引天敌，以达到间接防御的目的。

2. 诱导抗性的原理

（1）诱导抗生性物质的产生

多酚氧化酶和蛋白酶抑制素多酚氧化酶（Polyphenol Oxidase，PPO）是植物体内广泛存在的抗营养蛋白，能够氧化酚类化合物，生成活性分子醌，可与多种生物分子相互作用。在昆虫取食过程中，多酚氧化酶与酚类底物混合在一起，将食物蛋白中的必需氨基酸烷基化，使昆虫不能利用其营养，抑制其生长发育。而蛋白酶抑制素（Protease Inhibitor）能与昆虫消化道内的蛋白消化酶相互作用，形成酶抑制剂复合物，削弱或阻断消化酶对食物中蛋白质的水解消化作用，并刺激昆虫消化酶的过度分泌，使昆虫产生厌食反应，从而降低昆虫的体重和生长速率。

（2）诱导防御结构形成的毛状体和刺是防御叶部昆虫危害的结构特征。植物增加或减少这些物理性防御是对植食昆虫取食产生的压力反应。研究表明，诱导抗性产生过程中许多植物叶表的毛状体或刺的密度或数量显著增加，进而影响昆虫的产卵行为以及幼虫生长发育。

植食性昆虫取食诱导过氧化物酶含量的增加可减少叶片的伸展率，这是植物对植食昆虫攻击的另一种生理性防御反应。外源茉莉酸处理可以达到同样的效果，以茉莉酸处理的叶片，两周后叶片表皮细胞的面积减少了近25%，但表皮细胞数目保持不变，且叶片上的酸模叶甲（Gastrophysa Atrocyanea）数量减少了。

（3）诱导挥发性物质的产生。植物通过释放挥发性物质来调节植物、植食性昆虫及其天敌三者间的相互关系，从而达到防御植食性昆虫的目的，这是诱导抗性中的一个重要作用。大量研究表明，植物在损伤或被植食昆虫攻击后会释放出大量的挥发性化合物，而且所释放的挥发性物质无论是在种类上还是在数量上都发生了明显的变化。

（4）干扰植食性昆虫行为

应用茉莉酸甲酯处理烟草诱导烟草对番前天蛾的抗性，结果发现，烟草经茉莉酸甲酯处理后，挥发出大量的有机化合物，而这些化合物对西红柿天蛾成虫的产卵有强烈的驱避作用，烟草上害虫的着卵量比对照植株低90%，但未鉴定出起驱避作用的挥发物。而烟草被烟芽夜蛾危害后，其在夜间释放的挥发性物质对烟芽夜蛾具有一定的驱避作用，其表现主要为：烟芽夜蛾在虫害烟草上的搜寻时间比在健康植株上的显著降低；在虫害烟草上的产卵量也比在健康植株上显著降低。

（5）植物间的化学通信挥发性物质：作为植物个体间化学通信的信号分子，能够将植物遭受虫害这一信息迅速地传递给邻近的同种或异种植物，诱导其产生防御虫害攻击的生理生化反应。随着对挥发性物质作为植物间通信信号分子研究的深入，挥发性物质诱导邻近植株产生抗性的方式也越来越多地被发现，如诱导防御基因的表达、诱导防御性植物激素或挥发性物质的增加、诱导蛋白酶抑制素或酚类化合物的增加。另外挥发还可以诱导邻近植株产生间接防御反应。

（6）引诱天敌

吕要斌等（2004）应用外源茉莉酸处理白菜和甘蓝（Brawicao Zeracea），处理后白菜和甘蓝的挥发性物质对菜蛾绒茧蜂的引诱力均增强，经茉莉酚处理的白菜上小菜蛾幼虫的寄生数量比对照组显著增加。

3. 诱导机理与模型

外源茉莉酸和茉莉酸甲酯诱导植物产生的抗虫性有许多相似之处，均能诱导植物产生对害虫有毒的物质、抗营养或抗消化的酶类以及产生对害虫有驱避性和妨碍其行为的化合物。许多学者对诱导植物产生抗虫性的机理提出了各种模型。较具代表性的有：诱导次生化合物合成途径模型（Wasternack 和 Parthier，1997）、诱导蛋白酶抑制素模型和节肢动物取食诱导抗虫性模型，在这3个模型中，诱导抗性的作用都是通过硬脂酸途径产生茉莉酸和茉莉酸甲酯传递实现的。实际上，外源茉莉酸的诱导作用也可以不经过硬脂酸途径产生的茉莉酸或茉莉酸甲酯传递来实现，而是经植物细胞膜后，直接激活防御基因。

4. 展望

至今，有关植物对植食者诱导抗性的研究主要注重诱导抗性现象的描述及其生理生化机理的探索。近年来已开始深入到分子机理的探索。但有关植物产生抗虫作用的机理在许多方面还不清楚，如植物细胞膜上接受茉莉酸或茉莉酸甲酯刺激的受体结构、挥发性有机化合物代谢途径在细胞和分子水平上的机制以及茉莉酸与其他信号分子（如水杨酸、乙烯）之间的相互作用等。

研究还发现，诱导抗性可表现出专化反应现象，例如，由于被取食的方式、取食者唾液的成分、被取食的程度等不同，诱导抗性的表现不一。如在取食野生萝卜的多种植食者中，不同植食者的取食可导致强烈的诱导抗性、不导致诱导抗性，甚至导致诱导敏感性，且诱导抗性对不同植食者生命活动的影响差异很大。已经在许多植物－植食者的系统中发现诱导抗性与诱导敏感性之间的相互平衡（Tradeoff）现象。因此诱导抗性对于自然环境不同植食者在其种群、群落水平上的长期影响等问题仍需进一步研究。

第六章 有机旱作农业病虫害防治的案例分析

第一节 粮食作物病虫害的生物防治

一、粮食作物生物防治概述

我国粮食作物种类多、分布广、地域差异大。栽培较普遍的粮食作物共有20余种，主要包括水稻、小麦、玉米、高粱、谷子、薯类、大豆等，其中又以水稻、小麦和玉米分布最广、产量最多，三者共占全国粮食总产量的80%以上。

我国是世界种稻最早、产稻谷最多的国家。稻谷在各种粮食作物中平均单产最高，全国90%以上的水稻集中于秦岭淮河以南的地区。按自然条件和稻谷栽培制度及品种类型又分为：①华南双季稻籼稻区；②长江中下游单、双季稻区；③云贵高原稻区；④四川盆地丘陵稻区。稻谷在北方地区种植较少，东北三省稍多。

小麦播种面积和产量以黄淮海平原及长江流域最多，可分冬小麦和春小麦，以冬小麦为主。冬小麦可分为北方和南方两大区：长城以南、六盘山以东，秦岭、淮河以北为北方冬麦区，大都和玉米、甘薯、高粱、谷子、大豆等轮作；横断山以东、秦岭淮河以南属南方冬麦区，大部分地区实行麦稻两熟制或麦稻稻、麦豆稻、稻麦肥等三熟制。

玉米在粮食作物构成中仅次于稻、麦，主要集中栽培区从黑龙江省大兴安岭，经辽南、冀北、晋东南、陕南、鄂北、豫西、四川盆地四周及黔、桂西部至滇西南，其中东北多于西南。近年来，甜玉米种植在广东等地发展迅速。

农业生态系统是由所有栖息在作物栽培地区的生物群落与其周围环境所组成的系统，是一个开放的、动态的、不稳定的生态系统。导致其不稳定的原因主要有三个方面：①现代农业种植的作物比较单一，这种相对单一性易导致病虫害的发生；②现代农业需要不断地进行人为干扰活动，这些干扰活动贯穿整个耕作过程；③化学农药和有机肥的高投入。

对水稻、小麦、玉米等主要粮食作物产量影响较大的病虫害有：水稻螟虫、稻飞虱、稻纵卷叶螟、稻瘟病、稻纹枯病，小麦蚜虫、条锈病、白粉病、赤霉病，玉米黏虫

（*Mythimnaseparata Walker*）、玉米螟、大小叶斑病等（见图 6-1）。

图 6-1　主要粮食作物病虫害

二、生物防治因子及其利用途径

（一）自然天敌的保护和利用

1. 保护天敌种库的主要措施

在冬季和夏季休耕期，杂草中的各种飞虱卵是缨小蜂的最主要寄主，可适当保留杂草保护蜂源。在水稻移植后铲除杂草，能促使天敌进田。

在越冬期，可种植油菜、豆类、苕子等冬播作物或通过挖坑堆草等方法，人为创造越冬场所供天敌栖息，以保障蜘蛛等天敌顺利越冬。但是，在春插期和双抢期，田内蜘蛛数量在耙田后损失 90% 左右，因此应采用留高茬、挖穴堆草或错开翻耕时间等方法保护蜘蛛种群。

2. 保护天敌的主要措施

杀虫剂对稻田天敌亚群落有显著的抑制作用，特别是在水稻生长早期施药的影响更大，因为这时节肢动物（特别是自然天敌）正处在重建过程中，因此建议在水稻移植后 30 ~ 40 d 内不用化学农药。否则，当害虫发生时，天敌不能有效地发挥作用，易造成害虫的严重发生。一定需要使用化学农药时，应选用对天敌杀伤力较小的农药，并尽量减小施药面积。

其次，选择有利于天敌的品种。提倡利用天敌和中抗水稻品种控制稻飞虱。

稻田灌溉坚持"浅水勤灌、开沟排水、适时晒田、干干湿湿"的原则，这不但是防病的重要措施，对保护稻田蜘蛛也有重要作用。早稻浅水田管理比深水田管理的总蜘蛛量增加70%～80%；双季晚稻田晒田后，田间蜘蛛量增加20%～35%。

3. 增加生态系统层次是增强天敌功能的主要措施

适宜的品种布局可减缓害虫的适应性，种植其他作物（如稻田田埂上种大豆等）能促使某些天敌种群的迅速建立或增加天敌的数量和活力。在较大的范围内错开水稻的移植时间，有利于自然天敌并能提高天敌对褐飞虱的控制作用。此外当某一作物与其他作物间作时，对自然天敌可能有增诱作用。例如，夏玉米间作匍匐型绿豆田，玉米螟赤眼蜂自然种群数量在一段相当长的时间内保持较高水平，说明间作对赤眼蜂有增诱作用。而且间作比例对增诱效果有明显影响。通过间作或轮作等方法种植增诱作物可增加天敌的数量。

（二）天敌应用技术

赤眼蜂对水稻螟虫有很好的防治效果（见图6-2）。据统计，近$2.0 \times 10^6 hm^2$大面积施放赤眼蜂防治结果证明，平均螟卵寄生率为71.8%，被害率降低61.4%，平均百株螟虫可减少73.4%。连片放蜂防治效果更好。在稻田中释放拟澳洲赤眼蜂（*Trichogramma Confusum Viggiani*）和松毛虫赤眼蜂（*Trichogramma Dendrolimi*）防治稻纵卷叶螟卵的被寄生率常在67%以上。

图6-2　实验赤眼蜂防控水稻稻纵卷叶螟

（三）抗病虫作物及其应用

研究表明，水稻中抗品种与天敌对褐飞虱的协同控制作用高于高抗品种与天敌的协同作用。但是，在水稻生态系统中，拟环纹豹蛛（*Pardosa Pseudoannulata*）或黑肩绿盲蝽（*Cyrtorrhinus Livdipennis Reuter*）对稻飞虱和二点黑尾叶蝉（*N.virescens*）的捕食在抗虫品种上无明显提高。因此，抗性品种的应用应具体情况具体分析。

（四）生物农药及其应用

Bt 已用于防治水稻三化螟、二化螟和稻纵卷叶螟等害虫。利用经化学诱变剂硫酸二乙酯连续多次诱变所获 BtS387 菌株工业发酵制剂，对稻纵卷叶螟二代、三代卵孵高峰期的保叶率和杀虫率分别达 77.89%、87.34% 和 64.94%、82.64%。Bt 和化学农药三唑磷混配，对二化螟的防治效果达 88.7%，保苗效果达 99.1%。

水稻纹枯病是我国水稻三大主要病害之一，由于纹枯病菌腐生能力强，寄主范围广，尤其是随着水稻优质品种的推广和高肥密植技术的应用，该病危害日趋严重，每年都会给水稻生产造成一定损失，直接威胁着水稻的稳产高产。水稻不同品种间对纹枯病的抗性虽有一定的差异，但至今尚未发现免疫和高抗品种。井冈霉素防治纹枯病已使用多年，效果良好。芽孢杆菌菌系对水稻纹枯病菌的生长和菌核的萌发有较强的抑制作用。从西瓜和柑橘等作物根际中分离到的 2 株芽孢杆菌菌系，在田间对纹枯病的防治效果均超过 50%。芽孢杆菌发酵液和井冈霉素混配防治纹枯病，防治效果可达 85% 以上。

第二节　蔬菜病虫害的生物防治

一、蔬菜生物防治概述

随着农业产业结构调整的不断深入，蔬菜种植面积快速发展，蔬菜已成为仅次于粮食作物的第二大作物，出口创汇占种植业的第一位。2003 年全国蔬菜种植面积 $1.791 \times 10^7 hm^2$，总产量 $4.5 \times 10^8 t$，占世界蔬菜总产量的 66%，人均占有量 352kg，居世界第一，是世界人均蔬菜占有量（102kg）的 3.3 倍。2004 年我国蔬菜播种面积达 $1.8 \times 10^7 hm^2$，总产量超过 $4.8 \times 10^8 t$，年产值超过 4700 亿元。

蔬菜是人们日常生活中必不可少的副食品。随着人们生活质量和生活水平的不断提高，广大消费者对蔬菜的需求已从数量满足转向质量档次更高的无公害蔬菜、绿色蔬菜和有机蔬菜，不仅要求数量充裕、品种多样，而且对口味、口感、质量安全等方面提出了新的要求。无公害农产品将成为主导食品，无公害农产品生产技术的研究和开发将成为社会关注的热点。尤其是我国加入世界贸易组织以后，蔬菜产品出口呈增长态势，但卫生质量和商品性不佳影响产品出口，特别是以农药残留为限量标准的绿色壁垒成为新一轮农产品贸易摩擦的新动向，且越来越严格。提高产品卫生质量是蔬菜生产面临的突出问题。新形势下，研究与推广蔬菜害虫综合防治技术的主要目标是有效控制蔬菜产品的农药残留量，降低防治成本，减轻病虫害危害损失，提高蔬菜产品的国内外市场竞争力，建立可持续发展的蔬菜害虫防治体系，推进蔬菜产业的健康发展。

二、生物防治因子及其利用途径

蔬菜病虫害生物防治的主要措施如图6-3所示。

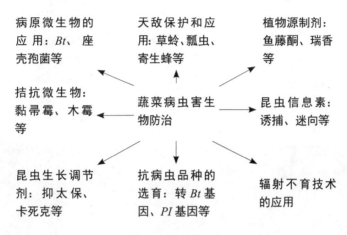

图6-3　蔬菜病虫害生物防治的主要措施

（一）天敌昆虫

1. 保护利用

我国蔬菜害虫的天敌资源丰富。保护和利用自然界的天敌，是蔬菜害虫生物防治的一项重要任务。在田间可采用多种方法，减少人为因素对天敌的杀伤和不利影响，创造有利于天敌生长、发育和繁殖的生态环境，以发挥天敌的自然控制作用。

2. 大量繁殖与释放

天敌的大量繁殖是蔬菜害虫生物防治的主要途径。目前，我国在室内进行大量繁殖的昆虫天敌有食蚜瘿蚊（*Aphidoletes Abietis*）（防治菜蚜）、七星瓢虫（防治菜蚜）、日本通草蛉（*Chrysoperla Sinica*）（中华草蛉）（防治温室白粉虱）、丽蚜小蜂（防治温室白粉虱）、赤眼蜂（防治菜螟、甜菜夜蛾、棉铃虫、烟青虫）等。

国外对黑卵蜂增殖和大量饲养技术的研究已有20多年的历史，在印度用斜纹夜蛾的卵作为黑卵蜂寄主大量繁殖。DeClercq和Deghede在室内测定了斑腹刺益蝽（*Podzsus Maculiventris*）捕食甜菜夜蛾各虫态的效率，对卵和低龄幼虫的捕食量最大，2龄若虫食卵量为535粒，雌成虫每天捕食1116粒卵，且甜菜夜蛾的大部分虫态均能满足其生长发育的需要。

（二）病原真菌

1. 虫生真菌

我国于1978年在北京市四季青、玉渊潭的温室，海淀农业科学研究所、玉渊潭的大棚，曾多次开展粉虱座壳孢（*Aschersonia aleyrodis*）防治黄瓜、西红柿等作物上的粉虱（见图6-4）的研究，效果明显。当日平均温度在20℃以上、相对湿度为80%时，一般寄生率达70%左右。当温室温度为25~26℃、相对湿度为90%时，其寄生率可达80%~90%。方祺霞等人在北京郊区常青菜社应用乳突座壳孢菌（*Aschersoniapapillata*）防治温室白粉虱的试验，施用剂量为每毫升2×10^6~3×10^6个孢子，第一次试验区效果达97%，生产区效果为73%~99%。第二次试验，比较座壳孢菌和杀虫剂及二者混用的效果。经调查，座壳孢菌单用区成虫密度下降54%，敌敌畏（DDVP）增加57%，速灭杀丁减少33%~41%；座壳孢菌加速灭杀丁混用，成虫密度减少42%~83%。

图6-4　粉虱

球孢白僵菌（*Beauveria Bassiana*）对节瓜蓟马（*Thrips Palmi Karany*）种群有一定的控制作用。室内试验结果表明，在每毫升1.5×10^8个孢子浓度下成虫、蛹和若虫寄生率分别为70%、50.02%和17.78%；在深圳龙岗壁岭生态农场，用每毫升2×10^8个孢子浓度喷施土壤和西葫芦植株，施药后4d、5d和7d后对其成虫的防治效果分别为45.73%、49.22%和38.44%。

2. 拮抗菌

具有蔬菜病害生物防治能力的真菌包括腐生性真菌和寄生性真菌。1931年Sanfors和Broadfoot首次报道可以直接利用腐生性真菌防治植物土壤病害，迄今为止已经开发为生物防治农药的真菌有小盾壳霉（*Conithyrium Minitans*）、黏帚霉属（*Gliocladium*）、木霉属、无致病力尖孢镰刀菌（*Fusarium Oxysporum*）等。

小盾壳霉（*Conithyrium Minitans*）是一种真菌寄生物。在温室和大田试验中，小盾壳霉对莴苣萎蔫病有很好的防治作用。小盾壳霉能在大麦、蛭石-麦麸糠、小米、燕麦、泥炭－麦麸和小麦等固体培养基上生长，并且已经用于莴苣的温室试验。其防病机理是：小盾壳霉能寄生于病原菌菌丝上，对菌核有破坏作用，能破坏油菜菌核病菌（Sclerotinia Sclerotiorum）和小粒菌核病菌（Sclerotinia Minor）的菌核。在防治莴苣萎蔫病的温室和大田试验中，防治效果比黏绿木霉（Trichoderma Virens）要好得多，能杀死80%以上的菌核。

黏帚霉属中用于防治土传病害的有粉红黏帚霉（见图6-5）、链孢黏帚霉（Gliocladium Catenulatum）等，目前已被开发为生物防治农药。

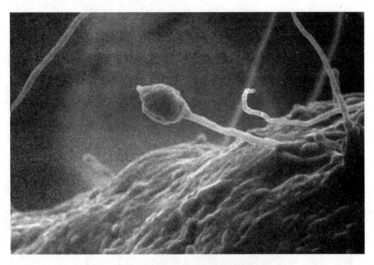

图6-5　粉红黏帚霉显微图片

在应用真菌防治土传病害的研究中，应用最多的是木霉属，它对多种病原物都有理想的抑制作用，是防治土传病害的生物防治菌。1932年，Wenmdlmg在离体条件下，对木素木霉（Moniliaceae）和立枯丝核菌（Rhizoctonia）进行对峙培养时，木素木霉的菌丝缠绕着立枯丝核菌，使其菌丝原生质凝结、细胞液消失及菌丝解体。田连生等人利用木霉菌株T1对蔬菜立枯丝核菌病害的生物防治效果进行了研究，发现木霉T1生命力极强，生长最快，在木霉与病原真菌交接处，形成对峙面，界面处病菌菌丝被木霉菌丝重寄生或利用吸器进入病原菌丝，吸取菌丝营养，使病菌营养菌丝逐渐失活、气生菌丝逐渐消亡、解体，最后均被绿色木霉孢子所覆盖。施用木霉菌剂的生物防治效果达93.26%，优于多菌灵可湿性粉剂800倍液和对照试验，与其他几种处理之间的防治效果差异显著。

（三）病原细菌

美国于1965年和1966年在加利福尼亚州南部用苏云金芽孢杆菌防治甘蓝夜蛾（Mamestra Brassicae），保护了50%以上的芸薹属（Brassica）蔬菜；英国将苏云金芽孢杆菌用于防治西红柿夜蛾；苏联应用苏云金芽孢杆菌制剂防治大菜粉蝶、小菜蛾和甘蓝夜蛾等，均获得了良好的效果。

我国研究和应用苏云金芽孢杆菌始于1959年，在农、林、卫生等害虫防治中均取得了显著成效。喻子牛曾运用血清学技术对苏云金芽孢杆菌进行分类，发现已有的*Bt*菌株分属于45个血清型的64个亚种。应用于蔬菜上的主要有Bt乳剂、青虫菌等，分属于苏云金亚种（*B.t.subsp.Thuringiensis*）、蜡螟亚种（*Bacillus Thuringiensis subsp*）、库斯塔克亚种（*Bt Kurstaki*）和武汉亚种（*Bt Spp.Wuhanensis*）。50年来，我国在利用苏云金芽孢杆菌防治蔬菜害虫方面做了大量的工作，并取得了很大的进展。1973年上海用杀螟杆菌防治蔬菜害虫7000hm²，48 h防治效果达90%以上。1981年江苏省在1400hm²无公害蔬菜田中用苏云金芽孢杆菌防治害虫，其防治效果优于化学农药，成本比化学农药低30%左右。马冬梅应用Sfr1菌株和Sfr8菌株对抗药性强的泰国和深圳品系的小菜蛾进行防治，效果也较为显著。罗源华等人对苏云金杆菌进行了防治十字花科蔬菜鳞翅目害虫（以小菜蛾与菜青虫为靶标害虫）的田间药效试验，结果表明，每公顷用药量为600g时，药后第3 d与第10 d的防治效果分别达86%以上与88%以上；每公顷用药量为750g时，防治效果高达90%以上。胡雅娣等人（2010）利用苏云金芽孢杆菌每克100亿活芽孢可湿性粉剂1000倍液对瓢儿白上菜青虫的防效试验，结果表明，三种药剂对菜青虫有较好的防治效果，药后7 d时虫口减退率达到84.7%。

（四）病毒

目前发现对昆虫有致病力的病毒有300多种，可使200多种鳞翅目害虫感染，常用的病毒有核形多角体病毒、质形多角体病毒和颗粒病毒。

广州市菜区各地用菜粉蝶颗粒体病毒在十字花科蔬菜进行大面积防治菜青虫的示范试验（见图6-6），结果表明，病毒治虫是蔬菜害虫综合防治的一个重要部分。菜粉蝶颗粒体病毒对各龄菜青虫都有较强的毒性，使用3~5 d后，防治效果可达90%左右。如对花椰菜田防治效果达85%~95%，对白菜田防治效果达90%~92%，对芥蓝田防治效果达86%~100%。

图6-6　菜青虫防治实验

（五）微孢子虫

在自然界，昆虫微孢子虫（*Microsporidia*）是控制蔬菜昆虫种群数量周期性变化的一个重要因子（见图6-7）。微孢子虫是斜纹夜蛾的一类重要病原，侵染斜纹夜蛾后，除直接杀死寄主外，还可以降低其生殖力，缩短其寿命，影响其发育和活力，并能经卵垂直传播。变形孢虫（*Vairimorpha*）可寄生在多种鳞翅目幼虫的脂肪体内，对西红柿棉铃虫（*Heliothis Armigera*）毒性很大，棉铃虫幼虫只要吞食1个孢子就可能感染，感染后不能化蛹，最后死亡。如果3龄幼虫吞食较多的孢子，一天就可因败血症死亡，因此可用它防治西红柿棉铃虫，一次投撒可减少蛀果率60%左右。吕要斌等人测定了从家蚕体内分离的一种微孢子虫对小菜蛾的致病力。室内实验结果表明，当起始侵染期为2龄小菜蛾龄幼虫时，幼虫的死亡率可达80%以上，蛹死亡率可达50%以上，而小菜蛾雌成虫的产卵量下降50%左右。另外还发现家蚕微孢子虫还可通过垂直传染方式影响下代小菜蛾幼虫的死亡率。刘仁华等人用不同浓度的家蚕微孢子虫感染三峡库区菜青虫，结果表明，家蚕微孢子虫（*Nosema Bombycis*）对菜青虫感染性较强、致死率高，其致死量为每毫升 1.5×10^4 个。当微孢子虫浓度为 1.0×10^7 个/mL 时，菜青虫死亡率高达87.8%，体现了家蚕微孢子虫对菜青虫的显著致病能力。

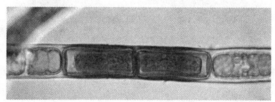

图6-7　昆虫微孢子虫

（六）昆虫病原线虫

钟玉林（1992）调查了武汉市郊区蔬菜鳞翅目害虫的寄生性线虫种类，并发现甜菜夜蛾被线虫寄生率达34%。任惠芳等（1998）用中华卵索线虫（*Ovomermis Sinensis*）侵染期幼虫对当地主要蔬菜害虫菜青虫、斜纹夜蛾和甜菜夜蛾等幼虫，在室内开展人工感染实验。结果表明，对菜青虫、斜纹夜蛾和甜菜夜蛾幼虫的寄生率分别为50%、94%和92%。在田间释放线虫，4 d后对斜纹夜蛾幼虫的寄生率达到60%，7 d后的寄生率达到70%。余向阳等人（2003）在室内测定了斯氏线虫（*Steinernema Carpocapsae*）对8种常见害虫的感染活性以及不同温、湿度条件对该线虫感染活性的影响。结果表明，该线虫对甜菜夜蛾等害虫的感染活性较高，48 h甜菜夜蛾感染死亡率为83.2%。

（七）抗生素

阿维菌素对常用农药产生抗药性的害虫防治效果甚优。阿维菌素与大多数杀虫剂一样，对小菜蛾的毒性与温度呈正相关关系，即温度越高毒性越强，温度从15℃提升到19℃，阿维菌素的毒性增加5倍；从19℃提升到23℃，阿维菌素的毒性增加不大；从23℃升高到

27℃，阿维菌素的毒力增加 17 倍。盆栽菜心喷药后摘叶片回室内接虫实验（见图 6-8）的结果表明，阿维菌素对小菜蛾的持效期为 7 d 左右。

图 6-8　盆栽菜心喷药后摘叶片回室内接虫实验

林壁润等人利用抗生素 2507 在温室进行防治黄瓜疫病实验田和小区防治小白菜霜霉病实验。结果表明，抗生素 2507 在温室人工接菌情况下，防治黄瓜疫病的效果可达 95% 以上，田间小区防治小白菜霜霉病的效果达到 87.5%。抗生素 2507 具有较好的稳定性，耐酸碱，易储存。

（八）昆虫生长调节剂

昆虫生长调节剂（如人工合成的抑太保、盖虫散、灭幼脲、农梦特、优乐得、爱力螨克、卡死克等），防治小菜蛾（见图 6-9）、棉铃虫有较好的效果。它与天敌昆虫、抗虫品种和农业防治措施等结合，可保证高等动物安全，不污染环境。

朱树勋等人（1990）用几种昆虫生长调节剂对蔬菜害虫的药效进行了比较，结果表明，与拟除虫菊酯及有机磷农药比较，其用量低、高效低毒，持效期 10 ~ 15 d。其中定虫隆、酰基脲、农梦特效果最优，对较难防治的小菜蛾、甜菜夜蛾用 5mg/L 浓度，防治效果达 90% 以上。在大白菜生育期施药一次，即可控制其危害。张纯胄等人（1993）研究了昆虫生长调节剂抑太保对小菜蛾、斜纹夜蛾、甜菜夜蛾的毒力及其药效。实验表明，抑太保对幼虫的亚急性毒性极高，在稀释 32 000 倍的极低浓度处理下，小菜蛾低龄幼虫的有效转化率仅为 1.7%。此药虽对卵无直接杀伤作用，但喷药于带卵叶片后，其初孵幼虫 4 d 内几乎全部死亡。该药剂药效较迟缓，一般于施药后 4 ~ 5 d 达到最佳效果，田间残效期 2 周以上，采用 2 000 ~ 3 800 倍液处理幼虫，防治效果可达 93% ~ 100%。抑食肼属苯甲酰肼类昆虫生长调节剂，对鳞翅目、鞘翅目和双翅目幼虫具有抑制进食、加速蜕皮和减少产卵的作用，持效期较长，适用于蔬菜上菜青虫、斜纹夜蛾、甜菜夜蛾、小菜蛾等的防治，对菜青虫、斜纹夜蛾低龄幼虫防治效果较好。

图 6-9　小菜蛾危害很大且较难防治

（九）植物源农药与次生物质

刘爱芝等人（2005）比较了 4 种植物源农药防治十字花科蔬菜菜青虫的效果，结果表明，喷药后 3～7 d 防治效果为 71.72%～100%，且具高效、低毒、无残留等特性，是理想的防治蔬菜菜青虫无公害药剂。周琼等人（2003）用药膜法测定白花非洲山毛豆（*Tephrosia Vogelii*）（茎叶）、芒萁（*Dicranopteris Dichotoma*）（叶）、樟树（*Cinnamomum Camphora*）（茎叶）、鸡矢藤（*Paederia Scandens*）（茎叶）、白兰花（*Michelia Alba*）（叶）、羊蹄甲（*Bauhinia Linn.*）（叶）、云南黄素馨（*Jasminum mesnyi*）（茎叶）和草胡椒（*Peperomia pellucida*）（全株）8 种常见植物的乙醇提取物对桃蚜（*Myzus persicae*）、瓜蚜（*Aphis Gossypii*）和萝卜蚜（*Lipaphis erysimi*）的驱避和控制作用，结果表明，这 8 种植物乙醇提取物对 3 种蚜虫都有一定的忌避作用，除黄素馨和草胡椒外的 6 种植物乙醇提取物对 3 种蚜虫都有较好的控制作用，其中白花非洲山毛豆、樟树对蚜虫的控制效果最佳，白兰花对瓜蚜和萝卜蚜也有较好的控制作用；鱼藤精稀释 1000 倍对萝卜蚜效果很好。

邓志勇（2007）通过对 60 种植物甲醇提取物的生物活性比较表明，对小菜蛾 3 龄幼虫的综合毒杀活性大于 50% 的植物样品有 5 个，其中以木荷（*Schima Superba Gardn. Et Champ.*）和油茶（*Camellia Oleifera*）提取物的活性最高，其次为颠茄（*Atropa Belladonna L.*），三年桐（*Vernicia Fordii*）、猴耳环（*Pithecellobium Clypearia*）也有较高活性。

此外洋金花生物碱水剂对甘蓝蚜虫（*Brevicoryne Brassicae* ）、青虫防治效果很好；唐古特瑞香对斜纹夜蛾和菜粉蝶幼虫有良好的毒杀活性；魔芋生物碱可导致小菜蛾产生忌避和拒食作用。

（十）信息素

在蔬菜害虫生物防治上，目前国际上比较成熟的有群集诱捕法和迷向法。

1. 群集诱捕

群集诱捕法即通过人工合成化学信息素引诱雄蛾，并用物理方法捕杀雄蛾，从而减少雌雄交配，降低后代种群数量而达到防治的目的。

斜纹夜蛾的趋光性比较弱，使用性信息素的诱捕效果显著优于灯诱，这不仅表现为总诱捕量和高峰期诱捕量的差异，而且性诱剂诱捕 5 d 的雄成虫占 91%，而灯诱只有 8.6%。高质量的斜纹夜蛾性信息素诱芯可以显著抑制其种群，从而降低农药的使用次数。

甜菜夜蛾的诱捕方法与斜纹夜蛾类似，但由于其个体较小，诱捕器的雄虫进口要小于斜纹夜蛾的进口；还因种间行为习性的差异，田间诱虫量一般比斜纹夜蛾少。

小菜蛾是全球性害虫，危害时间长，抗药性强，利用性信息素技术可能是有效的防治方法。小菜蛾的飞行高度低，灯诱效果一般不理想，而性诱捕器放置位置低是提高诱捕效果的因素之一。小菜蛾飞行距离短，一次性飞行仅 10m 左右，最长飞行扩散距离夏季可以达到 615m，而秋季则为 286m。因此，单位面积性诱捕器数量要多于斜纹夜蛾。

2. 迷向

迷向技术可大幅度降低害虫的交配概率，减少下一代的卵和幼虫虫口密度。尤其是在欧美地区，由于使用群集诱杀的劳动力成本高，而使迷向技术的推广面积更大。

对甜菜夜蛾的迷向防治比较成功，诱芯多采用 Z9,Z12-4/0 和 Z9 –14/01，按 9：1 或 7：3 配制而成。美国和日本的相关报道中，小菜蛾的迷向防治报道不少，各国都有一定的试验示范面积，在一定的化学农药辅助下，可以达到预期的防治效果。McLaughlin 等人（1994）在甘蓝地采用 Z11-6/01 和 Z11-16/0（7：3）防治小菜蛾 9 周，处理与对照的用药次数为 13：3，防治效果显著。在我国的一些初步试验表明，如果使用得当，在一茬蔬菜中小菜蛾幼虫减退率至少为 50%。

（十一）转基因技术

蔬菜转基因育种就是将转基因技术应用于蔬菜改良。蔬菜基因工程是在重组 DNA 技术上发展起来的一门新技术，将外源目的基因经过或不经过修改，通过生物、物理或化学的方法导入蔬菜，以改良其性状，得到优质、高产、抗病虫及抗逆性强的蔬菜新品种。

到目前为止，已进行转基因并获得转基因植株的蔬菜有西红柿、马铃薯、胡萝卜、芹菜、菠菜、生菜、甘蓝、花椰菜、大白菜、油菜、黄瓜、西葫芦、豇豆、豌豆、茄子、辣椒、洋葱、石刁柏、芥菜等。

（十二）辐射不育

国外利用辐射不育技术成功控制了多种蔬菜害虫的危害。在我国，辐射不育技术在蔬菜害虫的应用主要为小菜蛾。方菊莲等人（1983）通过连续释放不育小菜蛾的田间试验发现，F1 代防治效果达 80.7%，F2 代防治效果达 98.3%。

第三节　果树病虫害的生物防治

一、果树生物防治概述

我国幅员辽阔，果树品种繁多。果树是农村种植业中仅次于粮食、蔬菜种植面积和产量的第三大产业，果品成为人们日常生活中必不可少的产品。随着人们生活水平的提高、全社会对食品安全的关注、对生态环境问题的重视，消除公害成为全世界的共同话题。无公害防治越来越成为有害生物防治工作最迫切的需求。大力推行生物防治技术，推动果树生产健康发展，提高果品的商品价值和食用价值，生产绿色果品，成为当前全球果树栽培发展的总趋势。

我国的果树种类之多占世界第一位，温带、亚热带、热带的果树都有，据统计包括 40 多科 3000 多种，其中以蔷薇科和芸香科果树最多，品种有万余个。从类型上讲，总的分为木本果树和草本果树两大类。木本果树由于所处地带不同，又有常绿果树和落叶果树之分。南方热带和亚热带的果树，多为常绿果树；北方温带的果树，多为落叶果树。

我国北方的果树多为木本落叶果树，其种类如下：①仁果类，如苹果、梨、沙果、海棠、山楂、山丁子、大肚梨、棠梨等；②核果类，如桃、李、杏、樱桃、山桃等；③浆果类，如葡萄、猕猴桃等；④坚果类，如核桃、榛子、栗子等；⑤其他果树类，如柿子、枣、无花果、石榴等。

我国南方的果树主要有：柑橘、香蕉、荔枝、龙眼、枇杷、杨梅、椰子、芒果、菠萝、橙、海棠、橄榄、木瓜、槟榔、柠檬、柚子、香榧子等。

制订果树病虫害生物防治策略，必须了解果园生态系统的主要特点：①果园投资小、收益大，一旦建园可以在十几年甚至几十年的时间里不断为果农提供果品，因而具有较高的经济价值。②生产周期长，果园从建园至衰老时间长达十几年至几十年。③果园是以果树为中心的人造果树–病虫–天敌–环境生态系统，它是一个比较稳定的人工纯林生态系统，其病虫害种类和数量以及生态特性较为稳定。建园初期病虫害主要是危害幼树叶和根的病虫，成龄期主要是危害花、果实及枝干的病虫，衰老期则主要是危害枝干的病虫。防治上应从整个果园生态系统出发，依据病虫害的生态学、生物学、病理学原理，协调运用各种生物防治措施，实施综合治理，创造不利于病虫害发生而有利于各种天敌繁衍的环境条件，把病虫害控制在不足以危害的阈值以下，从而减少依赖化学农药所产生的不良反应，以保持果园生态系统的平衡和生物的多样性，防止果品和环境的污染，降低防治成本，减少病虫害所造成的损失。

二、生物防治因子及其利用途径

果树病虫害的生物防治，依据其作用原理和应用技术，可分为以菌治菌、抗生素的应用、以虫治虫、以菌治虫、激素的应用及其他有益动物的利用（见图6-10）。

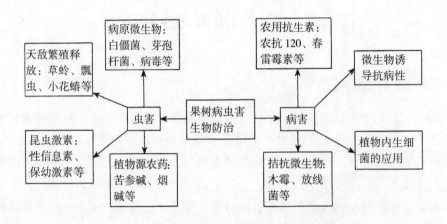

图6-10　果树病虫害生物防治的主要措施

（一）天敌昆虫

据统计，我国柑橘害虫天敌有1051种，其中蚧类天敌258种、蛾类天敌247种、橘蚜天敌233种、叶螨天敌117种、蜡类天敌22种、天牛天敌8种（张格成等，1983）。豫西苹果园害虫天敌有112种（高九思、张安全，2011）；云南高原苹果园害虫天敌有90种（杨本立等，1997），其中蚜虫类天敌26种、食叶毛虫类天敌19种、食心虫类天敌13种、卷叶虫类天敌11种、蚧类天敌13种、叶蝉类天敌6种；山东牟平、蓬莱市苹果园害虫天敌有44种。荔枝、龙眼园害虫有天敌60多种（赵冬香、卢芙萍，2010）。

（二）昆虫病原微生物

1.病原细菌

苏云金芽孢杆菌对鳞翅目、膜翅目、双翅目等570余种害虫有强致病性，可防治果树卷叶虫、食心虫等。全世界许多国家已工业化生产。金龟子芽孢杆菌专性寄生日本金龟子幼虫，对果园地下害虫50余种蛴螬有致病性。天幕毛虫梭状芽孢杆菌（*Clostridium Brevifaciens*）属于革兰氏染色阴性菌，芽孢为梭状，专性寄生天幕毛虫（*Malacosoma Neustria Testacea*），不产生伴孢晶体。天幕毛虫感病后体形缩小。

杀菌防虫链霉菌为链霉菌属（见图6-11），利用该属放线菌已产生各种抗生素2769种，其中农用防虫杀螨的有阿维菌素、浏阳霉素、橘霉素、杀蚜素、华光霉素等。其中阿维菌素对螨类等多种害虫有触杀和胃毒作用，渗透性强，能刺激昆虫神经系统使传导作用受抑制，快速麻痹击倒低龄幼（若）虫，使其2～4 d内死亡。阿维菌素常用于防治山楂叶螨、二斑叶螨（*Tetranychus Urticae*）、金纹细蛾（*Lithocolletis Ringoniella*）、梨木虱等。浏阳霉素对多种害螨有触杀作用，无内吸作用，不杀卵，主要用于防治苹果全爪螨（*Panonychus ulmi*）、山楂叶螨、二斑叶螨、柑橘全爪螨等，效果较好且不易产生抗药性。

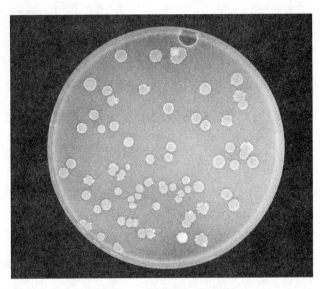

图6-11　链霉菌细菌培养

杀蚜素产生菌为浅灰链霉菌杭州变种防治柑橘锈螨和苹果红蜘蛛等效果良好，以0.4%杀蚜素400～600倍液喷柑橘树2～3次，便能有效地控制柑橘锈螨、红蜘蛛、橘蚜（*Toxoptera Citricidus*）等，杀虫效果均达85%以上，而对瓢虫、草蛉、蜘蛛等天敌无害。据试验区调查，天敌数量比对照区增加8倍。施用价值大，生产成本低，在柑橘园应用比常用化学农药成本低15%～30%。

2. 病原真菌

山东省利用白僵菌防治苹果食心虫（见图6-12）。采用白僵菌和对硫磷微胶囊混用（混合比例为2∶0.15），施用剂量白僵菌原粉2kg/hm²（相当于每公顷10⁸个孢子），对硫磷胶囊2.25kg/hm²，使用时兑水70倍，向树冠下地面喷雾，防治效果为77.3%。若喷菌后再盖草，防治效果更佳，出土幼虫大多僵死，成虫羽化率仅为1%，防治效果达95.9%。大面积示范表明，用白僵菌防治的果园不用杀虫剂，虫果率仅有6.4%，比用常规化学农药区降低虫果率37.6%。在兰陵县鞭蓉村果园，连续3年采用白僵菌和低剂量对硫磷微胶囊混合处理地面防治苹果食心虫，树上喷药由3次减为1次，虫果率仅0.1%～0.2%；而地面不防治，树上喷药 3 次的果园，虫果率达 1.5% ~ 2.6%。

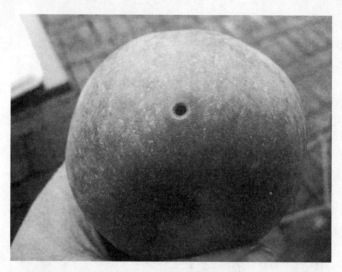

图 6-12　苹果食心虫

　　陕西省延安市利用绿僵菌防治苹果食心虫，室外小区试验用绿僵菌 2kg 加对硫磷微胶囊 0.5kg、绿僵菌 3kg、75% 辛硫磷 0.5kg、25% 对硫磷微胶囊 0.5kg 4 块土壤进行处理，对幼虫的防治效果分别达到 100%、95.7%、98.5% 和 97.2%。田间虫果率调查，防治效果依次为 96.7%、91.9%、81.7% 和 84.6%，以菌药混用效果好。1990 年开展大面积示范，每公顷用绿僵菌 22.5kg，6 月 20—22 日施入地面，并根据果树上食心虫卵孵化和幼虫脱果情况，用敌杀死或辛硫磷等向树上喷撒 2 次，晚熟苹果虫果率均下降到 0.01% ~ 0.6%，中熟品种虫果率下降到 0.67% ~ 4.17%，防治效果均在 90% 以上，有效地控制了苹果食心虫的危害。

　　高日霞报道，利用柑橘粉虱座壳孢防治柑橘粉虱（*Dialeurodes Citri*）采用直接喷菌效果甚微，而采用引进被粉虱座壳孢寄生的柑橘枝叶，挂枝让其自然扩散，效果显著。以 3 ~ 5 个枝梢为 1 束，在春梢期或 9 月下旬分别捆扎在有柑橘粉虱危害的柑橘树枝上，每树挂 6 束，防治效果平均可达 70% 以上，流行高峰，寄生率最高达 96%。该菌可以挂枝为中心，向四周扩散，直径达 150 ~ 170m。1979—1986 年，在福建大面积示范，防治面积达 666.7hm²。

　　汤普森多毛菌（*Hirsutella Thompasonii*）防治柑橘锈瘿螨（*Phyllocoptruta Oleivora*），在我国已研究多年，对防治柑橘锈壁虱（*Eriophyes Oleivorus*）效果十分明显。陈道茂等报道，施用工业生产菌粉，含菌量为每克 7×10^4 个孢子，兑水 200 倍，加 1% 蜜糖，喷菌后 10 d 防治效果为 60.8% ~ 87.7%，20 d 后提高到 73.2% ~ 94.43%。经施菌后，试验区虫口数量都下降到防治水平以下，有效期为 20 ~ 120 d，一般为 2 个月。在虫口密度偏低时，施用菌粉有效期较长。5 月中旬或 7 月初只用菌 1 次，即可控制全年的危害。

　　此外轮枝霉菌能寄生蚜、蚧、螨、粉虱等。

3. 病原线虫

利用小卷蛾线虫（*S. carpocapsae*）防治桃小食心虫出土幼虫，效果显著。1981—1983年，广东省昆虫研究所和中国农业科学院郑州果树研究所根据桃小食心虫在果园土壤中化蛹、虫源地比较集中和昆虫病原线虫在土壤中能找寻寄主等特点，用小卷蛾线虫做感染试验，在室内试验的基础上，用线虫悬浮液喷施果园土表，结果当每公顷线虫施用量为15～30亿条时，虫蛹被线虫寄生死亡率达90%以上。在山东、河南、陕西、辽宁、河北等地，利用小卷蛾线虫防治桃小食心虫的田间试验，累计面积达66.7hm²以上，防治效果显著，相当于常规化学农药的效果。如郑州1986—1991年田间防治试验，施用量为每公顷60万～80万条，对桃小食心虫幼虫的寄生率达90%以上（黎彦等，1993）。山东省1993年大面积示范试验，每公顷线虫施用量15亿条时，处理25 d后，检查苹果园累计卵果率平均为0.31%，而常规农药区的平均卵果率为0.93%，对照区则为1.69%。

用异小杆线虫（*Heterorhabditis Megidis*）泰山1号进行防治桃小食心虫试验，效果与小卷蛾线虫相似。每公顷150万～300万条时，害虫死亡率可达92%，卵果率降到1%以下。

（三）拮抗微生物

拮抗作用是指生物防治菌能够产生对病原菌具有拮抗作用的物质，如几丁质酶、抗生素、细菌毒素等，能影响、限制、控制病原菌的生存或活动，甚至杀死病原菌。拮抗作用的机制主要有寄生、抗生、竞争、捕食、溶菌等。

1. 拮抗性真菌

利用木霉进行生物防治的研究在不少国家已有报道，已经实用化的主要有绿色木霉、哈茨木霉（*Trichoderma Harzianum*）等，将培养好的木霉菌施入土壤中，或涂布于种子、块茎上，可以减轻各类果树立枯病、菌核病、萎蔫病的发生。罗伦隐球酵母（*Cryptococus Laurentii*）和与化学杀菌剂配合使用，对桃果实采后软腐病和青霉病具有非常好的防治效果。

2. 拮抗性细菌

澳大利亚的研究人员发现，利用蔷薇、核果类果树的根肿病菌的近缘种放射形土壤杆菌能够较好地防治这类根肿病，根肿病菌已经得到广泛的应用。假单胞菌属中的突光假单胞菌恶臭假单胞菌等细菌具有抑制发病和促进植物生长的效果，用这些菌做种子包衣，对多种病害都有很好的生物防治效果。

林丽等人从苹果、柑橘、梨、桃、樱桃、猕猴桃等10余种水果上筛选得到几十种拮抗细菌，能有效地控制多种采后病害，并显示出广谱抗菌性。

3. 拮抗性放线菌

放线菌是人们研究最早并应用到生产中的生物防治微生物。最具有生物防治价值的放线菌是链霉菌，由链霉素产生的抗生素主要有井冈霉素、多效霉素、梧宁霉素、春雷霉素、农抗120等。

农抗120为刺孢吸水链霉菌北京变种的代谢产物，为嘧啶核苷类抗生素，直接阻碍病原菌蛋白质的合成，导致病原菌死亡，同时提高植物抗病性，刺激其生长。主要用于防治苹果和桃树腐烂病、炭疽病、轮纹病、斑点落叶病、白粉病、梨树黑星病、黑斑病、葡萄霜霉病、黑痘病、白腐病、炭疽病、白粉病等。可在病害发生初期喷雾或涂抹，如防治苹果炭疽病、葡萄白粉病可使用浓度为2%农抗120水剂200倍液喷雾。

春雷霉素为强内吸性农用抗生素类杀菌剂，高效且持效期长。该药剂主要影响病原菌蛋白质的合成，抑制菌丝伸长和造成细颗粒化。制剂低毒，对鱼、水生生物及蜜蜂安全，主要用于防治梨黑星病、苹果黑星病和银叶病、柑橘流胶病、猕猴桃溃疡病等。

井冈霉素内吸作用强，可防治苹果轮纹病、梨轮纹病、桃褐腐病、桃缩叶病等。

其他还有具有杀真菌作用的华光霉素、防治葡萄灰霉病和梨黑斑病等多抗霉素、中生霉素、农用链霉素、武夷菌素等。

（四）昆虫性信息素

我国已研制出梨小食心虫（*Grapholitha Molesta*）、桃小食心虫、桃蛀（*Dichocrocis Punctiferalis*）、苹果蠹蛾、枣黏虫（*Ancylis Sativa*）、金纹细蛾、桃潜蛾（*Lyonetiidae*）、葡萄透翅蛾等的性信息素（见表6-1）。性信息素和性引诱剂在害虫防治上的一个重要用途是监测虫情、做虫情测报。由于它具有灵敏度高、准确性好、使用简便、费用低廉等优点，获得了越来越广泛的应用。中国农业科学院郑州果树所试验证明，用性信息素做梨小食心虫虫情测报比以往用的糖醋液测报法诱蛾量大，准确性好，省工省事。我国已有30多种性信息素在虫情测报上推广应用，对指导害虫防治发挥了重要作用。

表6-1　我国鉴定与合成的果园主要鳞翅目昆虫性信息素和性诱剂

昆虫名	化学结构	组分比例
梨小食心虫	Z8-12：Ac E8-12：Ac Z8-12：OH	9.5 5 5
桃小食心虫	Z7-20：Kt-11 Z7-19：Kt-11	19 1
枣镰翅小卷蛾（又名枣黏虫）	Z9-12：Ac E9-12：Ac	2 8
葡萄透翅蛾	Z10-16：Ald E10-16：Ald	6.6 8.4
苹褐带卷蛾（*Adoxophyes- orana Bejingensis*）（又名苹小卷蛾）	Z9-14：Ac Z11-14：Ac	9 1

昆虫名	化学结构	组分比例
棉褐带卷蛾（*Adoxophyes Orana*）	Z9–14 : Ac Z11–14 : Ac	3 7
金纹细蛾	Z10–14 : Ac Z9–14 : Ac Z11–14 : OH	9 1 1

注：Ac 为乙酸酯；OH 为醇；Kt 为酮；Ald 为醛。

（五）昆虫生长调节剂

在果树害虫防治中，所用的昆虫生长调节剂主要有氟虫脲、虫酰肼和噻嗪酮。氟虫脲（又名卡死克）对果树叶螨的幼螨和若螨防治效果好，兼防各类尺蠖、桃小食心虫、柑橘潜叶蛾等。虫酰肼（又名米满）常用于防治苹果卷叶蛾、天幕毛虫、舞毒蛾、美国白蛾等。对蚕有很强的毒性，对虾和蟹有毒，使用时应注意避免污染水源。噻嗪酮（又名优乐得、扑虱灵）常用于防治果树各种介壳虫、柑橘全爪螨、柑橘木虱、黑刺粉虱（*Aleurocanthus Spiniferus*）、叶蝉、蚧蟥等。

（六）植物源农药

果树害虫防治所用的植物源农药主要有苦参碱和烟碱。前者主要用于防治果树上各种蚜虫，使用浓度为 0.2% 或 0.3% 水剂 200 ~ 300 倍液；后者主要用于防治果树蚜虫、叶蝇、叶蝉、卷叶虫、食心虫、潜叶蛾等，使用浓度为 40% 硫酸烟碱 800 ~ 1000 倍液。

第四节　茶树病虫害的生物防治

一、茶树生物防治概述

茶树起源于我国云贵地区。自传说中的"神农氏尝百草，日遇七十二毒，得茶而解"以来，我国种茶和用茶已有 5000 年历史，茶文化源远流长。茶树广泛分布于我国南半部的 19 个省、自治区、直辖市，茶园兴建于崇山峻岭之中、低丘平原之上、江河湖海之滨。茶区之间气候迥异，茶树种植方式繁多，如丛植、单行条植、双行或多行条植、间作和茶林混植、种子繁殖、扦插繁殖、嫁接繁殖等。茶树种质资源丰富，形成了多种多样的茶园生态体系，繁衍着种类繁多的茶树病虫害及其天敌。我国已记载的茶树害虫有数百种，病害 70 ~ 80 种，天敌也有数百种。常年因病虫害造成减产 15% ~ 25%。茶树为多年生灌丛，茶园常绿生境稳定，昼夜温度湿度差异小，群落繁荣，天敌昆虫和蜘蛛的种类繁多，有些天敌昆虫对主要害虫具有显著的跟随效应；茶园湿度大且变幅小，有利于虫生真菌和昆虫病毒病的流行。

二、生物防治因子及其利用途径

茶树病虫害生物防治的主要措施如图 6-13 所示。

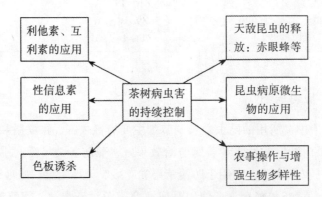

图 6-13　茶树病虫害生物防治的主要措施

（一）昆虫化学信息素和色板

1. 茶树 – 害虫 – 天敌三营养级之间化学和光通信机制

（1）健康茶树释放利他素招引害虫

像其他绿叶植物一样，未遭受病虫危害的健康茶树总是由叶片释放气味，其中主要组成成分是 C5、C6 的醇、醛、酮、酸和酯类的小分子有机物，称为绿叶气味。绿叶气味中的单一组分或混合组分强烈地招引植食性昆虫，指引着远方的茶树害虫朝茶树群落定向搜寻，在害虫靠近茶树群落的过程中，其逐步缩小搜寻范围，依据气味中含有化学信息的质和量，定位茶树上适宜的取食位置。比如长江流域茶树一年萌发 4 轮，每当茶芽萌发时就有许多有翅茶蚜（*Toxoptera Aurantii*）迁飞至茶园中，于刚发的一至数毫米长的芽头上行孤雌胎生。随着芽下一至数个真叶的发出，芽下第一叶累积的虫口最多，因为第一叶比芽头和其他叶片含有更多的茶蚜喜好的挥发性气味和氨基酸等营养组分。假眼小绿叶蝉（*Empoasca Vitis Gothe*）等为趋嫩的茶树害虫，也选定在幼嫩的芽梢上危害，而且叶蝉嗜好芽下第二叶。茶树不同品种之间或者同一株茶树的不同器官的信息物质的质与量、营养物质的质与量有差别，虫口密度也有明显差别。研究证实，茶梢释放的顺 –3– 己烯 –1– 醇、反 –2– 己烯醛、正己醇、正戊醇以及水杨酸甲酯等强烈地引诱有翅茶蚜和无翅茶蚜向茶梢定向，使其寻觅适宜的取食场所。茶梢释放的顺 –3– 己烯 –1– 醇、卜戊烯 –3– 醇、2– 戊烯 –1– 醇和正戊醇等对茶尺蠖成虫也有较强的引诱效应。茶梢释放的顺 –3– 己烯 –1– 醇、反 –2– 己烯醛和芳樟醇等对假眼小绿叶蝉有较强的引诱效应。

（2）虫害茶树释放互利素或改变挥发物组分而引诱天敌

茶树遭受虫害后，释放特异性的挥发性物质互利素，或者改变挥发性物质原有的各组分之间的相对比例，对天敌产生强烈的引诱作用，引诱各类天敌前来捕食（寄生）害虫。茶树以释放互利素作为间接防御手段。茶树嫩梢受茶蚜危害后，释放大量的苯甲醛、水杨酸甲酯和吲哚等作为互利素，吸引蚜茧蜂（*Asaphes Vulgaris*），七星瓢虫，异色瓢虫的二斑变型显现变种、显明变种和十九斑变种，门氏食蚜蝇（*Sphaerophoria menthastri*），中华草蛉和大草蛉。茶树嫩梢受假眼小绿叶蝉危害后释放 2，6- 二甲基 -3，7- 辛二烯 -2，6- 二醇，反 -2- 已烯醛和吲哚的含量也有增加，这 3 种组分对叶蝉的天敌白斑猎蛛（*Evarcha Albaria*）有引诱效应。茶梢受茶尺蠖危害后，C5、C6 醛类化合物含量增加，改变茶梢挥发物各组分的相对含量，吸引茶尺蠖绒茧蜂（*Apanteles sp.*）和单白绵绒茧蜂。

（3）害虫释放利他素引诱天敌

害虫分泌的挥发性气味、害虫残留物中含有利他素组分，引诱天敌。比如蚜虫性信息素中含有的荆芥醇引诱草蛉。茶蚜气味和茶蚜体表中含有的多种直链烃类和醛类吸引蚜茧蜂、中华草蛉和七星瓢虫等。茶蚜分泌的蜜露中含有茶氨酸、天冬氨酸、苏氨酸、丝氨酸、谷氨酸、甘氨酸、丙氨酸、缬氨酸、蛋氨酸、异亮氨酸、亮氨酸、酪氨酸和苯丙氨酸，以及蔗糖、葡萄糖、果糖、甘露糖和三聚糖等糖分，强烈地吸引蚜茧蜂、七星瓢虫和异色瓢虫的二斑变型、显现变种、显明变种和十九斑变种以及门氏食蚜蝇、中华草蛉、大草蛉。黑刺粉虱。蜜露中含有天冬氨酸、苏氨酸、丝氨酸、谷氨酸、甘氨酸、丙氨酸、胱氨酸、缬氨酸、酪氨酸、苯丙氨酸、赖氨酸和精氨酸 12 种氨基酸，以及果糖、葡萄糖、蔗糖、赖糖、蜜三糖和水苏糖 6 种糖分。

以各个组分配成"蜜露"喷于茶园中，发现处理区长角广腹细蜂（*Amithus Longiconis*）的寄生率比对照区的高 10% ~ 20%。

（4）色彩在茶树 - 害虫 - 天敌三营养级之间的通信效应

许多粉虱和蚜虫类昆虫偏嗜黄光和绿光，温室内粉虱类以及菜地上菜蚜类常发，常用黄色粘板作为一种防治措施诱捕温室粉虱和小块菜地上的菜蚜。但是，在宽阔的茶园生态系中，黄色粘板诱捕的粉虱和蚜虫很有限，诱捕的叶蝉等害虫更少，几十年的治虫实践证明单纯的普通有色粘板不足以作为一种防治手段。然而，普通的黄色或者绿色波谱是较宽的，其波谱还可再细分为多个波段，这些细分的波段的诱效差别明显。例如，素馨黄和油菜花黄对茶蚜的诱捕效果显著地大于其他黄色。芽绿色对于假眼小绿叶蝉的诱效明显地大于鹦鹉绿、嫩绿其他绿色。

许多天敌对色彩也有一定的趋性。蚜茧蜂、蚜小蜂、刺粉虱黑蜂（*Amitus Hesperidum*）、茶尺蠖绒茧蜂、单白绵绒茧蜂、七星瓢虫和门氏食蚜蝇等天敌昆虫和一些种类的蜘蛛对芽绿色彩的趋性强于其他色彩。

2. 茶树利他素或互利素与色板组合的利用

（1）色板对害虫的选择性诱捕效应

自 20 世纪 70 年代以来，随着茶树密植丰产栽培模式和病虫害综合治理技术的推广，茶树病虫区系发生了深刻的变化，并逐渐相对稳定下来。叶蝉、粉虱、蚧类和茶蚜等同翅目害虫成为重要类群。其体小，栖息荫蔽，尤其是个体数量大，危害重，难以防治。依据国家标准色谱，将黄色、绿色细分为多个波段的色彩，制成粘板，在各类害虫盛发的 7 月初于全国代表性茶区诱捕试验表明，使用芽绿、橄榄黄绿和素馨黄等黄色或者绿色粘板诱捕的绝大多数昆虫为同翅目害虫；被诱捕的害虫很多而天敌极少，害虫与天敌的个体数量差异极大；从芽绿、橄榄黄绿至素馨黄，绿色色素成分减少、黄色色素成分增多，诱捕的叶蝉数减小而粉虱数增大；芽绿、橄榄黄绿和素馨黄色板对假眼小绿叶蝉成虫、若虫和黑刺粉虱成虫的诱效显著大于雪白色板的诱效。所以，芽绿、素馨黄等色板可用于茶园害虫的诱捕，而不会对天敌造成不良影响；可将芽绿、素馨黄色板分别用于叶蝉成虫、若虫和粉虱成虫的诱捕。

（2）茶树利他素与色板组合

以动态吸附法分离茶梢释放的挥发物，使用气相色谱质谱联用仪，配合标准样品鉴定出挥发物中的顺 -3- 己烯 -1- 醇和反 -2- 己烯醛等利他素组分。再经昆虫触角电位仪、昆虫刺探电位仪、风洞仪和嗅觉仪等进行生物测定（Bioassay），选出针对不同害虫的有引诱力的利他素，组配成对害虫具有更强引诱效应的诱捕剂，将诱捕剂与色板组合成为茶树害虫信息素诱捕器。诱捕防治黑刺粉虱成虫、假眼小绿叶蝉成虫和若虫、茶蚜成虫和若虫等。

3. 性信息素

日本 Tamaki 等人在 1971 年鉴定出茶小卷叶蛾性信息素两个主要组分为 Z9-14Ac 和 Zn-14Ac，1979 年又鉴定出两个微量组分 E11-14Ac 和 10-Me-12Ac，1980 年研制出 0.63mg Z9-14Ac+0.31mg Z11-14Ac+0.04mg E11 -14Ac+0.02mg 10-Me-12Ac（R，S 或 Racemic）的四组分性诱剂，推广应用。用低浓度的性诱剂大量诱捕茶小卷叶蛾雄蛾；或者使用高浓度的性诱剂使雄蛾迷向，同样可以减低雌雄交尾概率，致下代虫口锐减。Tamaki 等人在 1983 年又筛选出 Z11-14Ac、Z9-14Ac 和 Z9-12Ac 的 1∶1∶1 的混合物作为茶小卷叶蛾和茶长卷蛾的交尾阻抑剂，在日本茶园中推广。

自 20 世纪 70 年代以来，日本茶园交替使用性诱剂和交尾阻抑剂防治其茶园主要害虫茶小卷叶蛾和茶细蛾，防治效果为 80% ~ 85%。当残余的卷叶蛾幼虫虫口偏高时，使用棒束孢制剂加以防治。近年蛴螬入侵茶园中，危害严重，主要使用昆虫病原线虫予以防治。

进入 21 世纪，日本茶园使用电击型信息素诱引昆虫自动记数仪（Auto Matic Recording Electrocution Pheromone Trap）监测茶园卷叶蛾种群动态. 该记数仪置于茶园中，记数仪含有性诱芯，能引来雄蛾，雄蛾触及电极死亡，记数一次。数字经电缆传至茶园边的信息发送器上，发送器将茶园生境温度、湿度、雨量、风速等信息无线传输至室内的无线接收器上，输入电脑。电脑中装有茶小卷叶蛾防治的专家系统，专家系统依据输入的虫情和气象因子等，实时决定是否防治。

（二）天敌昆虫和捕食性动物

1. 繁殖和释放寄生蜂

在茶小卷叶蛾卵期释放赤眼蜂，卵期放蜂 3 ~ 4 批，每 3 ~ 4 d 放一次，每公顷放蜂 30 万 ~ 120 万只。玉米螟赤眼蜂（*Trichogramma Ostriniae*）、舟蛾赤眼蜂（*Trichogramma Closterae*）、松毛虫赤眼蜂对卷叶蛾卵的寄生率为 60% ~ 70%；拟澳洲赤眼蜂的寄生率大于 85%，可有效地控制茶小卷叶蛾。

10—12 月人工收集茶尺蠖绒茧蜂和单白绵绒茧蜂的茧冷藏，于翌年 4 月茶尺蠖第 1 代 1 ~ 2 龄幼虫期分为 3 批释放，当放蜂量较大时也可有效地控制第一代茶尺蠖的危害。

2. 保护利用和人工助迁

尽量减免使用化学农药，以减少对捕食性天敌昆虫、寄生性天敌昆虫和蜘蛛等天敌的杀伤。修剪下来的虫枝中包含有害虫，这些害虫中的一些个体被蜂类寄生了，宜集中放置，等待寄生蜂羽化飞出再销毁虫枝。有些寄生蜂，如单带巨角跳小蜂（*Cunifasciata Ishii*）可在多种蚧类和粉虱类害虫之间转主寄生，茶园中留有适量蚧类和粉虱类虫口，有利于天敌生存。生产中，按照防治指标施药治虫，在茶园中留下少量的虫口作为各类天敌的转主寄主，有助于天敌的繁衍。冬季，茶园边蓄养一些杂草，为蜘蛛越冬留下庇护场所。或者在茶园中铺草，一方面可为蜘蛛等天敌营造庇护场所；另一方面可减少茶园地表径流，保持水肥。

（三）昆虫病原微生物

1. 茶园主要病原微生物类群

1957 年湖南省茶叶研究所首次发现茶毛虫被病毒侵染。迄今已从近 50 种害虫中分离鉴定各类病毒 69 种，大多数属于杆状病毒科的 A 亚组（核型多角体病毒 NPV）、B 亚组（颗粒体病毒 GV）、呼肠孤病毒科的质型多角体病毒（CPV）以及极少数非包含体细小病毒。此外还发现 41 种虫生真菌、2 种病原细菌和 1 种病原线虫。

2. 昆虫病原微生物在茶园害虫防治中的应用策略

（1）应用方式

①作为杀虫剂淹没式释放。一般地，从茶园中收集虫生真菌侵染致死的虫尸，挑取菌丝体或孢子于斜面培养基上于 20 ~ 25℃下培养，常用 Czapek、0.5% 蛋白冻或 PDA 培养基等进行培养。1 周后转入容纳液体培养基的三角瓶，在摇床上进行二级扩大培养。5 ~ 7 d 转入浅盘进行三级扩大培养。二级培养基和三级培养基多以廉价的农产品（如麦麸、稻

糠、米饭）为培养基，加入蔗糖为碳源，豆粉和玉米粉等为氮源。2周翻转培养，再培养1周。筛除培养基，加入滑石粉或黏土等制成粉剂，加入其他填充剂制成可湿性粉剂，或者制成其他剂型。检测菌剂质量，如含孢量、活孢率、含水量等，以生物测定的方法检测对目标害虫的毒性。茶园中通常使用可湿性粉剂。在害虫发生时，将可湿性粉剂加水调制成菌液喷雾。多在早晨、晚上或者阴雨天气湿度较大的时候以淹没式释放。病原的潜伏期为6～8 d。

收集茶园中病毒致死虫尸，研磨、过滤、离心，得到病毒粒子，饲喂病毒，经口传染，得死尸，研磨、过滤，制成病毒制剂。加入填料，在田间作为病毒杀虫剂喷雾。常用于防治幼龄害虫。病原在虫体内的潜伏期为3～4 d。

②使地方病上升为流行病为长时期内致局部茶园中少数害虫感病而死的疾病称为地方病；短时期内致大量害虫感病而死的疾病称为流行病。病原、寄主和环境称为流行病三要素。如果茶园病原量较大，寄主昆虫的易感个体较多，生境的湿度较大，则易于造成流行病。可采用人为措施诱发流行病，比如在某种害虫种群始盛期来临之前，接种式释放病原菌制剂以增大茶园病原量，为在种群繁盛期诱发流行病创造条件。流行病的发生需要较高的湿度，通常在早晨、傍晚或阴雨天气以及梅雨或秋雨时节释放虫生真菌制剂易于造成流行病，侵染率较高。近20多年来推行的茶园双行密植的种植方式，可促进提早建园、提早开园采制茶叶以提高经济效益，也可增大茶园生境湿度，诱发真菌流行病。

③引种定殖。将病原物引种至少有或者没有病原物的茶园，以增大茶园带菌量。使病原物长期与寄主昆虫共存，条件合适时就引发流行病，与寄主相互制约。诱发流行病的途径见表6-2。

表6-2　虫生真菌的应用方式及有关术语

流行病性质	应用方式		途径
人工诱发流行病	真菌杀虫剂或淹没式放菌 救急式放菌 杀虫剂式放菌		病原调控
自然流行病	引种定殖或持久性引种		寄主调控
	强化地方病	接种式放菌或接种式引种	
		环境调控	物理环境调控

（2）病原微生物与寄生蜂或信息素的配合

可以人为地将病原物与其他制约因子组合使用。例如，1989年，黑刺粉虱在全国茶区大发生，蚁侧链孢霉（*Neurosporacrasa*）、枝孢霉（*Cladosporium spp.*）和枝顶孢霉（*Acremonium Strictum*）3种虫生真菌在全国范围内于寄主种群中造成大规模流行病；斯氏寡节蚜小蜂（*Prospaltella Smithi*）、刺粉虱黑蜂、长角广腹细蜂、单带巨角跳小蜂以及长腹扑虱蚜小蜂（*Prospaltella Ishii*）等10余种寄生蜂联合跟随黑刺粉虱，导致黑刺粉虱第三代种群的崩溃。虫生真菌与寄生蜂联合寄生率与天数成Logistic曲线关系。

随着时间的延续，菌与蜂的联合寄生率以Logistic曲线的方式增大。生产中，使用性诱剂诱来茶毛虫雄蛾，使雄蛾的阳具感染茶毛虫核型多角体病毒（NPV），再将其释放，使其与健康的雌蛾交尾，致使雌蛾生殖系统带毒。再经卵巢传染下一代，致下代多数个体带毒，种群生命力下降。

（四）使用竞争性益菌抑制茶树病害

从健康的茶树叶片上分离的芽孢杆菌，称为茶树有益微生物，制成可湿性粉剂，在春茶、夏茶或者秋茶的每个茶季喷施2次，可使当季茶叶鲜叶增产20%～40%。该菌对茶云纹叶枯病、茶炭疽病和茶轮斑病等病害有抑制效应，田间喷施2～3次，防治效果为30%～50%。

（五）农业措施在茶树病虫害防治中的应用

多种茶树栽培措施可作为生物防治措施，用于病虫害的防治。例如茶树种植方式、茶园合理间作和选育抗病虫品种可以改变茶园生物群落的组成，采摘茶叶、修剪、中耕施肥等农事活动可直接杀灭病虫。

1. 有机茶园和无公害茶园管理方式抑制害虫和扶植天敌的作用

我国农业农村部规定进入市场的茶叶应是无公害的，限制无公害茶园中使用的农药种类，规定了商品茶叶中最大农药残留限量；有机茶园禁用农药，应精耕细作，增施有机肥，茶园中或茶园周围种植树木以丰富植物种类，剧烈地扰动了茶园生境、非茶园生境中的节肢动物生态平衡；普通茶园施肥和治虫不规范，常有滥施农药情况。对于茶树树龄、树高和行株距相同且品种相似的有机茶园、无公害茶园和普通茶园进行调查，结果表明，尽管三类茶园主要物种类群是相同的，但在物种这个层次上对群落组成进行的差异性分析发现，由于长年受强烈的植物保护和栽培措施影响，有机茶园群落组成与无公害茶园或普通茶园群落组成的差异已很显著，无公害茶园与普通茶园群落组成的差异增大，也达到了显著水平。

有机茶园蜘蛛种类和个体数较多，蜂类、步甲类、虎甲类、瓢虫类和隐翅甲类是茶园重要天敌昆虫，这五大类天敌的总种数和总个体数在有机茶园、无公害茶园和普通茶园中分别是40种2 620头、33种1 898头以及29种1 610头；茶尺蠖与绒茧蜂个体数量之比依次为3.4∶1、18.8∶1和17.0∶1。

有机茶园、无公害茶园和普通茶园中，黑刺粉虱个体数依次为201、981头和1001头，茶橙瘿螨（*Acaphylla Theae*）个体数依次为1 556头、1 659头和1 644头，茶尺蠖个体数及其占总个体数的百分比分别为340头1.6%、13 099头30.8%和7 154头20.3%，假眼小绿叶蝉个体数及其占总个体数的百分比分别为 5 176 头 25%、14 049 头 33% 以及 17 590 头 50%。几十年来假眼小绿叶蝉在我国茶园危害严重，缺乏有效天敌，通常只有几种蜘蛛捕食之。研究发现有机茶园中蜘蛛对叶蝉有一定的跟随效应，蜘蛛与叶蝉的数量相关性显著。普通茶园中叶蝉个体数占总个体数的一半。人为强烈干预下的植物保护和栽培措施对主要害虫数量的影响很大。

2. 增大生物多样性可强化对病虫的自然控制

因地制宜地合理间作板栗等作物，建成群落茶园，使群落茶园容留更多的物种、更多天敌昆虫和蜘蛛，以致害虫种数和个体数偏少，防治次数减少。茶园周围蓄养草木，栽植行道树，增大环境异质性，均可提升生物多样性，从而强化对害虫的自然控制。茶园中放养鸡鸭可捕食茶尺蠖、卷叶蛾和茶蓑蛾等鳞翅目害虫以及茶子象甲等鞘翅目害虫和蝗虫等害虫。一般来说，在海南、云南和四川的高湿环境中茶饼病发生稍重，较高的山区茶园茶白星病较多发生，受害茶树鲜叶制成的商品茶叶滋味较苦。四川西部的茶芽枯病近些年来严重发生，化学防治不能进行有效控制。与单一茶树品种的净栽相比，当把多个茶树品种混合间栽时，发现茶芽枯病叶片受害面积、受害面积百分率、发病率及病情指数显著下降。易感品种与其他品种混植，对茶芽枯病的控制效果为 28% ~ 73.77%。利用品种的多样性混合间栽是控制茶芽枯病的有效途径。选育抗病虫品种也是一条重要的生物防治途径。

3. 使用采摘修剪和耕锄等常规管理措施清除病虫

假眼小绿叶蝉、茶蚜、茶橙瘿螨、茶小卷叶蛾、茶卷叶蛾（*Homona Coffearia*）、茶细蛾（*Caloptilia Theivora*）、茶饼病和茶白星病区易发生嫩芽危害，分批勤采既可带走病虫，又可取走病虫的食料，恶化其营养条件。茶园通常是"三年两头剪"，结合茶园的修剪，剪除病虫枝条。多数鳞翅目和鞘翅目幼虫在茶树根际化蛹，可结合 10 —11 月施基肥，春茶前、夏茶前和秋茶施追肥时除去虫蛹。

第七章 有机旱作农业生物治理的技术发展

第一节 有机旱作农业新技术的研发与应用

一、抗旱节水技术

（一）节水灌溉技术

1. 天然降雨蓄积

田间修筑蓄水池，将雨季的降水积蓄起来，干旱时提供灌溉水源。此工程需根据抗旱面积和所需用水，确定挖建蓄水池个数和位置，根据集雨面积与径流深确定蓄水池容积。蓄水池以水泥砖砌，保水效果好，也可因陋就简，池挖好后四周垒实减轻渗漏，并在池上方挖好引水沟。蓄水池蓄水抗旱，又方便喷药施肥用水，还能减轻雨水冲刷侵蚀土表造成的水土流失，确实是旱作农区简易、实用的抗旱措施。

2. 管灌

将低压管道，埋设地下或铺设地面，将灌溉水直接输送到田间。常用的输水管多为硬塑管或软塑管。该技术具有投资少，节水、省工、节地和节省能耗等优点。与土渠输水灌溉相比管灌一般可省水 30% ~ 50%。

3. 微灌技术

微灌技术包括微喷灌、滴灌、渗灌及微管灌等。将灌水加压、过滤，经各级管道和灌水器具灌水于作物根际附近。微灌属于局部灌溉，只湿润部分土壤。微灌技术的节水效益非常显著，与地面灌溉相比，可节水 80% ~ 85%。微灌可以与施肥结合，利用施肥器将可溶性的肥料随水施入作物根区，及时补充作物所需要水分和养分，增产效果非常显著。目前，微灌一般应用于大棚栽培和高产高效经济作物。

4. 喷灌技术

将灌溉水加压，通过管道，由喷水嘴将水喷洒到灌溉土地上，是目前大田作物较理想的灌溉方式。与地面输水灌溉相比，喷灌一般能节水 50% ~ 60%。但喷灌所用管道投资较大，能耗较大，成本较高，目前多在高效经济作物或经济条件好、生产水平较高的地区应用。

5. 关键时期灌水

在水资源紧缺的条件下，应选择作物生命周期中对水最敏感对产量影响最大的时期灌水，如禾本科作物拔节初期至抽穗期和灌浆期至乳熟期、棉花花铃期和盛花期、大豆的花芽分化期至盛花期等。

（二）节水抗旱栽培技术

1. 深耕深松

以土蓄水，深耕深松，打破犁底层，加厚活土层，增加透水性，加大土壤蓄水量。减少地面径流，更多地储蓄和利用自然降水。加厚活土层又可促进作物根系发育，扩大根系吸收范围，提高土壤水分利用率。

2. 选用抗旱品种

同一作物的不同品种间抗旱性也有较大差异。抗旱品种较一般品种根系发达具有深而广的贮水性和调水网络，具有受旱后较强的水分补偿能力，干旱频发地区要多选用耐旱品种。

3. 调整作物结构和布局

不同作物间的耐旱性差异较大。在缺水旱作地区应适当扩大耐旱作物种植面积。根据不同作物对水分的需求、不同生育期需水规律、不同栽培季节需水要求，可采取以下措施：一是在丘陵低海拔土层深厚处种植肥水需求较旺作物，较高地区种植耐旱作物。二是避旱栽培。根据区域干旱特征，适当调整作物播期，使作物最耗水的生长阶段与干旱最易发的阶段错开。

4. 增施有机肥

增施有机肥可降低生产单位产量用水量。在旱作地上施足有机肥可降低用水量50% ~ 60%。在有机肥不足的地方要大力推广秸秆还田技术，增加土壤有机质，提高土壤的抗旱能力。

5. 地面覆盖保墒

地面覆盖保墒一是薄膜覆盖。在春播作物上应用地膜、薄膜覆盖，起到增温保墒、抗旱作用。二是秸秆覆盖。将作物秸秆粉碎，均匀地铺盖在作物行间，可有效地降低地表温度，减少土壤水分蒸发，节水效果显著，同时还能减缓雨水冲刷，减轻侵蚀而引起的水土流失；能增加有机质积累，培肥地力。

（三）化学调控抗旱技术

1. 土壤保水剂

保水剂是由高分子构成的强吸水树脂，能在短时间内吸收其自身重量几百倍至上千倍的水分。将保水剂用作种子涂层，幼苗蘸根，或使用沟施、穴施或地面喷洒等方法直接施到土壤中，就如同给种子和作物根部修了一个小水库，使其吸收土壤和空气中的水分，又能将雨水保存在土壤中。当遇旱时，它保存的水分能缓慢释放出来，供种子萌发和作物生长需要。

2. 抗旱剂

目前应用较广泛的抗旱剂主要是黄腐酸制剂，它属于抗蒸腾剂，进行叶面喷洒，能有效地控制气孔的开张度，减少叶面蒸腾。喷洒一次可持效 10 ~ 20 d。除叶面喷洒外可用作拌种、浸种、灌根和蘸根等，以提高种子发芽率，出苗整齐，促进根系发达，可缩短移栽作物的缓苗期，提高成活率。

3. 种子化学处理

种子化学处理可提高种子发芽率，苗齐苗壮。主要方法有：①用 1% 浓度的氯化钙溶液拌种。水种比为 1∶10，喷拌均匀。堆闷 5 ~ 6 h 后播种。②用 0.1% 浓度的氯化钙溶液浸种。液种比为 1∶1，浸种 5 ~ 6 h 后播种。

二、保墒培肥耕作技术

旱作农业种植制度较为复杂，作物以间套种植为主，如"麦/玉/薯""麦/玉/豆"等模式，部分生产条件较好的区域也有较大面积的小麦 - 玉米两熟种植模式，其保墒培肥耕作技术较其他地区更加复杂。

（一）保护性耕作技术

保护性耕作是对农田实行免耕、少耕措施，尽可能减少土壤耕作，并用作物秸秆、残茬覆盖地表，用化学药物来控制杂草和病虫害，从而减少土壤风蚀、水蚀，提高土壤肥力和抗旱能力的一项先进农业耕作技术。主要内容包括：免耕栽培技术，即在未翻耕土壤上完成作物播种、栽插过程，减少耕地次数；秸秆利用技术，即在充分利用作物秸秆残茬培肥地力的同时，用秸秆覆盖，减少水土流失，提高天然降雨利用率；绿色覆盖技术，即通过种植绿肥等来培肥地力，改良土壤、减少水土流失。

1. 保护性机械化耕作技术

保护性机械化耕作技术是指在农业生产中以免耕少耕技术为核心，充分利用现有资源，培肥地力，降低劳动能耗，提高土地的产出率和经济、生态效益的一项工程生物技术。针对丘陵区播种技术劳动强度高、效率低、地块面积小、大型机具无法使用等问题，引进筛选适宜丘陵区使用的小型轻便播种机具。例如，多功能玉米精量点播机能一次完成旋耕、开沟、播种、施肥、覆土、压实等多项作业，工作效率高，适宜缓坡地使用。电子玉米播种器和带助力"播种施肥器"无须机械动力，操作简便，质量轻，可在高坡度田块使用。使用 2B-4 进行小麦播种，出苗较快较匀，个体与群体质量较高，比人工挖窝播种方式增产12.7%，纯收益提高 70.6%，是适宜丘陵旱地生产条件的成熟小麦播种机。

2. 覆盖保墒技术

（1）秸秆覆盖

秸秆还田能增加土壤有机质，改良土壤结构、疏松土壤、增加孔隙度、降低容重、促进微生物活力和作物根系发育，一般可增产 5% ~ 10%。主要的秸秆还田方式有：秸秆粉碎翻埋还田、秸秆覆盖还田、堆沤还田、过腹还田等。

农业科学院提出了一种旱地玉米秸秆就地覆盖保墒技术，具体做法是：玉米收获后实施整秆就地覆盖，至小麦播种时，再将腐解未尽的秸秆移至旁边的预留行，随即旋耕整地、播种。该方式不仅简化了秸秆还田程序，节约劳动成本，而且能有效抑制秋季杂草滋生（降低 80% 以上），蓄纳秋季雨水，改善土壤墒情（播种时耕层土壤含水量增 6.0% ~ 21.3%），提高立苗质量，后期又能延缓叶片衰老，促进根系下移，提高吸水吸肥能力，进而提高小麦产量。控制性试验结果表明，休闲期每亩覆盖 900kg 玉米秸秆，干旱年份较传统无覆盖露地栽培亩增产 66.8kg，增产率 34.3%，水分利用效率提高 29.6%。

（2）绿肥覆盖

绿肥是用作肥料的绿色植物体，是一种养分较全的生物肥源。绿肥是增辟肥源的有效方法，对改良土壤作用很大。但要充分发挥绿肥的增产作用，必须做到合理施用。绿肥可单作，或与其他作物间作、套作、混作。研究表明，旱地豆科绿肥与玉米套作能显著提高玉米产量，比单施化肥增产 13.7% ~ 17.3%，提高效益 800 ~ 1381 元 / 亩，在旱地熟制预留带中间种植豆科绿肥对同季小麦有明显的增产效果，对后季玉米也有一定的增产效果，可使小麦增产 9.2%，玉米增产 6.3%，周年效益提高 93 元 / 亩。

（二）经济植物篱技术

"坡改梯"是解决坡耕地水土流失的根本性措施，但也存在用工量大、投入高，泥埂又容易垮塌的问题。越来越多的地方开始采用"植物篱或植物护埂技术"。该技术的核心是选择能够在贫瘠土地上旺盛生长并兼具一定经济效益的多年生植物，种植于坡埂地带，以固土护埂、减少水土流失。加上平衡施肥技术，尽管植物篱带占地近20%，但仍比传统种植方式增产红苕 [*Ipomoea Batatas*（L.）]3%、增产小麦54%，减少土壤流失量44%，且梨树、黄花和枇杷的经济价值较高，深受农户欢迎。

三、高效施肥技术

（一）平衡施肥，合理分配

平衡施肥，即配方施肥，是依据作物需肥规律、土壤供肥特性与肥料效应，在施用有机肥的基础上，合理确定氮、磷、钾和中、微量元素的适宜用量和比例，并采用相应的科学施用方法的施肥技术。

采用既科学又简便的施肥方式：一是广泛推广优质专用复合肥，实现平衡施肥；二是以底肥为主，借雨追肥。具体来讲，根据地力状况和目标产量，科学地确定肥料需求量，优化施肥配比。如四川省农业科学院将氮肥、磷肥、钾肥、微量元素及有益生物菌有机结合，研发了玉米长效缓释专用肥和专用配方肥等新产品，提出了玉米一次性配方施肥技术，极大地减少了玉米追肥用工成本，提高了玉米种植效益。应用中表现为：①玉米产量每亩提高 30 ~ 50kg；②每亩减少追肥 2 次，每亩节约人工 4 个，节约劳动力成本 80 元（劳动力按 20 元 / 人 / 天），每亩增收 130 ~ 160 元。

（二）氮肥后移，增施磷肥

氮肥后移技术具有良好的经济效益和环境效益：一是显著提高小麦产量，较传统施肥方式增产 10% ~ 15%；二是明显改善小麦的籽粒品质，不仅可以提高籽粒蛋白质和湿面筋含量，还能延长面团形成时间和面团稳定时间；三是减少氮肥损失，提高氮肥利用率 10%以上，减少了氮肥对环境的污染。研究表明，在旱地中等施氮水平下（每亩 8kg），氮肥后移对旱地小麦产量影响较小，而在较高施氮水平（每亩 12kg），氮肥后移可以大幅提高籽粒产量，且拔节期追施的效果好于分蘖期。

（三）根据不同台位坡耕地施肥

环境差异和长期耕作活动造成了不同台位耕地土壤的微域差异。例如，有些盆地丘陵地区从坡顶地至冲沟稻田大致分为三个台位，从坡顶向下土层由薄变厚，坡度由陡到缓，质地由砂到黏，土壤保水保肥力由弱到强，生产力由低到高。土壤中的速效氮、磷、钾和钙含量依次逐渐降低，而铁和锰含量的变化恰好相反。因此，根据土壤特点及不同台位的肥力水平施肥是高效施肥的基本出发点。

第二节 有机旱作农业发展新模式的探索

现代农业是一个系统工程，发展有机旱作农业，不单是一个技术问题和工程方法问题，还是一个统筹规划和协调问题。要破解沉疴农业生产的一系列重大问题，特别是地瘠缺水和劳动力短缺问题，必须依靠科技进步，加强良种培育、良法研究、农机研制、机制模式创新，通过集成创新将"良种与良法""农艺与农机""现代农业技术与现代经营方式"有机结合起来综合应用，才能有效解决粮食增产、农业增效、农民增收、农村发展和生态友好的难题，促进传统农业向现代农业转型升级。

一、良种与良法相结合

良种是农业生产最重要、最基本的生产资料，是任何其他生产资料都无法替代的，而作为科学技术载体——品种（良种）必须有良法做保证，才能获得丰产丰收。良法——先进的、科学的栽培技术，为品种创造良好的土壤、水肥、气热、光照等环境条件，满足良种对水、肥、气、热、光等条件需求，发挥其增产作用。可见良种与良法是内因和外因的辩证统一。良种是增产内因，良法是增产外因，内因通过外因而发挥最大增产潜力，外因作用于内因而表现其增产效果。因此在生产实践中要因地选种、因种栽培。

二、农艺与农机相结合

农艺与农机相结合很重要。农业机械化的发展不是独立的、孤立的，也不是随意所想的，而是要与农艺相结合、与农艺的各个环节相配套，只有适应了当地的农艺要求，农机才能更好地服务于大农业，农业机械化才能更好更快地发展。

农艺农机融合，是提升农机化发展内在质量、建设现代农业的内在要求和必然选择，是现代农业生产的发展方向，也是农业机械化的发展方向。农机农艺融合的需求日益迫切，农机农艺融合既是提升农业装备现代化水平的必由之路，也是当前我国农业和农机化发展中的一块短板。农机农艺结合不紧密主要表现在农机与农艺的联合研发机制尚未建立，一些作物品种培育、耕作制度、栽植方式不适应农机作业的要求，农民种植养殖习惯差异大，种养标准化程度偏低等。当前，我国农机化发展已经到了加快发展的关键时期，农机农艺有机融合，不仅关系到关键环节机械化的突破，关系到先进适用农业技术的推广普及应用，而且关系到农机化的发展速度和质量。

三、现代农业技术与现代经营模式相结合

纵观农业发展的历史，技术变革和科技进步始终是农业农村发展的主要动力和源泉，从传统农业、近代农业到现代农业，每一个阶段无不以技术变革为动力、以技术进步为标志。农业新技术的应用，可以合理开发和利用土地、水等自然资源，提高资源的产出效率；

农业新技术的应用，可以拓宽资源的范围，实现资源的有效替代，缓解现有资源的约束；农业新技术的应用，还为科学控制生态破坏和环境污染，开展科技减灾提供了基本手段。科技创新是突破资源和市场对农业双重制约的根本出路，是促进农业增长方式转变、快速发展现代产业的强大引擎。当前，制约农业及农村经济发展的因素很多，如何加快现代农业发展，使农业发展与人口、资源、环境、经济相协调，走可持续发展之路，关键靠技术，走现代农业之路。

现代农业经营模式是农业经营形式和方式的统一表现。农业经营形式是与生产关系相联系的农业经济组织形式和运行形式，是生产关系方面的具体表现，主要有家庭经营、集体经营、合作经营等；农业经营方式是与农业生产力相联系的农业资源配置方式和农业技术选择路径，主要有规模经营、集约经营、粗放经营、精细化经营等。

生产力与生产关系是现代农业生产的两个方面，二者的有机统一是现代农业发展的必然条件。随着社会的发展，科学技术、管理等对生产力的作用与日俱增，但它们不是独立的实体，科技和管理必须要有机结合，才能对现代农业发展发挥影响。现代农业的主要特征有科学化、集约化、商品化和市场化。要更好地发展现代农业，必须要实现生产力和生产关系的有机结合，即现代农业技术与现代经营模式的有机结合，以充分发挥现代农业科技对现代农业的促进作用。只有发展现代科技，才能为新型农业经营主体发展规模化、集约化、社会化经营，提高经营效益，提供必要的基础条件；同时，通过发展现代农业经营方式，能更好地促进新型农业经营主体，采用先进的技术、装备、管理等，加快现代农业科技的推广与应用。

四、神池县有机旱作农业研究所模式解析

（一）现有条件

新品种培育技术：贵州大学赵德刚教授团队、安徽农业大学江昌俊教授团队分别服务于贵州、安徽农业发展，研究出近 13 种谷物新品种，成功将新品种进行示范，增加农民收入。

土壤改良：山西师范大学、国家微生物肥料技术研究推广中心张杰副教授团队研发出微生物肥料以提高土壤品质、降低化肥使用率，成功研制出使农作物增收的微生物肥料。

生物防治：黄山学院李丰伯副教授团队长期对农作物虫害机理、预防进行研究，使农产品农药零残留，其中黄山贡菊通过欧盟各项检测，以欧盟标准出口。

机械研究：黄山学院姚婷副教授团队对农业机械、齿轮磨损等方面进行深入研究，其中生物防治器已应用于安徽黄山毛峰茶园基地。

（二）研究所主体形式

以张杰为所长，负责有机旱作农业研究所全面工作，建设联合实验室，制订研究所职责，开展有机旱作农业相关工作安排。

（1）组建有机旱作农业新品种选育组，对小麦、高粱、玉米、小米、杂粮、中草药、果蔬进行新品种育种，围绕抗旱节水新品种进行研究，预计平均每年开发新品种3个。

（2）组建土壤研究组，负责采集全省不同地区土壤基质，进行土质分析检测，使土壤类型改良达到土壤保护的效果，开发出蓄水蓄肥土壤、富硒土壤、富钼等土壤有机质。

（3）组建有机旱作新农研组，负责对肥料、病虫害研究，开发新型肥料替代化肥，绿色防控技术替代化学农药，同时利用肥料使农产品增产增收，绿色防控技术解决病虫危害，提高产品质量安全，基于土壤基质研究，开发富硒、富钼绿色有机农产品，开发出资源节约、绿色增产、质量安全的有机旱作新技术。

（4）组建农业机械组，负责对肥料、病虫害防治的实施，因地制宜使用，避免不良现象发生。

（5）组建检测中心，负责各组研究检测，承担社会产品检测，更注重为绿色有机农产品的服务，为将产品走向全国，走出国门服务。

（6）组建办公室，负责对研究所机构管理、业务管理、知识产权管理等方面工作，特别注重科研成果转化，积极申报课题研究、专利申请、国家地方标准、种植操作规范、地理标示、有机产品认定、新品种认定等工作。

有机旱作农业研究所通过自身体制建设，服务山西省有机旱作农业，通过新品种选育、土壤基质、新农艺、农业机械研究，相辅相成开发出绿色有机农副产品，旨在促进农民收入的稳步提高和地方经济的加快发展。

（三）有机旱作农业推广培训中心

基于有机旱作农业研究中心的技术优势、有机旱作农民合作社的实践示范效应、有机旱作农业发展有限公司的市场开拓能力等优势，由有机旱作农业推广培训中心来发挥对本地区农业产业的影响，以实现农业推广培训效果的全面性、系统性、可持续性，带动本地区农业产业整体升级。培训推广范围包括以下几方面。

1.专家培训课

组织农业领域的专家、教授，不定期开展新技术、新品种、新思路、新政策培训，提高农民关于有机旱作农业方面知识，对有机旱作农业研究所研制的适用本地区的抗旱节水新品种进行推广，宣传间作套作、秸秆覆盖、渗水地膜等农艺技术及农业废弃物资源再利用的技术模式，同时推进化学肥料农药零使用，用新型肥料代替化学肥料，病虫防控新技术替代化学农药等。

2.试点培训及针对性指导

初期重点针对有机旱作农民合作社进行试点培训，兼顾周边地区农户的有机旱作农业技术、信息咨询以及特定农业问题的指导，以建成成功的试点为本地区解决实际问题为主要目标。

3.农业技术专业人员培训

定期培训发展有机旱作农业技术专业人员，以扩大培训推广能力，服务和带动更多地区的有机旱作农业经济发展。

4.培训内容适时发展

对于所培训的农业技术专业人员以及有切实应用需要的农户或农民合作社，所培训内容不仅包括有机旱作农业技术以及最新的科研成果的培训，也有网络等工具的运用，随着发展的需要也可增加农产品加工、农业产业化经营管理等知识技能的培训。

（四）有机旱作农业农民合作社

为贯彻落实《中共中央国务院关于加大统筹城乡发展力度　进一步夯实农业农村发展基础的若干意见》提出的"大力发展农民专业合作社，深入推进示范社建设行动"要求，成立有机旱作农业农民专业合作社，将千家万户小生产的农民组织起来，使农民真正成为千变万化大市场的主体，提高农业标准化、规模化、市场化程度，实现农业增效、农民增收。同时提高同类产品的竞争实力，保证同类产品质量，提高经济效益，更好地为农民服务。

有机旱作农业农民专业合作社由有机旱作农业研究中心出资，承包零散耕地，采用平田整地、水平梯田等措施建立高标准农田200～500亩种植大田作物。率先实施新农艺节水措施，如生物节水、沟垄种植、免耕少耕等技术措施，大力推进政府政策推广。实现机械化有机旱作农业技术实践，全程机械化，提升农机化综合水平。

合作社采用功能化分区，建立100亩科研试点用地，将有机旱作农业研究所研究成果进行试点转化，最终达到推广示范的作用。坚持引进优良抗旱节水新品种，对抗旱节水优种进行开放参观学习，打破地方种植户传统观念，勇于创新，敢于创新。

合作社大力发展大循环农业，构建农作物－秸秆－养殖－畜禽粪便－肥料－农作物的循环链，发展循环农业，在传统单一农业基础上，形成多种新型生物智能化农业模式。建立利用动物、植物、微生物和土壤4种生产因素的有效循环，不打破生物循环链的有机农业生产方式。

合作社严格要求在生产过程中不使用化学合成的肥料、农药、兽药、饲料添加剂、食品添加剂和其他有害于环境和健康的物质，初级生产农副产品应符合无公害农产品、绿色农产品和有机农产品的国家标准。其中无公害农产品执行的是国家质监总局（现为国家市场监督管理总局）发布的强制性标准及农业部（现为农业农村部）发布的行业标准；有机农产品执行的是国际有机农业运动联盟（IFOAM）的有机农业和产品加工基本标准；绿色农产品执行的是农业部（现为农业农村部）的推荐性行业标准。

有机旱作农业农民专业合作社有效地将农业废弃物资源化循环使用，种养业与农业生态平衡共赢模式等有机旱作新农艺、新模式的试验示范，努力建设成国家农民合作社示范社。

（五）有机旱作农业发展有限公司

有机旱作农业发展有限公司实行有限责任制，对成果转化、销售，农副产品深加工、出口等方面实行统一负责制，解决因为自身体制问题导致无法经营的问题，建立以企业为主体的商业化有机旱作农业新机制。

立足于有机旱作农业研究所研发的新型肥料、抗旱节水新品种、病虫害防治剂等成果，通过有机旱作农业发展有限公司进行转化、生产、销售。以企业为主体，可有效着力推进原始创新、集成创新和引进消化吸收再创新，大大提升了企业技术创新能力和产业竞争能力。

由于传统的农产品销售方式难以确保生态农业基地生产的优质农产品的价值，很多特色农产品局限在本地，无法进入大市场、大流通，致使生产与销售脱节，消费引导生产的功能不能实现，农民增收困难重重。为此建立有机农产品电子商务平台，为有机旱作农副产品提供交易平台，为客户提供信息、质检、交易、结算、运输等全程电子商务服务。

随着居民消费能力、消费观念和消费结构的变化，安全、营养和方便的农产品将成为新的消费趋势。对于农产品进行深加工，有利于提高需求弹性，提升农产品附加值和农业效益，也有利于提高农产品质量，增强农产品市场竞争力。

依托有机旱作农业研究所的富硒、富钼等土壤、肥料和有机旱作农业农民专业合作社农副产品初级加工基地，加大对莜麦、小米、黄花菜等具有神池特色的农副产品进行产业化、规模化、品牌化生产。使产品近销国内，依托"一带一路"远销全球。

五、神池县有机旱作农业研究中心模式效益分析

（一）社会效益

有机旱作农业研究中心在政府机构的政策引导下，科学合理化地使用自有资金和政府专项资金，将资金用在扶持有机旱作农业科研项目和中心规划建设上，带动山西省区域经济高速发展，使农副产品走到国际中去。

通过政府机构和投资公司扶持有机旱作农业研究中心建设，加快有机旱作农业发展，丰富农业产品种类，提高农产品品质和产品安全。利用有机旱作农业研究中心平台，将其科研成果、政府推广新农艺落到实处，在项目区本身取得良好经济效益的同时，将推动全省有机旱作农业的应用和产业的发展。

项目区通过推广培训计划，将加速农业生产者对有机旱作农业培训、提高科技素质和推动有机旱作农业科技成果的转化，使有机旱作农业成为我国现代农业的重要品牌。

项目建成后，日常生产、管理、服务等项工作可以安排就业劳力100人左右，加上项目区带动起来的加工、销售、运输等相关产业，将有效增加劳动就业面。

（二）生态效益

在项目选择与建设方案设计上，主打有机旱作生态农业，提倡绿色有机，确保农产品

绿色安全。从土地土壤监测改良到抗旱节水新品种开发种植，配上新型肥料、绿色防控技术应用，再到农产品生产加工，特色产品销售，确保食物安全。同时依据国家出口政策，加大出口力度，促进地区 GDP 发展。转变农业发展方式，推动农业转型升级，有利于遏制农业面源污染和生态退化，保障食物安全、资源安全和生态安全。

（三）经济效益

在政府政策的引导下，投资公司全面负责有机旱作农业研究中心的运营管理，通过研发、示范基地建设、生产销售等方式加速有机旱作农业产业链上下游项目的发展，为把中心建设成产业特色鲜明、产业优势突出、产业规模和影响居全国前列的现代农业产业园提供领导和组织保障，以打造国内较大的生态有机旱作农业产业高地，形成特有的有机旱作农业的技术体系，实现百亿产值的目标。

[1] 王明春，韩崇选，胡忠朗，等.甘肃鼢鼠取食节律及对不同饵料喜食性的研究 [J].西北农业大学学报，1997，25（2）：16-19.

[2] 杨再学，金星，邵昌余，等.不同毒饵饵料毒杀鼠类试验研究 [J].山地农业生物学报，2001，20（3）：180-185.

[3] 谢俊贤，陇南.玉米田优势鼠害调查与防治 [J].杂粮作物，2001，21（3）：40-41.

[4] 纪寿文，王荣本，陈佳娟，等.应用计算机图像处理技术识别玉米苗期田间杂草的研究 [J].农业工程学报，2001，17（2）：7-10.

[5] 姜德锋，陈洁敏，林文彬，等.玉米田杂草马唐的生长特性研究 [J].莱阳农学院学报，2000，17（2）：113-115.

[6] 张夕林，张洪进，季永进，等.玉米田杂草生态经济防除阈值及竞争临界期研究 [J].植保技术与推广，2000，20（2）：10-15.

[7] 郑重.国外水稻纹枯病研究进展 [J].植物保护，1992（2）：52-53.

[8] 强胜，魏守辉，胡金良.江苏省主棉区棉田杂草草害发生规律的研究 [J].南京农业大学学报，2000，23（2）：18-22.

[9] 姚建仁.在某些害虫防治中起用林丹前景的探讨 [J].中国农业科学，1990，23（2）：34-38.

[10] 陈景堂，池书敏，刘志增，等.玉米粗缩病（MRDV）研究现状及展望 [J].玉米科学，2000，8（3）：76-78.

[11] 靖国军，王子胜，柴桂军.几种玉米病害及其防治 [J].国外农学——杂粮作物，1998，18（3）：42-43，.

[12] 李常保，宋建成，姜丽君.玉米粗缩病及其研究进展 [J].植物保护，1999，25（5）：34-37.

[13] 李春霞，苏俊.黑龙江省玉米主要病害的发生因素分析及其防治对策 [J].黑龙江农业科学，2001（6）：38-39.

[14] 吕国忠，陈捷，白金铠，等.我国玉米病害发生现状及防治措施 [J].植物保护，1997，23（4）：20-21.

[15] 苏宝强，贾雨，李连贵，等.玉米三种病害的发生与防治 [J]. 杂粮作物，2000, 20（3）：50-52.

[16] 王富荣，石秀清，石银鹿.山西省玉米病害的发生现状及防治对策 [J]. 玉米科学，2000, 8（3）：79-80.

[17] 王振华，姜艳喜，王立丰，等.玉米丝黑穗病的研究进展 [J]. 玉米科学，2000, 10（4）:61-64.

[18] 周文富.夏玉米粗缩病毒病防治技术 [J]. 农药，1999, 38（8）：39-40.

[19] 刘海凤，王蕴生，张荣.玉米花丝对亚洲玉米螟抗性的初步研究 [J]. 中国农业科学，1987, 20（6）：

[20] 司奉泰，黄善斌.二代玉米螟发生规律与气象条件关系 [J]. 河南气象，1998, 4: 26-27.

[21] 宋汝国，张志宽，刘萍，等.不同播期夏玉米二代玉米螟幼虫为害特点与防治对策 [J]. 昆虫知识，2001,38（2）：194-197.

[22] 陈元生.我国玉米螟防治技术研究概况 [J]. 杂粮作物，2001, 21（4）：36-38.

[23] 杨桂华，李建平，李茂海.大面积应用诱虫灯防治玉米螟效果的调查 [J]. 吉林农业科学，1998, 1: 70-72.

[24] 杨桂华，王蕴生，张荣.玉米雄穗对亚洲玉米螟抗性初步鉴定 [J]. 吉林农业科学，1989,（4）：10-12.

[25] MANZONIS,JACKSONRB,etal.Stoichiometric controls on carbon, nitrogen, and phosphorus dynamics in decomposing litter [J]. Ecological Monographs , 2010,80(1):89-106.

[26] ZOGG, GREGORY P., ZAK, etal.Compositional and functional shifts in microbial communities due to soil warming [J]. Soil Science Society of America Journal , 1997.61(2):475-481.

[27] Li Z T,Li XG, Li M, et al. County-scale changes in soil organic carbon of croplands in Southeastern Gansu Province of China from the 1980s to the mid-2000s [J]. Soil Science Society of America Journal , 2013,77(6):2111-2121.

[28] GREGORICH E G, CARTER M R, ANGERS D A, et al. Towards a minimum data set to assess soil organic matter quality in agricultural soils [J]. Canadian Journal of Soil Science , 1994,74(4)367-385.

[29] AMOS B., WALTERS DT. Maize root biomass and net rhizodeposited carbon: An analysis of the literature [J]. Soil Science Society of America Journal , 2006,70(5):1489-1503.

[30] VAN DER MEULEN E S.,NOL L,CAMMERAATL H. Effects of irrigation and plastic mulch on soil properties on semiarid abandoned fields [J]. Soil Science Society of America Journal , 2006,70(3):930-939.

[31] LIU, X E, LI X G,HAI Letal,Film mulched ridge-furrow management increases maize productivity and sustains soil organic carbon in a dryland cropping system [J]. Soil Science Society of America Journal , 2014,78:1434-1441.

[32] LIU Y,MAO L,HE X,Cheng G,Ma X,An L,Feng H.Rapid change of AM fungal community in a rain-fed wheat field with short-term plastic film mulching practice [J]. Mycorrhiza , 2012,22(1):31–39.

[33] RICHARDS. B.N,SMITH, J.E.N,White, GJ,Charley, J.L.Mineralization of soil nitrogen in three forest communities from the New England region of New South Wales [J]. Australian Ecology ,2010,10(4):429–411.

[34] CARREIRO, M.M,KOSKE, R.E.Room temperature isolations can bias against selection of low temperature microfugi in temperate forest soils [J]. Mycologia , 1992,84(6):886.

[35] 中国农业科学院植物保护研究所 . 中国农作物病虫害：上册 .[M]2 版 . 北京 : 中国农业出版社 , 1995.

[36] 杜冰 . 玉米苗期病害的发生与防治 [J]. 杂粮作物 , 2000, 20（3）: 50–52.

[37] 谢联辉 . 中国水稻病虫综合防治进展 [M]. 杭州 : 浙江科学技术出版社 , 1988.

[38] 朱立宏 . 主要农作物抗病性遗传研究进展 [M]. 南京 : 江苏科学技术出版社 , 1990.

[39] 王玉山 . 中国北方水稻病虫草害防治 [M]. 北京 : 中国农业出版社 , 1996.

[40] 董金皋 . 农业植物病理学 [M]. 北京 : 中国农业出版社 , 2001.

[41] 陈利锋 , 徐敬发 . 农业植物病理学 [M]. 北京 : 中国农业出版社 , 2001.

[42] 北京农业大学 . 农业植物病理学 [M].2 版 . 北京 : 农业出版社 , 1989.

[43] 华南农业大学 . 农业昆虫学（上、下册）[M]. 北京 : 中国农业出版社 , 1995.

[44] 西北农业大学 . 农业昆虫学 [M]. 北京 : 中国农业出版社 , 1996.

[45] 中国科学院动物研究所 . 中国主要害虫综合治理 [M]. 北京 : 科学出版社 , 1979.

[46] 全国生态农业县建设领导小组办公室 . 中国生态农业 [M]. 北京 : 中国农业科技出版社 , 1999.

[47] 沈亨理 . 农业生态学 [M]. 北京 : 中国农业出版社 , 1996.

[48] 郭春敏 , 李秋洪 , 王志国 . 有机农业与有机食品生产技术 [M]. 北京 : 中国农业科技出版社 , 2005.

[49] 李云瑞 . 农业昆虫学 [M]. 北京 : 高等教育出版社 , 2006.

[50] 李照会 . 农业昆虫鉴定 [M]. 北京 : 中国农业出版社 , 2002.

[51] 吕佩珂 , 高振江 . 中国粮食（经济）作物、药用植物病虫原色图鉴 [M]. 呼和浩特 : 远方出版社 , 1999.

[52] 徐洪富 . 植物保护学 [M]. 北京 : 高等教育出版社 , 2003.

[53] 袁锋 . 农业昆虫学 [M]. ③版 . 北京 : 中国农业出版社 , 2001.

[54] 张玉聚 , 李洪连 , 陈汉杰 , 等 . 中国植保技术大全（第一卷 : 病虫草害原色图谱）[M]. 北京 : 中国农业科学出版社 , 2007.

[55] 朱恩林，赵中华．小麦病虫防治分册 [M]．北京：中国农业出版社，2004.

[56] 蒋卫杰．蔬菜无土栽培新技术 [M]．北京：金盾出版社，2008.

[57] 张放．有机食品生产技术概论 [M]．北京：化学工业出版社，2006.

[58] 席北斗，魏自民，夏训峰．农村生态环境保护与综合治理 [M]．北京：新时代出版社，2008.

[59] 徐洪富，植物保护学 [M]．北京：高等教育出版社，2003.

[60] 董金皋．农业植物病理学 [M]．北京：中国农业出版社，2001.

[61] 科学技术部中国农村技术开发中心组．有机农业在中国 [M]．北京：中国农业科学技术出版社，2006.

[62] 韩南容．二十一世纪的有机农业 [M]．北京：中国农业大学出版社，2006.

[63] 周泽江，宗良纲，杨永岗，肖兴基，等．中国生态农业和有机农业的理论与实践 [M]．北京：中国环境科学出版社，2004.

[64] 席运官，钦佩．有机农业生态工程 [M]．北京：化学工业出版社，2002.

[65] 北京市科学技术协会组．有机农业概论 [M]．北京：中国农业出版社，2004.

[66] 杨小科．国外的有机农业 [M]．北京：中国社会出版社，2006.

[67] 陈声明，陆国权．有机农业与食品安全 [M]．北京：化学工业出版社，2006.

[68] 杜相革，董民．有机农业导论 [M]．北京：中国农业大学出版社，2006.

[69] 中国农业科学院植保所．中国农作物病虫害 [M]．上册．北京：农业出版社，1996.

[70] 杜正文．中国水稻病虫害综合防治策略与技术 [M]．北京：农业出版社，1991.

[71] 郭春敏，李秋洪，王志国．有机农业与有机食品生产技术 [M]．北京：中国农业科学技术出版社，2005.

[72] 北京市科学技术协会．有机食品与有机农业 [M]．北京：中国农业出版社，2006.

[73] 吕佩珂，苏慧兰，高振江．中国现代蔬菜病虫原色图鉴 [M]．呼和浩特：远方出版社，2008.

[74] 陈捷．玉米病害诊断与防治 [M]．北京：金盾出版社，2001.

[75] 谢开春，惠金木．灭鼠技术问答 [M]．北京：中国商业出版社，1986.

[76] 王正存，马壮行．鼠害的化学防治 [M]．北京：化学工业出版社，1984.

[77] 方中达．中国农业植物病害 [M]．北京：中国农业出版社，1996.

[78] 李文新，侯明生．水稻病害与防治 [M]．武汉：华中师范大学出版社，2002.

[79] 陆家云．植物病害诊断 [M]．北京：中国农业出版社，1995.

[80] 马平，潘文亮．北方主要作物病虫害实用防治技术 [M]．北京：中国农业科学技术出版社，2002.

[81] 汪强，王千里，李辉．玉米栽培与病虫害防治 [M]．北京：科学普及出版社，1998.

[82] 王忠孝．山东玉米 [M]．北京：中国农业出版社，1999.

[83] 植物病虫草鼠害防治大全编写组．植物病虫草鼠害防治大全 [M]．合肥：安徽科学技术出版社，1996.

参考文献

235

[84] 西北农业大学 . 农业昆虫学 [M]. 北京 : 中国农业出版社 , 1996.

[85] 华南农业大学 . 农业昆虫学 : 上、下册 [M]. 北京 : 中国农业出版社 , 1995.

[86] 林昌善 . 黏虫生理生态学 [M]. 北京 : 北京大学出版社 , 1990.